普通高等教育"十二五"系列教材

能 源 动 力 类 专 业

电厂设备的腐蚀与控制

主编　陈颖敏

编写　李志勇

主审　孙汉文　张胜寒

中国电力出版社

CHINA ELECTRIC POWER PRESS

内 容 提 要

本书主要叙述了金属腐蚀与控制的基本理论和规律以及电厂热力设备的腐蚀及其控制方法，系统地介绍了金属腐蚀与控制的基本理论，包括金属腐蚀过程热力学和过程动力学原理、析氢腐蚀和耗氧腐蚀、金属的钝化、局部腐蚀、高温腐蚀；介绍了热力设备腐蚀与控制方法，包括热力设备的氧腐蚀和酸性腐蚀、锅炉的腐蚀与控制、凝汽器的腐蚀与控制等。此外，本书还介绍了核电设备的腐蚀与控制。

本书可作为普通高等院校本科环境工程、应用化学工程、水质科学与工程专业教材，也可作为工程技术人员的参考书。

图书在版编目（CIP）数据

电厂设备的腐蚀与控制/陈颖敏主编. —北京：中国电力出版社，2014.2（2023.1 重印）

普通高等教育"十二五"规划教材

ISBN 978 - 7 - 5123 - 5348 - 0

Ⅰ.①电… Ⅱ.①陈… Ⅲ.①电厂设备防腐－高等学校－教材 Ⅳ.①TM62

中国版本图书馆 CIP 数据核字（2013）第 298873 号

中国电力出版社出版、发行

（北京市东城区北京站西街 19 号　100005　http://www.cepp.sgcc.com.cn）
廊坊市文峰档案印务有限公司印刷
各地新华书店经售

*

2014 年 2 月第一版　2023 年 1 月北京第三次印刷
787 毫米×1092 毫米　16 开本　15 印张　363 千字
定价 46.00 元

前　言

　　金属的腐蚀与控制关系到能源、资源、材料、环境等一系列社会和经济问题。金属材料在使用过程中发生腐蚀是常见的，腐蚀造成了大量自然资源的浪费，给国民经济带来巨大损失。大量事实表明，尽管腐蚀不可避免，但却可以控制。所以，了解腐蚀发生的原因以及材料在不同环境中的腐蚀特性、规律和控制腐蚀的方法十分重要。随着我国电力工业的发展，热能动力设备的腐蚀及其控制越来越重要，采取合适方法控制热力设备的腐蚀，这直接关系到设备的寿命及经济安全运行。

　　电厂设备腐蚀与控制是华北电力大学应用化学专业的必修课程，是河北省省级精品课程。学习本课程的目的是使学生掌握金属腐蚀与控制的基本理论和规律，掌握电厂热力设备的腐蚀及其控制方法。

　　本书根据华北电力大学"热力设备腐蚀与防护"课程的教学大纲，通过多年教学实践，不断摸索、总结、修改而成。本书由陈颖敏统稿，并编写第一～十二章，华北电力大学李志勇编写第十三、十四章。本书实用性强，既可作为普通高等院校本科教材，也可作为工程技术人员的参考书。

　　本书由河北大学孙汉文教授和华北电力大学张胜寒教授审阅，审稿老师提出了许多宝贵的意见和建议，在此深表感谢！

编　者

2014 年 1 月

目　录

第一章 概　　述

人类开始使用金属后不久便提出了防腐蚀问题。我国商代就已冶炼出了锡青铜。18 世纪中叶以后，随着工业的迅速发展，尤其是腐蚀电化学概念的提出，法拉第（Faraday）定律、能斯特（Nernst）定律、热力学腐蚀图等的产生，电极动力学过程理论的创立，为金属腐蚀与防护科学的发展创造了条件。

金属腐蚀给国民经济会带来巨大损失。金属腐蚀遍及国民经济和国防建设的各个领域，危害很大。据统计，全世界每年因金属腐蚀造成的损失达 7000 亿美元，约占各国国民生产总值的 2%～4.7%。钢铁的腐蚀总量约为全年总产量的 20%。约 10% 的钢铁变为无法回收的铁锈，约有 30% 的设备因腐蚀而报废。在我国由于金属腐蚀造成经济损失约占国民生产总值的 4%。可见，金属腐蚀所造成的直接经济损失是很可观的。因此，研究金属腐蚀规律，防止金属腐蚀破坏是国民经济建设中迫切需要解决的问题。

第一节 腐蚀概念及术语

一、腐蚀定义

金属腐蚀科学是 20 世纪 30 年代发展起来的涉及金属学、物理化学、电化学和力学等学科的一门综合性交叉学科。金属材料是广泛应用的工程材料，在其使用过程中，将会受到不同形式的直接或间接的破坏。其中主要且最常见的破坏形式是断裂、磨损和腐蚀，这三种破坏形式已发展成为三个独立的边缘性学科。金属腐蚀成为一门独立的学科，并在不断发展。

金属腐蚀是研究金属材料在其周围环境（介质）作用下发生破坏以及如何减缓或防止这种破坏的科学。根据金属腐蚀的本质，通常将金属腐蚀（corrosion）定义为：金属与周围环境（介质）之间发生化学或电化学作用而引起金属材料的破坏或变质。金属腐蚀是一个化学过程，而且是由于金属原子从金属状态转变为化合物的非金属状态所致。目前，腐蚀定义也应用于塑料、木材、陶瓷等非金属材料的变质损坏。本书只涉及金属腐蚀。

金属腐蚀发生在金属与介质之间的相界面上。由于金属与介质之间发生化学或电化学多相反应，使金属原子变成氧化态。显然，金属及其环境所构成的腐蚀体系以及该体系中发生的化学或电化学反应就是金属腐蚀所研究的主要对象。

金属在发生腐蚀时，同时也会发生外貌变化，如金属表面出现小孔、溃疡斑等，金属的机械性能、组织结构也发生变化。特别是当金属还未腐蚀到破坏或严重变质的程度，已足以造成设备事故或损坏。

学习和研究金属设备腐蚀与控制科学的主要目的和内容在于：

（1）研究和了解金属设备与环境介质作用的普遍规律。不仅从热力学角度研究金属腐蚀的可能性，而且主要是从动力学角度研究腐蚀速度和腐蚀机理。

（2）研究和了解金属设备在不同条件下发生腐蚀的原因及防止金属腐蚀的措施。

（3）研究和掌握金属腐蚀速度的测试方法、腐蚀评定方法及腐蚀监控技术等。

二、腐蚀术语

与腐蚀有关的科技术语较多，在此只列举一些常用术语。

工作电极（working electrode）：在化学电池中的试验电极或试样电极。

开路电位（open circuit potential）：在未通电流时所测得的电极的电位。

平衡电位（equilibrium potential）：按能斯特方程式确定的处于标准平衡态的电极电位。

腐蚀电位（corrosion potential）：在特定的浓度、时间、温度、充气、流速等条件下，正在腐蚀的金属所显示出的电位，也称为静止电位或稳态电位。

电动序（electromotive force series）：根据元素的标准电极电位排列出的顺序（相对于SHE）。

电偶序（galvanic series）：根据金属在某些特定介质（如海水）中的相对腐蚀电位而排列出的顺序。

电偶腐蚀或双金属腐蚀（galvanic corrosion or bimetallic corrosion）：由于不同金属接触形成电偶电池产生的电流使腐蚀加速。

石墨化腐蚀（graphitization）：灰口铸铁中金属成分被选择性腐蚀，余下网状的、完整无损的石墨。

点腐蚀或孔蚀（pitting）：点数很少但穿透深的高度局部化的腐蚀。

沉积物腐蚀（deposit attack or deposit corrosion）：由于在金属表面上的沉积物引起浓差电池而导致的点蚀。

丝状腐蚀（filiform corrosion）：在膜下呈紊乱发丝状分布的腐蚀。

晶间腐蚀（intergranular corrosion）：在金属及合金的晶界上优先发生的腐蚀。

磨损腐蚀（erosion corrosion）：由于运动介质的摩擦作用使腐蚀加速。

缝隙腐蚀（crevice corrosion）：在金属与非金属或两种金属之间的缝隙中由于形成浓差电池所引起的腐蚀。

空泡腐蚀（cavitation）：在流体中于固 - 液界面处由于气泡的崩溃而引起的材料损伤。

腐蚀疲劳（corrosion fatigue）：腐蚀性介质与交变应力联合作用而引起的金属断裂。

腐蚀疲劳极限（corrosion fatigue limit）：在指定腐蚀介质中于特定的循环周期次数内，金属不发生断裂的最大交变应力值。

应力腐蚀破裂（stress corrosion cracking）：由于表面拉应力和腐蚀介质共同作用使金属提前破裂。

结瘤腐蚀（tuberculation）：在表面上分散产生瘤状突起的局部腐蚀。

碱脆（caustic embrittlement）：碳钢在碱性溶液中产生的应力腐蚀破裂的一种形式。

脆性（embrittlement）：金属或合金严重地失去了塑性。

氢脆（hydrogen embrittlement）：由于氢的作用而使金属变脆。

氢鼓泡（hydrogen blistering）：在塑性较好的金属表面上由于内部氢的压力而形成的凸起鼓泡。

冲蚀（impingement attack）：由于湍流或冲击液流的作用在某些部位产生的局部磨损腐蚀。

剥蚀（exfoliation）：形成一层厚厚的层状松散腐蚀产物。

氧化皮（scaling）：高温下金属表面上形成的一层腐蚀产物。

活化态（active）：金属趋向于腐蚀的状态。

钝态（passive）：某种金属所处的状态比它在电动序中的位置所表现的更不活泼，即其行为更耐蚀，这是一种表面现象。

钝性（passivity）：活化态金属变为钝态的性质。

第二节　金属腐蚀的分类

由于腐蚀环境、腐蚀材料、腐蚀机理多种多样，金属腐蚀有不同的分类方法，常见的几种分类方法如下。

一、按腐蚀机理分类

根据腐蚀机理可分为化学腐蚀（chemical corrosion）和电化学腐蚀（electrochemical corrosion）。

化学腐蚀是指金属表面与非电解质直接发生纯化学作用而引起的破坏。其反应特点是金属表面的原子与非电解质中的氧化剂直接发生氧化还原反应形成腐蚀产物，腐蚀过程中无电流产生。纯化学腐蚀的情况不多，主要为金属在干燥气体中的腐蚀和在无水的有机液体或气体中的腐蚀。金属的高温氧化并非单纯的化学腐蚀。

电化学腐蚀是指金属表面与电解质发生电化学反应而引起的破坏。它的腐蚀反应分为两个相对独立并可同时进行的过程，即阳极氧化过程和阴极还原过程。由于在被腐蚀的金属表面上存在着在空间或时间上分开的阳极区和阴极区，腐蚀反应过程中电子的传递可通过金属从阳极区流向阴极区，其结果必有电流产生。电化学腐蚀是最普遍、最常见的腐蚀。电化学作用既可单独引起金属腐蚀，又可与机械、生物作用共同导致金属腐蚀。金属的电化学腐蚀是本书的重点。

二、按腐蚀形态分类

根据腐蚀形态不同，腐蚀可分为全面腐蚀（general corrosion）和局部腐蚀（localized corrosion）。

全面腐蚀是指金属表面几乎全面遭受腐蚀的情况。全面腐蚀又有均匀腐蚀与不均匀腐蚀之别。均匀腐蚀整个金属表面上各部分的腐蚀速度相同。均匀腐蚀的危害性最小，设计金属结构时较易控制。不均匀腐蚀虽然同样发生在整个金属表面上，但各部分的腐蚀速度相差较大。如腐蚀像斑点一样分布于金属表面的斑状腐蚀和溃疡腐蚀（又称脓疱腐蚀）。

局部腐蚀是指只有一部分金属遭受腐蚀的情况，其危害性比全面腐蚀大得多。局部腐蚀类型主要有点（孔）蚀、晶间腐蚀、电偶腐蚀、缝隙腐蚀、剥蚀、应力作用下的腐蚀等，如图 1-1 所示。

三、按腐蚀环境分类

根据腐蚀环境不同，腐蚀可分为干腐蚀（dry corrosion）和湿腐蚀（wet corrosion）。

金属在露点以上常温干燥气体中氧化，生成很薄的表面腐蚀产物，使金属失去光泽，称之为失泽，为化学腐蚀机理。金属在高温气体中氧化（腐蚀），生成氧化皮，在热应力和机械应力下可使氧化皮剥落，为高温腐蚀。二者均属于干腐蚀。

湿腐蚀是指金属在潮湿环境和含水介质中的腐蚀。大部分常温腐蚀属于此类，如大气腐蚀、土壤腐蚀、海水腐蚀、高温高压水中的腐蚀等，为电化学腐蚀机理。

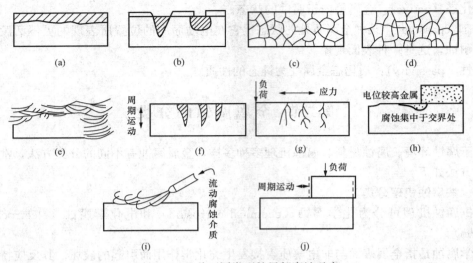

图 1-1　几种不同类型的局部腐蚀示意

(a) 全面腐蚀；(b) 孔蚀；(c) 晶间腐蚀；(d) 穿晶腐蚀；(e) 剥蚀
(f) 腐蚀疲劳；(g) 应力腐蚀破裂；(h) 电偶腐蚀；(i) 冲蚀；(j) 磨损腐蚀

第三节　金属腐蚀速度的评定方法

　　定量研究金属的腐蚀破坏很重要。腐蚀破坏形式不同，金属腐蚀破坏程度的评定方法也不同。一般分为全面腐蚀和局部腐蚀两大类。全面腐蚀通常用平均腐蚀速度来衡量，可以根据金属腐蚀前后质量的变化或电流密度来表示腐蚀速度。

一、重量法

　　根据金属腐蚀前后质量的变化评定金属腐蚀程度的方法称为重量法。该法把金属因腐蚀而发生的质量变化换算成相当于单位金属表面积（m^2）、单位时间（h）内的质量变化的数值，具体可用失重法和增重法表示。在增加部分质量时，是指试样经腐蚀后带有全部腐蚀产物的质量与腐蚀前的质量之间的差值。因此，可根据腐蚀产物容易除去与否来选用失重法或增重法表示。

　　1. 失重法

　　这种方法适于腐蚀产物易脱落或易清除的情况。失去部分质量是指金属腐蚀前的质量与清除腐蚀产物后的质量之间的差值。用单位面积单位时间内金属失去的质量表示腐蚀速度，即

$$v_- = \frac{m_0 - m_1}{St} \tag{1-1}$$

式中　v_-——腐蚀速度（以失重表示），$g/(m^2 \cdot h)$；

　　　m_0——试样腐蚀前的质量，g；

　　　m_1——试样清除腐蚀产物后的质量，g；

　　　S——试样金属表面积，m^2；

　　　t——腐蚀时间，h。

2. 增重法

当腐蚀产物完全牢固地附着在试样表面时，可用增重法表示腐蚀速度。用单位面积单位时间内金属增加的质量表示腐蚀速度，即

$$v_+ = \frac{m_2 - m_0}{St} \qquad (1-2)$$

式中　v_+——腐蚀速度（以增重表示），$g/(m^2 \cdot h)$；

　　　m_2——带有全部腐蚀产物的试样质量，g。

以质量变化表示的腐蚀速度的单位还有 $kg/(m^2 \cdot a)$、$g/(cm^2 \cdot h)$ 等。

二、深度法

工程上，金属腐蚀的深度或构件变薄的程度直接影响使用寿命，因此，采用深度法评定金属腐蚀速度更具有实际意义。该法是把金属腐蚀的质量换算成相当于单位时间内腐蚀掉的厚度。将 v_- 换算为腐蚀深度，即

$$v_t = \frac{v_-}{\rho} \times \frac{24 \times 365}{1000} = 8.76 \times \frac{v_-}{\rho} \qquad (1-3)$$

式中　v_t——腐蚀深度，mm/a；

　　　ρ——金属密度，g/cm^3；

　　　v_-——失重腐蚀速度，$g/(m^2 \cdot h)$；

　　　8.76——单位换算系数。

表 1-1 为常用腐蚀速度单位的换算系数，$A = B \times K$。

表 1-1　　　　　　　　　　常用腐蚀速度单位的换算系数 K

A ＼ B	$g/(m^2 \cdot h)$	$mg/(dm^2 \cdot d)$	mm/a	in/a	mil/a
$g/(m^2 \cdot h)$	1	240	$8.76/\rho$	$0.3449/\rho$	$344.9/\rho$
$mg/(dm^2 \cdot d)$	0.004167	1	$0.0365/\rho$	$0.001437/\rho$	$1.437/\rho$
mm/a	0.1142ρ	27.4ρ	1	0.0394	39.4
in/a	2.899ρ	696ρ	25.4	1	1000
mil/a	0.002899ρ	0.696ρ	0.0254	0.001	1

对于均匀腐蚀，根据每年腐蚀深度的不同，可将金属的耐蚀性按十级标准和三级标准分类。但各国制定的评定标准尚未统一，我国金属耐蚀性三级标准见表 1-2。

表 1-2　　　　　　　　　　金属耐蚀性的三级标准

耐蚀性分类	耐蚀性等级	腐蚀速度（mm/a）
耐用	1	<0.1
可用	2	0.1~1.0
不可用	3	>1.0

三、容量法

发生析氢腐蚀时，如果氢气析出量与金属的腐蚀量成正比，则可用单位时间内单位试样表面积析出的氢气量表示金属的腐蚀速度。

$$v_V = \frac{v_0}{St} \tag{1-4}$$

式中　v_V——氢气容积表示的腐蚀速度，$cm^3/(cm^2 \cdot h)$；

　　　v_0——换算成 0℃、760mmHg 柱时的氢气体积，cm^3。

四、以电流密度表示腐蚀速度

电化学腐蚀过程中，被腐蚀金属作为阳极，发生氧化反应而不断溶解，同时释放出电子。根据法拉第定律，阳极每溶解 1mol 金属，通过的电量为 1F，即 96500C。据此可求出阳极溶解的金属量，即

$$\Delta m = \frac{AIt}{nF} \tag{1-5}$$

式中　Δm——阳极溶解的金属量，g；

　　　A——金属的原子量；

　　　I—— 电流强度，A；

　　　t——通电时间（反应时间），s；

　　　n——电子转移数；

　　　F——法拉第常数，1F=96500C/mol。

对于均匀腐蚀，整个金属表面的面积 S 可看作阳极面积，所以腐蚀电流密度 i_{corr} 为 I/S。腐蚀速度 v_- 与 i_{corr} 间的关系为

$$v_- = \frac{\Delta m}{St} = \frac{A}{nF} i_{corr} \tag{1-6}$$

显然，$v_- \propto i_{corr}$。所以可用 i_{corr} 表示金属的电化学腐蚀速度。以腐蚀深度表示的腐蚀速度与腐蚀电流密度 i_{corr} 的关系为

$$v_t = \frac{\Delta m}{\rho St} = \frac{A}{nF\rho} i_{corr} \tag{1-7}$$

若 i_{corr} 的单位为 $\mu A/cm^2$，金属密度 ρ 的单位为 g/cm^3，则以不同单位表示的腐蚀速度为

$$v_- = 3.73 \times 10^{-4} \times \frac{A}{n} i_{corr} \quad g/(m^2 \cdot h) \tag{1-8}$$

$$v_t = 3.27 \times 10^{-3} \times \frac{A}{n\rho} i_{corr} \quad (mm/a) \tag{1-9}$$

必须指出，上述方法仅适用于均匀腐蚀速度的评定，而局部腐蚀速度及其耐蚀性的评定较复杂，一般不能用上述方法表示腐蚀速度。例如点蚀速度可用点蚀因子表示，它是蚀孔最深处与平均腐蚀深度的比值。局部腐蚀结果必然产生金属结构有效断面的减小和应力集中，使金属机械性能下降。因此，可通过拉伸、扭转等力学性能试验来间接评定腐蚀破坏的程度。

思 考 题 与 习 题

1. 何谓腐蚀？举例说明研究金属腐蚀的重要意义。

2. 金属腐蚀分类的根据是什么？可分为几大类？

3. 表示均匀腐蚀速度的方法有哪些？它们之间有何联系？

4. 金属的均匀腐蚀和局部腐蚀在腐蚀程度表示方法和耐蚀性评定上有何不同？

5. 已知铁在一定介质中的腐蚀电流密度为 $0.1mA/cm^2$，求其腐蚀速度 v_- 和 v_t。铁在此介质中是否发生腐蚀？（铁的密度 $\rho = 7.87g/cm^3$）

6. 表面积为 $20cm^2$ 的铜试样，试验前称重为 41.533 4g，放入一定介质中 2h（生成 Cu_2O），取出去膜以后，称其质量为 41.533 0g，试用耐蚀性三级标准评定铜的耐蚀性。

第二章 金属腐蚀过程热力学

第一节 腐 蚀 电 池

一、原电池

最常见的原电池是由中心碳棒（正极）、外围锌皮（负极）及两极间的电解质溶液组成。在外电路接一小灯泡，当外电路接通时，灯泡会通电发亮。两电极与电解质之间的电化学反应为

阳极锌皮上发生氧化反应　$Zn \longrightarrow Zn^{2+} + 2e$

阴极碳棒上发生还原反应　$2H^+ + 2e \longrightarrow H_2$

总的电池反应　$Zn + 2H^+ \longrightarrow Zn^{2+} + H_2$

伴随着反应，电池的锌皮不断被离子化，失去的电子在外电路中形成电流。金属锌离子化的结果就是腐蚀破坏。电池中离子的迁移和电子流动的动力是两电极之间的电位差——电池电动势。金属电化学腐蚀的难易，在热力学上取决于腐蚀电池的电位差大小。

由此可见，整个原电池的电化学过程是由阳极的氧化过程、阴极的还原过程及电子和离子的流动过程组成，且整个电池体系形成一个回路。

二、腐蚀电池

金属在电解质溶液中的腐蚀现象是电化学腐蚀，是腐蚀电池作用的结果。腐蚀电池实际上是一个短路原电池。

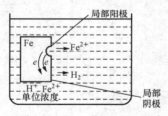

图 2-1　铁在无氧酸中的电化学腐蚀

自然界中大多数腐蚀现象是在电解质溶液中发生的。例如，金属在水溶液中的腐蚀、金属在潮湿大气中的腐蚀、金属在土壤中的腐蚀等，都属于电化学腐蚀。其实质就是浸在电解质溶液中的金属表面上，形成以金属阳极溶解、腐蚀剂发生阴极还原的腐蚀电池。绝大多数情况下，这种腐蚀电池是短路原电池。

例如：将一片碳钢浸入不含氧的稀盐酸中，可发现铁被腐蚀溶解，同时有氢气析出，如图 2-1 所示，其离子反应式为

$$Fe + 2H^+ \longrightarrow Fe^{2+} + H_2$$

可见，在浸入不含氧的稀盐酸中的碳钢片上，同时进行着两个电极反应，即铁氧化为铁离子和 H^+ 还原为 H_2。

阳极反应：$Fe \longrightarrow Fe^{2+} + 2e$

阴极反应：$2H^+ + 2e \longrightarrow H_2$

金属在没有其他外界影响的情况下自发溶解时，阳极反应的速度与阴极反应的速度相等，否则，金属会自发地带电，显然，这是不可能的。不管有几个阳极反应或阴极反应在进行，腐蚀时总的氧化速度总是等于总的还原速度。例如，浸在含氧稀盐酸中碳钢片的自腐蚀过程，其阳极过程和阴极过程为

阳极反应：$Fe \longrightarrow Fe^{2+} + 2e$

阴极反应：$2H^+ + 2e \longrightarrow H_2$

$$O_2 + 4H^+ + 4e \longrightarrow 2H_2O$$

将锌与铜相接触并浸入稀盐酸中，如图 2-2 所示。可以看出锌加速腐蚀，同时在铜片上有大量氢气泡逸出。阳极锌失去的电子流向阴极铜，与阴极铜表面上溶液中的 H^+ 结合形成氢原子并且聚合成氢气逸出。腐蚀介质中 H^+ 不断消耗，吸收了阳极锌离子化所提供的电子。

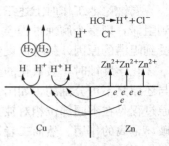

图 2-2　与铜接触的锌在稀盐酸中溶解示意

由此可知，电化学腐蚀过程是由于介质中存在着电极电位高于金属的电极电位的氧化性物质所致。这种氧化性物质的电极反应和金属的电极反应构成了原电池中的阴极反应和阳极反应，氧化性物质发生还原反应，金属发生氧化反应，因此在两极间有电流流动。但是，腐蚀过程中形成的这种原电池作用，其阳极和阴极间是短路连接的，即电子回路短接，这种电池对外不能做有用功，只能导致金属材料破坏，腐蚀过程中所放出的化学能全部转变为无法利用的热能散失在环境中。把这种只能导致金属材料破坏而不能对外界做有用功的短路原电池称为腐蚀原电池，简称为腐蚀电池。

三、腐蚀电池的电化学历程

以上讨论了腐蚀电池的形成。可以看出，这类电池与作为电源用的干电池或蓄电池有明显区别。腐蚀电池多为短路原电池，对外不能做有用功，只能导致金属材料破坏，但其电化学历程是类似的。

一个腐蚀电池必须包括阴极、阳极、电解质溶液和外电路四个不可分割的部分。由电化学可知，凡是发生氧化反应的电极为阳极，凡是发生还原反应的电极为阴极。可见，金属发生腐蚀时，腐蚀电池的工作历程主要由以下三个基本过程组成。

(1) 阳极过程：金属氧化成离子而进入溶液，并将当量的电子留在金属上，即

$$[M^{n+} \cdot ne] \longrightarrow M^{n+} + ne$$

(2) 阴极过程：溶液中的氧化性物质在阴极还原，即从阳极流过来的电子被阴极表面溶液中能够接受电子的物质吸收，即

$$D + ne \longrightarrow [D \cdot ne]$$

阳极还原反应中能够得电子的氧化性物质 D，在腐蚀学上通常称之为去极化剂（depolariser）。因为若没有去极化剂，阴极区将由于电子的积累而发生阴极极化阻碍腐蚀的进行。自然界中最常见的阴极去极化剂是溶液中的 O_2 和 H^+ 离子。除析氢反应外，O_2 的还原反应为

$$O_2 + 4H^+ + 4e \longrightarrow 2H_2O \text{（在酸性溶液中）}$$

$$O_2 + 2H_2O + 4e \longrightarrow 4OH^- \text{（在碱性或中性溶液中）}$$

(3) 电流的流动：电流的流动在金属中是靠电子从阳极流向阴极；在溶液中是靠离子的迁移，即阳离子从阳极区移向阴极区，阴离子从阴极区移向阳极区。在界面上通过氧化还原反应实现电子的传递。这样，整个电池体系便形成一个回路。

图 2-3 所示为腐蚀电池的工作示意。根据这种电化学腐蚀历程，金属的腐蚀破坏主要集中在阳极区，在阴极区不发生可觉察的金属损失，它只起了传递电子的作用。此外，其他

电子导体如石墨、过渡元素的碳化物和氮化物，某些硫化物（如 PbS、CuS、FeS），都可以在腐蚀电池中成为阴极。特别是灰口铸铁中的石墨、碳钢中的碳化物和渗碳体，钢中的硫化物等。

　　腐蚀电池工作时上述三个过程既是相互独立的，又是彼此联系的，只要其中一个过程受到阻滞，则整个腐蚀过程会受阻滞，金属的腐蚀速度就会减缓。如果能弄清一个过程进行时受到阻滞的原因，就可以设法采取措施来防止或减缓金属腐蚀。

　　化学腐蚀时，被氧化的金属与介质中被还原的物质之间的电子交换是直接进行的，氧化与还原是不可分割的，如图 2-4 所示。电化学腐蚀过程中，金属的氧化与介质中物质的还原过程是在不同部位相对独立进行的，电子的传递是间接的。化学腐蚀与电化学腐蚀都起到破坏金属的作用。然而二者是有区别的，见表 2-1。

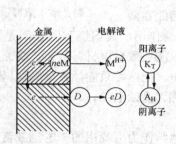

图 2-3　腐蚀电池工作示意

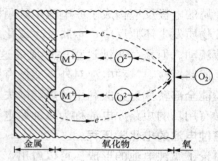

图 2-4　金属的化学氧化过程示意

表 2-1　　　　　　　　　　　　化学腐蚀与电化学腐蚀的比较

项目	化学腐蚀	电化学腐蚀
介质	干燥气体或非电解质溶液	电解质溶液
反应式	$\sum v_i M_i = 0$（v_i 为系数，M_i 为反应物质）	$\sum v_i M_i \pm ne = 0$（n 为电子转移数）
过程推动力	化学位不同	电池电动势
过程规律	化学反应动力学	电极过程动力学
能量转换	化学能与机械能和热	化学能与电功
电子传递	反应物直接碰撞传递，测不出电流	通过电子在导体阴、阳极上得失，可测出电流
反应区	碰撞点上瞬时完成	在相互独立的阴、阳极区同时完成
产物	在碰撞点上直接形成产物	一次产物在电极表面，二次产物在一次产物相遇处
温度	高温条件下为主	低温条件下为主

　　电化学腐蚀的总反应之所以能分成阳、阴极两个过程，是因为金属中靠电子导电，溶液中靠离子导电，从而使两种载流子间电荷的转移可在不同区域进行，即阳极区失去电子发生氧化反应，阴极区得到电子发生还原反应。尽管这并非电化学腐蚀的必要条件，有时阴、阳极过程也可在同一表面上随时间交替进行，但是阴、阳极反应在空间上分开，从能量上是有利的。所以在多数情况下，电化学腐蚀是以阴、阳极过程在不同区域局部进行为特征的，这是区分电化学腐蚀与化学腐蚀的一个重要标志。

　　四、电化学腐蚀的次生过程

　　在金属腐蚀过程中，还应考虑阳极和阴极反应产物在电解质溶液中进一步发生的变化，即所谓电化学腐蚀的次生过程。这是因为这种次生过程可能生成难溶物质，若它们沉积在金属表面，就会对金属腐蚀过程的进行产生影响。

腐蚀过程中，阳极和阴极反应的直接产物称为一次产物（primary product）。随腐蚀的不断进行，电极表面附近一次产物的浓度不断增加，阳极区产生的金属离子越来越多；在阴极区，由于 H^+ 离子在阴极还原使其浓度减小，或是溶解氧分子的阴极还原使 OH^- 离子浓度增大，pH 值升高。溶液中产生浓度梯度，一次产物在浓差作用下扩散，当阴、阳极产物相遇时，可导致腐蚀次生过程的发生，即生成难溶性产物，称之为二次产物或次生产物（secondary product）。

例如，钢铁在中性水溶液中腐蚀时，阳极区生成 Fe^{2+} 离子，阴极区生成 OH^- 离子，由于扩散作用，这两种产物在溶液中可能相遇生成次生产物，反应为

$$Fe^{2+} + 2OH^- \longrightarrow Fe(OH)_2$$

由于溶液中氧的存在，$Fe(OH)_2$ 会进一步氧化，即

$$4Fe(OH)_2 + O_2 + 2H_2O \longrightarrow 4Fe(OH)_3$$

氢氧化铁部分脱水而成为铁锈，其组成表示为

$$x FeO \cdot y Fe_2O_3 \cdot 2H_2O \text{ 或}$$

$$x Fe(OH)_2 \cdot y Fe(OH)_3 \cdot 2H_2O$$

其质地疏松无保护作用。

一般情况下，次生产物并不直接在阳极区形成，而是在溶液中阴、阳极一次产物相遇之处形成。若阴、阳极直接交界，则难溶性次生产物可在直接靠近金属表面处形成较紧密的、具有一定保护性的产物膜，从而对腐蚀有一定的阻滞作用。必须指出，腐蚀次生过程在金属上形成的难溶性产物膜，其保护性比氧在金属表面直接发生化学作用形成的初生膜要差得多。

五、宏观腐蚀电池和微观腐蚀电池

根据腐蚀过程中形成腐蚀电池的电极尺寸大小、肉眼的可分辨性及促使形成腐蚀电池的影响因素和金属腐蚀破坏的特征，可将腐蚀电池分为宏观腐蚀电池和微观腐蚀电池。

1. 宏观腐蚀电池（大电池）

这类腐蚀电池通常是指由肉眼可分辨出来的电极构成，如图 2-5 所示。这种腐蚀电池的阴极区和阳极区往往保持长时间的稳定，会导致明显的局部腐蚀。宏观腐蚀电池有以下几种。

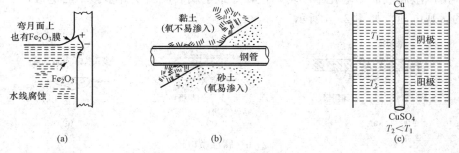

图 2-5　宏观腐蚀电池

（a）水线腐蚀；（b）土质不同引起的管道腐蚀；（c）温度不同引起的腐蚀

（1）不同类金属浸入电解质溶液中形成的电池。两种金属浸于不同电解质溶液中，如丹

聂尔电池属此类。在该电池中，锌为阳极，被离子化；铜为阴极，溶液中的 Cu^{2+} 在阴极上得到电子还原成铜沉积在阴极上。

两种金属浸于同一电解质溶液中，可观察到电位较低的金属（阳极）腐蚀加速，而电位较高的金属（阴极）腐蚀减缓，甚至得到完全保护。例如，凝汽器的管板用碳钢，冷凝管用黄铜管时，在冷却水中电位较低的碳钢管板成为阳极而腐蚀加剧，与碳钢管板相接触的黄铜管腐蚀减缓。构成这种腐蚀电池的两种金属电极电位相差越大，可能引起的腐蚀越严重。这种腐蚀破坏称为电偶腐蚀或双金属腐蚀（bimetallic corrosion）。

（2）同类金属浸入同种电解质溶液中形成的电池。由于溶液浓度、温度或介质与电极的相对流动速度不同，可构成浓差电池或温差电池。

1）浓差电池。同一种金属浸入不同浓度的电解质溶液中，或虽在同一电解质溶液中但局部浓度不同，都可形成浓差腐蚀电池。浓差腐蚀电池可分为氧浓差电池（oxygen concentration cell）和盐浓差电池（salt concentration cell）。

由能斯特公式可知，电极电位与浓度有关。若金属与含不同浓度的该金属离子的溶液接触时，浓度稀处金属的电位较低，浓度高处金属的电位较高，从而形成盐浓差腐蚀电池。例如，在凝汽器铜管的冷却水侧如有沉积物，则沉积物下面水的流动受到限制，Cu^{2+} 浓度较高，电位较高成为阴极区；在沉积物边缘水的流动条件良好，Cu^{2+} 浓度较低，电位较低，成为阳极区致使腐蚀加剧。氧浓差电池是普遍存在危害严重的腐蚀电池。这种电池是由于金属与含氧量不同的介质接触形成的，氧含量低处金属的电位比氧含量高处的电位低，因而为阳极遭到腐蚀。如图 2-5（b）所示，黏土比砂土的含氧量低，该处金属管道为阳极而遭受腐蚀。

2）温差电池。浸入电解质溶液中的金属各部分，由于温度不同而形成温差腐蚀电池。常发生在热交换器、锅炉等设备中。例如，碳钢制的热交换器由于高温端碳钢的电位比低温端的电位低，成为腐蚀电池的阳极而使腐蚀加剧。但是，铜、铝等金属在有关溶液中不同温度下的电极行为与碳钢相反，高温端为阴极，低温端为阳极。

应当指出，实际中腐蚀现象是很复杂的，往往各种电池是联合起作用的，如温差电池常与氧浓差电池联合起作用。只不过在腐蚀过程中因条件变化而有主次差别。

2. 微观腐蚀电池

微观腐蚀电池是用肉眼难以分辨出电极的极性，但确实存在着氧化和还原反应过程的腐蚀电池。由于金属表面的电化学不均匀性，导致金属表面出现许多微小的电极，从而构成各种各样的微观电池，如图 2-6 所示。

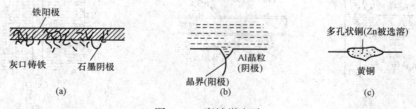

图 2-6　腐蚀微电池
（a）灰口铸铁的石墨化腐蚀；（b）晶界腐蚀；（c）选择性腐蚀

（1）金属表面化学成分不均匀性形成的微观电池。碳钢中的渗碳体 Fe_3C，铸铁中的石墨，在电解质溶液中，它们的电极电位比铁要高，成为微电池的阴极，与作为阳极的铁构成短路微电池［见图 2-6（a）］，可加速基体铁的腐蚀。

（2）金属组织的不均匀性形成的微观电池。多数金属材料为多晶体材料。金属和合金的晶粒与晶界的电位不完全相同，往往以晶粒为阴极，晶界能量高、不稳定而成为阳极，构成微观电池，发生沿晶界的腐蚀［图 2-6（b）］。当合金中存在第二相时，多数情况下第二相为阴极而基体为阳极。多相合金中不同相之间的电位是不同的，这是形成腐蚀微电池的重要原因。如奥氏体不锈钢在回火过程中，由于富铬相 $Cr_{23}C_6$ 沿晶界析出，使晶界贫铬而成为微电池的阳极。在电解质溶液存在下可导致不锈钢晶间腐蚀。

金属内的短路微电池是引起晶间腐蚀、点蚀、选择性腐蚀、应力腐蚀破裂、剥蚀和石墨化腐蚀（craphitie corrosion）的重要原因。

（3）金属表面物理状态不均匀性形成的微观电池。金属在机械加工或构件装配过程中，金属各部分变形的不均匀性，或受力不均匀、晶格畸变等都会形成局部微电池。通常变形较大或受力较大的部位为阳极。如铁板弯曲处及铆钉头部易发生腐蚀就是这个原因。还有凝汽器铜管的腐蚀破裂等与变形和应力有关。

金属表面膜如果受损、不完整，在孔隙或破损处的基体金属比表面膜部位的电位低，会形成腐蚀微电池，这种微观电池又称为膜孔电池。如不锈钢在含 Cl^- 离子的介质中，由于 Cl^- 离子对钝化膜具有破坏作用，使膜的薄弱处易发生点蚀。

应当指出，微电池的存在并非金属发生电化学腐蚀的充分条件，要发生电化学腐蚀，介质中必须含有能使金属腐蚀的去极化剂，它与金属构成热力学不稳定体系。微观电池的存在与分布，可影响金属电化学腐蚀的速度和分布形态，但若溶液中没有合适的氧化性物质作为阴极去极化剂，即使存在微观电池，电化学腐蚀过程也不能进行下去。

第二节　电化学腐蚀倾向判据

在自然环境和腐蚀介质中，除个别贵金属（Au、Pt 等）外，绝大多数金属在热力学上是不稳定的，有自发腐蚀的倾向。多数金属的腐蚀属电化学腐蚀，其腐蚀倾向可用自由能 ΔG 判断，也可用电极电位来判断。只对后者进行简要介绍。

在忽略液体接界电位的情况下，电池电动势等于阴极（发生还原反应）电位减去阳极（发生氧化反应）电位。腐蚀电池中，金属阳极发生溶解（腐蚀），其电位为 E_a；腐蚀剂在阴极发生还原反应，其电位为 E_c。根据热力学原理，可得出金属腐蚀倾向的电化学判据：

$E_a < E_c$　　　电位为 E_a 的金属自发进行腐蚀

$E_a = E_c$　　　平衡状态

$E_a > E_c$　　　电位为 E_a 的金属非自发腐蚀

由此表明，只有金属的电位比腐蚀剂的还原反应电位低时，金属的腐蚀才能自发进行；否则，金属不会腐蚀。例如，在无氧的酸性溶液中，只有金属的电位比该溶液中氢电极电位低时，才能发生析氢腐蚀；在含氧的溶液中只有金属的电位比该溶液中氧电极电位低时，才能发生耗氧腐蚀。当两种金属组成电偶时，只有电位较低的金属构成阳极，发生腐蚀；电位较高的金属不会自发腐蚀。可见，根据电极电位可判断金属电化学腐蚀的可能性。

对于各种电极的电极电位，通过实验可以进行测定。对于可逆电极，其电极电位可由能斯特公式（2-1）计算，即

$$E = E^0 + \frac{RT}{nF} \ln \frac{a_o}{a_R} \tag{2-1}$$

式中　E——电极电位（electrode potential）；

E^0——标准电极电位（standard electrode potential）；

a_0/a_R——物质氧化态与还原态活度的比值；

n——金属离子的价数；

F——法拉第常数；

R——气体常数，$R = 8.3144$，J/（mol·K）；

T——绝对温度，K。

标准电极电位即 298K、分压力为 1atm，电极反应中各物质的活度为 1mol 时的平衡电极电位（以标准氢电极 SHE 为基准，其电极电位人为规定为零）。对于可逆电极，电极反应的电量和物质量在氧化、还原反应中都会达到平衡，其电极电位为平衡电极电位，可利用能斯特公式计算。

利用标准电极电位可以方便地判断金属的腐蚀倾向。例如铁在酸中的腐蚀反应，分为以下两个电极反应：

阳极　$Fe = Fe^{2+} + 2e$，　$E^0_{Fe^{2+}/Fe} = -0.440V$

阴极　$2H^+ + 2e = H_2$，　$E^0_{2H^+/H_2} = 0.000V$

显然　$E^0_{2H^+/H_2} > E^0_{Fe^{2+}/Fe}$，说明铁在酸中的腐蚀反应为 $Fe + 2H^+ \longrightarrow Fe^{2+} + H_2$ 是可能发生的。

各种金属电极的标准电极电位见表 2-2。应该指出，用标准电极电位判断金属腐蚀倾向，虽简便但有局限性。原因是腐蚀介质中金属离子的浓度并非 1mol/L，与标准电位的条件不同，且大多数金属表面有一层氧化膜，不是活化态的金属。

表 2-2　　　　　　金属在 25℃ 时的标准电极电位（对于 $M \rightleftharpoons M^{n+} + ne$ 的电极反应）

电极过程	E^0（V）	电极过程	E^0（V）
$Li \rightleftharpoons iLi^+$	-3.045	$Th \rightleftharpoons Th^{4+}$	-1.90
$Rb \rightleftharpoons Rb^+$	-2.925	$Np \rightleftharpoons Np^{3+}$	-1.86
$K \rightleftharpoons K^+$	-2.925	$Be \rightleftharpoons Be^{2+}$	-1.85
$Cs \rightleftharpoons Cs^+$	-2.923	$U \rightleftharpoons U^{3+}$	-1.80
$Ra \rightleftharpoons Ra^{2+}$	-2.92	$Hf \rightleftharpoons Hf^{4+}$	-1.70
$Ba \rightleftharpoons Ba^{2+}$	-2.90	$Al \rightleftharpoons Al^{3+}$	-1.66
$Sr \rightleftharpoons Sr^{2+}$	-2.89	$Ti \rightleftharpoons Ti^{2+}$	-1.63
$Ca \rightleftharpoons Ca^{2+}$	-2.87	$Zr \rightleftharpoons Zr^{4+}$	-1.53
$N \rightleftharpoons aNa^+$	-2.714	$U \rightleftharpoons U^{4+}$	-1.50
$La \rightleftharpoons La^{3+}$	-2.52	$Np \rightleftharpoons Np^{4+}$	-1.354
$Mg \rightleftharpoons Mg^{2+}$	-2.37	$Pu \rightleftharpoons Pu^{4+}$	-1.28
$Am \rightleftharpoons Am^{3+}$	-2.32	$Ti \rightleftharpoons Ti^{3+}$	-1.21
$Pu \rightleftharpoons Pu^{3+}$	-2.07	$V \rightleftharpoons V^{2+}$	-1.18

续表

电极过程	E^0(V)	电极过程	E^0(V)
$Mn \rightleftharpoons Mn^{2+}$	-1.18	$Sn \rightleftharpoons Sn^{2+}$	-0.136
$Nb \rightleftharpoons Nb^{3+}$	-1.1	$Pb \rightleftharpoons Pb^{2+}$	-0.126
$Cr \rightleftharpoons Cr^{2+}$	-0.913	$Fe \rightleftharpoons Fe^{3+}$	-0.036
$V \rightleftharpoons V^{3+}$	-0.876	$D_2 \rightleftharpoons D^+$	-0.0034
$Zn \rightleftharpoons Zn^{2+}$	-0.762	$H_2 \rightleftharpoons H^+$	0.000
$Cr \rightleftharpoons Cr^{3+}$	-0.74	$Cu \rightleftharpoons Cu^{2+}$	$+0.337$
$Ga \rightleftharpoons Ga^{3+}$	-0.53	$Cu \rightleftharpoons Cu^+$	$+0.521$
$Fe \rightleftharpoons Fe^{2+}$	-0.440	$Hg \rightleftharpoons Hg_2^{2+}$	$+0.789$
$Cd \rightleftharpoons Cd^{2+}$	-0.402	$Ag \rightleftharpoons Ag^+$	$+0.799$
$In \rightleftharpoons In^{3+}$	-0.342	$Rh \rightleftharpoons Rh^{3+}$	$+0.80$
$Tl \rightleftharpoons Tl^+$	-0.336	$Hg \rightleftharpoons Hg^{2+}$	$+0.854$
$Mn \rightleftharpoons Mn^{3+}$	-0.283	$Pd \rightleftharpoons Pd^{2+}$	$+0.987$
$Co \rightleftharpoons Co^{2+}$	-0.277	$Ir \rightleftharpoons Ir^{3+}$	$+1.000$
$Ni \rightleftharpoons Ni^{2+}$	-0.250	$Pt \rightleftharpoons Pt^{2+}$	$+1.19$
$Mo \rightleftharpoons Mo^{3+}$	-0.2	$Au \rightleftharpoons Au^{3+}$	$+1.50$
$Ge \rightleftharpoons Ge^{4+}$	-0.15	$Au \rightleftharpoons Au^+$	$+1.68$

　　对于非标准下的可逆电极，其电极电位可由计算得到。对于不可逆电极（在一个电极表面上同时进行两个以上不同质的氧化还原过程的电极），其电极反应只可能是电荷交换的平衡而无物质量的平衡，电极电位不能由能斯特公式计算，只能靠实测得到。实际中通常金属很少处于其本身离子的溶液中，而往往是与其他溶液相接触，很少是平衡可逆状态体系，常呈现非平衡的稳态电位。例如，实际遇到的电偶腐蚀，在一定腐蚀介质中，其电位是不可逆的电极电位。工程上使用的大多数金属材料都是合金，对含有两种或两种以上组分的合金来说，要建立它的可逆电极电位是不可能的。因此，不能使用标准电极电位的电动序表作为电偶对中金属腐蚀倾向的判据，而只能使用实际测量的金属电极在溶液中的稳态电位即采用金属或合金的电偶序作为判据。电偶序是根据金属或合金在一定电解质溶液等条件下测得的稳态电位的相对大小排列的序表，见表2-3。电偶序比电动序更能明确地表明实际电偶腐蚀的情况。

表2-3　　　　　　　　　　　某些金属的电动序与电偶序的比较（25℃）

电动序 E_{SHE}（V）	电偶序（中性溶液）E_{SHE}（V）	
	M/M_xZ_y，pH=7	在3%NaCl溶液中
Pt/Pt^{2+}　$+1.190$	Pt/PtO　$+0.57$	Pt　$+0.47$
Ag/Ag^+　$+0.799$	$Ag/AgCl$　$+0.22$	Ti　$+0.37$
Cu/Cu^{2+}　$+0.337$	Cu/Cu_2O　$+0.05$	Ag　$+0.30$
H_2/H^+　±0.000	H_2/H_2O　-0.414	Cu　$+0.04$

电动序 E_{SHE} (V)	电偶序 （中性溶液） E_{SHE} (V)	
	M/M_xZ_y, pH=7	在 3%NaCl 溶液中
Pb/Pb^{2+}　－0.126	Pb/PbCl$_2$　－0.27	Ni　－0.03
Ni/Ni^{2+}　－0.25	Ni/NiO　－0.30	Pb　－0.27
Fe/Fe^{2+}　－0.44	Fe/FeO　－0.46	Fe　－0.40
Zn/Zn^{2+}　－0.763	Zn/ZnO　－0.83	Al　－0.63
Ti/Ti^{2+}　－1.63	Ti$_2$O$_3$/TiO$_2$　－0.50	Zn　－0.76

第三节　电位-pH图及其应用

电位-pH图是比利时腐蚀学家 M. Pourbaix 于 1938 年提出并成功地应用在金属腐蚀领域，又称为 Pourbaix 图。它把一给定元素—H$_2$O 体系中全部反应物和生成物的热力学平衡条件，即元素、元素离子和元素化合物的稳定化条件，集中表示在这个图上。在金属腐蚀过程中，电位是控制金属离子化过程的因素，pH 值是控制腐蚀产物稳定性的因素。应用这两个参数，可以将金属与水溶液之间大量的复杂的均相和非均相的化学反应及电化学反应在给定条件下的平衡关系简单明了地图示在一个平面或空间里。这对于推断反应的可能性及生成物的稳定性，特别是对金属腐蚀与控制的研究提供了方便。现已有近百种元素在室温下的二元电位-pH图。

一、电位-pH图原理

金属的电化学腐蚀大多是金属与水溶液相接触时发生的腐蚀过程（如天然水、潮湿的大气、潮湿土壤、海水等）。金属腐蚀产物往往是它的氧化物、氢氧化物或可溶性离子。此外，在腐蚀介质中总有 H$^+$ 和 OH$^-$ 存在，可用溶液的 pH 值表示其含量。金属在溶液中的稳定性不仅与其电极电位有关，还与水溶液的 pH 值有关。因此，将金属腐蚀体系的电极电位和溶液 pH 的关系绘成图，就可以判断各种物质能稳定存在的电位和 pH 值范围，即可判断在给定条件下金属发生腐蚀的可能性。

电位-pH图是以电位（相对 SHE）为纵坐标，pH 值为横坐标的电化学平衡相图。根据参与电极反应的物质不同，电位-pH图上的曲线可分为以下三类：

（1）反应只与电极电位有关，与溶液的 pH 值无关。这类反应是只有电子参加没有 H$^+$ 或 OH$^-$ 参加的电极反应。例如电极反应可用通式表示为

$$x\text{R} \rightleftharpoons y\text{O} + ne$$

对应于该反应的平衡电位表达式为

$$E = E^0 + \frac{RT}{nF} \ln \frac{a_O^y}{a_R^x}$$

式中符号意义同式（2-1）。可见，这类反应的电极电位与 pH 值无关，只要知道反应物和生成物离子的活度，就可求出电极电位。因此，这类反应的平衡条件在电位-pH图上为一簇平行于横坐标的直线。

（2）反应只与 pH 值有关，与电极电位无关。这类反应只有 H$^+$ 或 OH$^-$ 参加，而没有

电子参加，因此不是电化学反应，而是化学反应，例如金属离子的水解反应和沉淀反应，可用通式表示为

$$yA + zH_2O \rightleftharpoons qB + mH^+$$

其平衡常数 K 为

$$K = \frac{a_B^q \cdot a_{H^+}^m}{a_A^y}$$

因 $pH = -lg a_{H^+}$，所以

$$pH = -\frac{1}{m}lgK - \frac{1}{m}lg\frac{a_A^y}{a_B^q}$$

可见，pH 值与电位无关。在一定温度下，K 一定。若给定 a_A^y/a_B^q，则 pH 值也一定。所以，这类反应的平衡条件在电位 - pH 图上为一簇平行于纵坐标的直线。

（3）反应既与电极电位有关，又与溶液 pH 值有关。这类反应的特点是 H^+ 或 OH^- 离子和电子都参加反应。反应通式为

$$xR + zH_2O \rightleftharpoons yO + mH^+ + ne$$

电位表达式为

$$E_{R/O} = E_{R/O}^0 + \frac{RT}{nF}ln\frac{a_O^y \cdot a_{H^+}^m}{a_R^x}$$

$$E_{R/O} = E_{R/O}^0 - \frac{2.3mRT}{nF}pH + \frac{2.3RT}{nF}lg\frac{a_O^y}{a_R^x}$$

可见，在一定温度下，反应的平衡条件既与电位有关，又与溶液 pH 值有关。电位与 pH 在电位 - pH 图上的平衡线为一簇斜线，电位随溶液的 pH 值升高而线性地降低，其斜率为 $-2.3mRT/nF$。

因此，无论一个给定的元素 - 水体系中的电化学反应和化学反应多么复杂，都可以按上述方法把体系中全部反应物和生成物的热力学平衡条件集中表示在一张电位 - pH 图中。由此可判断在给定电位和 pH 值条件下反应发生的可能性，或确定发生反应所必需的电位和 pH 值条件。在金属腐蚀过程中，电位是控制金属离子化过程的因素，pH 值是控制金属腐蚀产物的稳定性的因素。电位 - pH 图应用电位和 pH 这两个参数，把金属与水溶液之间大量的、复杂的均相和非均相的电化学反应和化学反应在给定条件下的平衡关系，简单而直观地表示出来，对于研究金属在水溶液中的腐蚀是很方便的。

构作电位 - pH 图一般按下列步骤进行：

1）列出有关物质的各种存在状态及其标准化学位值（25℃）；

2）列出各有关物质的相互反应，写出平衡关系式，并计算相应的电位或 pH 值表达式；

3）作出各类反应的电位 - pH 图，最后汇总成综合的电位 - pH 图。

二、水的电位 - pH 图

H^+ 的还原反应和溶解氧的还原反应是金属在水溶液中电化学腐蚀过程常见的阴极反应，所以这两个电极反应与金属腐蚀过程有密切关系，了解这些反应的平衡条件是有特殊意义的。

对于电极反应 $H_2 \rightleftharpoons 2H^+ + 2e$

其平衡条件为 $E = E^0 + \frac{2.3RT}{2F}lg\frac{a_{H^+}^2}{P_{H_2}}$

25℃时，$E^0 = 0$，当 $p_{H_2} = 1.013 \times 10^5 Pa$ 时

$$E = -0.059 pH$$

在电位 - pH 图上为一条斜线，用虚线ⓐ表示，如图 2 - 7 所示。在线ⓐ下方为 H_2 的稳定存在区，将会发生析氢反应。

对于电极反应　$2H_2O \Longleftrightarrow O_2 + 4H^+ + 4e$

其平衡条件为　$E = E^0 + \dfrac{2.3RT}{4F} \lg a_H^4 \cdot p_{O_2}$

25℃时，$E^0 = 1.229V$，当 $p_{O_2} = 1.013 \times 10^5 Pa$ 时

$$E = 1.229 - 0.059 pH$$

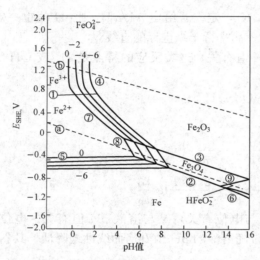

图 2 - 7　Fe - H$_2$O 体系电位 - pH 平衡图（25℃）

（平衡固相：Fe、Fe$_3$O$_4$、Fe$_2$O$_3$）

在电位 - pH 图上为一条斜线，用虚线ⓑ表示，如图 2 - 7 所示。ⓑ线以上为氧的稳定存在区。ⓐ与ⓑ线平行，相距 1.229V，是理论分解水的电位，它不随 pH 值的变化而变化。

图 2 - 7 中虚线所示即为水的电位 - pH 图。由此可了解 H_2、O_2 和 H_2O 等物质的热力学稳定性。

从电位 - pH 图可知，当电极电位等于电极反应的平衡电位时，电极反应氧化方向的速度等于还原方向的速度，不会发生氧化反应或还原反应。若电极电位高于平衡电位时，则电极反应氧化方向的速度大于还原方向的速度，这时可能发生氧化反应；反之，可能发生还原反应。如上所述，ⓐ线是 25℃，$p_{H_2} = 1.013 \times 10^5 Pa$ 时电极反应 $H_2 \Longleftrightarrow 2H^+ + 2e$ 的平衡线。若电极电位低于ⓐ线表示的平衡电位时，H^+ 与 H_2（$p_{H_2} = 1.013 \times 10^5 Pa$）之间的平衡受到破坏。为建立新的平衡，反应按还原方向进行（生成 H_2），若保持 p_{H_2} 不变，溶液 pH 值必然增加，即水会分解。所以ⓐ线上方是 H^+ 离子或 H_2O 的稳定存在区。ⓑ线是 25℃，$p_{O_2} = 1.013 \times 10^5 Pa$ 时，电极反应 $2H_2O \Longleftrightarrow O_2 + 4H^+ + 4e$ 的平衡线。若电极电位高于ⓑ线表示的平衡电位时，O_2（$p_{O_2} = 1.013 \times 10^5 Pa$）和 H_2O 之间的平衡受到破坏，电极反应向氧化方向进行（生成 O_2），水趋于氧化而分解。若保持 $p_{O_2} = 1.013 \times 10^5 Pa$，则溶液的 pH 值必定会减小。若电极电位低于ⓑ线表示的平衡电位时，如果保持 p_{O_2} 变，则溶液的 pH 值必定会增大，即电极反应向还原方向进行（生成 H_2O）。所以，在 $p_{O_2} = 1.013 \times 10^5 Pa$ 时，ⓑ线上方是 O_2 的稳定存在区，ⓑ线下方是 H_2O 的稳定存在区。

综上所述，图 2 - 7 中ⓐ线和ⓑ线之间表示给定条件下水的热力学稳定区，水可分解成分压小于 $1.013 \times 10^5 Pa$ 的 H_2 和 O_2；ⓑ线上方是 O_2 的稳定存在区；ⓐ线下方是 H_2 的稳定存在区。当电极电位高于ⓑ线时即放 O_2（水被氧化分解），同时水溶液的 pH 值减小；电极电位低于ⓐ线时则析 H_2，且使水溶液 pH 增大。pH 值减小放 O_2 难，析 H_2 易；相反，pH 值增大放 O_2 易，析 H_2 难。

当 p_{H_2} 或 p_{O_2} 不为 $1.013 \times 10^5 Pa$ 时，水的分解平衡线⑧和线ⓑ将相应地平移，对应着不同分压会分别出现一组平行于线⑧和线ⓑ的平行线。

三、金属 - 水体系的电位 - pH 图

以 Fe - H_2O 体系为例，说明金属 - H_2O 体系的电位 - pH 图的构作。图 2 - 7 为 Fe - H_2O 体系的电位 - pH 图，图中平衡固相为 Fe、Fe_3O_4 和 Fe_2O_3，直线上圆圈中的号码表示下列反应 25℃时各反应的平衡关系。

①线表示反应

$$Fe^{2+} \rightleftharpoons Fe^{3+} + e$$

25℃时，$E = 0.771 + 0.059 lg(a_{Fe^{3+}}/a_{Fe^{2+}})$

当 $a_{Fe^{2+}} = a_{Fe^{3+}}$ 时，$E = 0.771V$，为一水平直线。

②线表示反应

$$3Fe + 4H_2O \rightleftharpoons Fe_3O_4 + 8H^+ + 8e$$

25℃时，$E = -0.086 - 0.059pH$，为一条斜线。

③线表示反应

$$2Fe_3O_4 + H_2O \rightleftharpoons 3Fe_2O_3 + 2H^+ + 2e$$

25℃时，$E = 0.215 - 0.059pH$，为一条斜线。

④线表示反应

$$2Fe^{3+} + 3H_2O \longrightarrow Fe_2O_3 + 6H^+$$

25℃时，$pH = -0.28 - \frac{1}{3}lg a_{Fe^{3+}}$

若 $a_{Fe^{3+}}$ 为 10^0、10^{-2}、10^{-4} 和 10^{-6} mol/L 时，可得 pH = -0.28、0.39、1.05 和 1.72 的一簇垂直线。

⑤线表示反应

$$Fe \rightleftharpoons Fe^{2+} + 2e$$

25℃时，$E = -0.44 + 0.0295 lg a_{Fe^{2+}}$

E 与 pH 无关，当给定 $a_{Fe^{2+}}$ 时，得到一水平线。当 $a_{Fe^{2+}}$ 不同时，用一组与 pH 轴平行的水平线表示。标"0"的线表示 $a_{Fe^{2+}} = 10^0$（mol/L）；标"2"的线表示 $a_{Fe^{2+}} = 10^{-2}$（mol/L），以此类推。

⑥线表示反应

$$Fe + 2H_2O \rightleftharpoons HFeO_2^- + 3H^+ + 2e$$

25℃时，$E = 0.400 - 0.0886pH + 0.0295 lg a_{HFe_2^-}$，为一条斜线。

⑦线表示反应

$$2Fe^{2+} + 3H_2O \rightleftharpoons Fe_2O_3 + 6H^+ + 2e$$

25℃时，$E = 0.728 - 0.177pH - 0.059 lg a_{Fe^{2+}}$，当 $a_{Fe^{2+}}$ 为 10^0、10^{-2}、10^{-4} 和 10^{-6} mol/L 时为一簇斜线。

⑧线表示反应

$$3Fe^{2+} + 4H_2O \rightleftharpoons Fe_3O_4 + 8H^+ + 2e$$

25℃时，$E = 0.975 - 0.236pH - 0.0886 lg a_{Fe^{2+}}$，当 $a_{Fe^{2+}}$ 为 10^0、10^{-2}、10^{-4} 和

10^{-6}mol/L 时为一簇斜线。

当 $a_{Fe^{2+}}=10^{-6}$mol/L 时，此线与⑤线的交点为 $E=-0.617$V，pH＝9。此交点为三相点。

⑨线表示反应

$$3HFeO_2^- + H^+ \Longrightarrow Fe_3O_4 + 2H_2O + 2e$$

25℃时，$E=-1.546+0.0295pH-0.0886\lg a_{HFeO_2^-}$，为一条斜线。

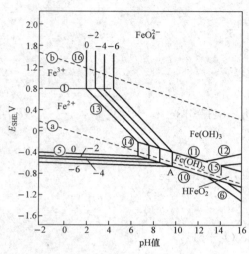

图 2-8 Fe-H₂O 体系电位-pH 平衡图(25℃)
（平衡固相：Fe、Fe（OH）₂、Fe（OH）₃）

图 2-7 是基于 Fe、Fe_3O_4 和 Fe_2O_3 为固相的平衡反应得到的。从热力学稳定性来说，虽然 Fe（OH）₂ 和 Fe（OH）₃ 不如 Fe_3O_4 和 Fe_2O_3 稳定，但在温度不太高时，铁的腐蚀过程中往往出现 Fe（OH）₂ 和 Fe（OH）₃。若以 Fe、Fe（OH）₂ 和 Fe（OH）₃ 为平衡固相，得到的电位-pH 图如图 2-8 所示。

①、⑤、⑥线表示的反应与图 2-7 中所示的反应相同。其他反应 25℃时的平衡条件关系式如下：

⑩线表示反应

$$Fe + 2H_2O \Longrightarrow Fe（OH）_2 + 2H^+ + 2e$$
$$E=-0.045-0.059pH$$

⑪线表示反应

$$Fe（OH）_2 + H_2O \Longrightarrow Fe（OH）_3 + H^+ + e$$
$$E=0.179-0.059pH$$

⑫线表示反应

$$HFeO_2^- + H_2O \Longrightarrow Fe（OH）_3 + e$$
$$E=-0.810-0.059\lg a_{HFe_2^-}$$

⑬线表示反应

$$Fe^{2+} + 3H_2O \Longrightarrow Fe（OH）_3 + 3H^+ + e$$
$$E=1.507-0.177pH-0.059\lg a_{Fe^{2+}}$$

⑭线表示反应

$$Fe^{2+} + 2H_2O \Longrightarrow Fe（OH）_2 + 2H^+$$
$$\lg a_{Fe^{2+}}=13.29-2pH$$

⑮线表示反应

$$HFeO_2^- + H^+ \Longrightarrow Fe（OH）_2$$
$$\lg a_{HFeO_2^-}=-18.30+pH$$

⑯线表示反应

$$Fe^{3+} + 3H_2O \Longrightarrow Fe（OH）_3 + 3H^+$$
$$\lg a_{Fe^{3+}}=4.84-3pH$$

在电位-pH 图上，每一条线都代表两种物质间的平衡条件，例如线⑤代表 Fe 和 Fe^{2+}

共存的平衡线。

在电位 - pH 图上，直线间的交点具有三相点的特征，例如线⑤和线②的交点，表示在该点所对应的电位和 pH 值条件下，Fe、Fe_3O_4 和活度为 $a_{Fe^{2+}}$ 的 Fe^{2+} 溶液处于平衡，所以根据各交点的位置可求得相应的三种物质共存时的电位和 pH 条件。

在电位 - pH 图上，相交直线所包围的面表示反应体系中某种物质能稳定存在的电位和 pH 值范围。例如线②、③、⑧、⑨所包围的面代表 Fe_3O_4 的稳定存在区。若电位降到线②以下，则 Fe_3O_4 将趋于不稳定而按反应②$Fe_3O_4+8H^++8e\longrightarrow 3Fe+4H_2O$ 进行；若电位升到线③以上，Fe_3O_4 将按反应③$Fe_3O_4+H_2O\longrightarrow 3Fe_2O_3+2H^++2e$ 进行。若水溶液的 pH 值降低到比线⑧对应的值还低时，这时 Fe^{2+} 比 Fe_3O_4 更稳定，Fe_3O_4 将按反应⑧$Fe_3O_4+8H^++2e\longrightarrow 3Fe^{2+}+4H_2O$ 进行；若水溶液的 pH 值提高到比线⑨相应的值更高时，Fe_3O_4 会自发地按反应⑨$Fe_3O_4+2H_2O+2e\longrightarrow 3HFeO_2^-+H^+$ 进行。

在金属 - 水体系的电位 - pH 图上，一般都画出表征氢电极反应和氧电极反应的平衡关系的ⓐ线和ⓑ线，由此可推断金属腐蚀过程的阴极反应。

用与构作 $Fe-H_2O$ 体系的电位 - pH 图相同的方法，绘出以 Cu、Cu_2O、CuO 和 Cu_2O_3 为平衡固相的 $Cu-H_2O$ 体系的电位 - pH 图如图 2 - 9 所示。

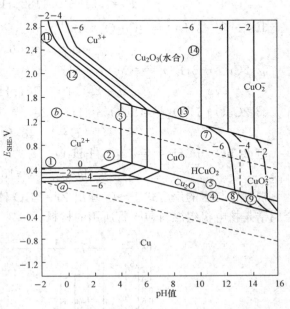

图 2 - 9 $Cu-H_2O$ 体系电位 - pH 平衡图（25℃）
（平衡固相：Cu、Cu_2O、CuO 和 Cu_2O_3）

图中各种实线表示的平衡关系如下：

①$Cu\rightleftharpoons Cu^{2+}+2e$
$$E=0.337+0.0295\lg a_{Cu^{2+}}$$

②$Cu_2O+2H^+\rightleftharpoons 2Cu^{2+}+H_2O+2e$
$$E=0.203+0.059pH+0.059\lg a_{Cu^{2+}}$$

③$Cu^{2+}+H_2O\rightleftharpoons CuO+2H^+$
$$\lg a_{Cu^{2+}}=7.89-2pH$$

④$2Cu+H_2O\rightleftharpoons Cu_2O+2H^++2e$
$$E=0.471-0.059pH$$

⑤$Cu_2O+H_2O\rightleftharpoons 2CuO+2H^++2e$
$$E=0.669-0.059pH$$

⑥$HCuO_2^-+H^+\rightleftharpoons CuO+H_2O$
$$\lg a_{HCuO_2^-}=-18.83+pH$$

⑦$CuO_2^-+2H^++e\rightleftharpoons CuO+H_2O$

$$E=2.609-0.1182\text{pH}+0.059\lg a_{CuO_2^-}$$

⑧$Cu_2O+3H_2O \Longrightarrow 2HCuO_2^-+4H^++2e$

$$E=1.783-0.1182\text{pH}+0.059\lg a_{HCuO_2^-}$$

⑨$Cu_2O+3H_2O \Longrightarrow 2CuO_2^{2-}+6H^++2e$

$$E=2.56-0.177\text{pH}+0.059\lg a_{CuO_2^{2-}}$$

⑩$Cu+2H_2O \Longrightarrow CuO_2^{2-}+4H^++2e$

$$E=1.515-0.1182\text{pH}+0.0295\lg a_{CuO_2^{2-}}$$

⑪$2Cu^{3+}+3H_2O \Longrightarrow Cu_2O_3+6H^+$

$$\lg a_{Cu^{3+}}=-6.09-3\text{pH}$$

⑫ $2Cu^{2+}+3H_2O \Longrightarrow Cu_2O_3+6H^++2e$

$$E=2.114-0.177\text{pH}-0.059\lg a_{Cu^{2+}}$$

⑬ $2CuO+H_2O \Longrightarrow Cu_2O_3+2H^++2e$

$$E=1.648-0.059\text{pH}$$

⑭ $2CuO_2^-+2H^+ \Longrightarrow Cu_2O_3+H_2O$

$$\lg a_{CuO_2^-}=-16.31+\text{pH}$$

根据锆与水的反应式①~⑦画出 Zr-H_2O 体系的电位-pH平衡图,如图 2-10 所示。金属锆是核电机组燃料包壳管所用的材料。

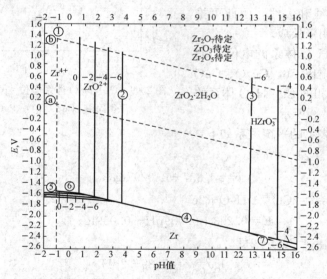

图 2-10 Zr-H_2O 体系的电位-pH平衡图(25℃)

①$Zr^{4+}+H_2O=ZrO^{2+}+2H^+$

$\lg(a_{ZrO^{2+}}/a_{Zr^{4+}})=2.06+2\text{pH}$

$a_{ZrO^{2+}}=a_{Zr^{4+}}$ 时,$\text{pH}=-1.03$

②$ZrO^{2+}+H_2O=ZrO_2+2H^+$,　　$\lg a_{ZrO^{2+}}=1.15-2\text{pH}$

③$ZrO_2+H_2O=HZrO_3^-+H^+$,　　$\lg a_{HZrO_3^-}=-18.78+\text{pH}$

④$Zr+2H_2O = ZrO_2+4H^++4e$,　　$E=-1.553-0.0594pH$

⑤$Zr=Zr^{4+}+4e$,　　$E=1.539+0.0148\lg a_{Zr^{4+}}$

⑥$Zr+H_2O=ZrO^{2+}+2H^++4e$,　　$E=-1.570-0.0205pH+0.0148\lg a_{ZrO^{2+}}$

⑦$Zr+3H_2O=HZrO_3^-+5H^++4e$,　　$E=-1.276-0.0740pH+0.0148\lg a_{HZrO_3^-}$

简化的 Zr-水体系的电位-pH 图如图 2-11 所示。由此可知，金属锆的理论腐蚀区、免蚀区和钝化区。

Zn-H_2O 体系和 Al-H_2O 体系的电位-pH 图如图 2-12 和图 2-13 所示。

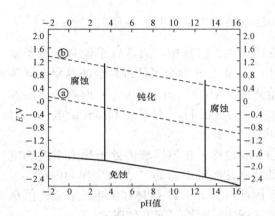

图 2-11　锆的理论腐蚀、免蚀和钝化条件

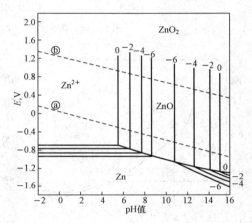

图 2-12　Zn-H_2O 体系的电位-pH 平衡图（25℃）

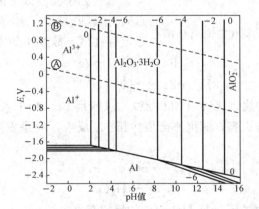

图 2-13　Al-H_2O 体系的电位-pH 平衡图（25℃）

图 2-14 所示为 Fe、Cr、Ni 及二元合金的电位-pH 图。

各种金属-H_2O 体系的电位-pH 图已汇集成册，使用很方便。从金属的电位-pH 图可知，金属在水溶液中有些共同特点。随着电位的升高，高价离子及高价氧化物将更为稳定。随着 pH 值的增加，能够稳定存在的物质类型也从简单的金属离子变为非离子态化合物。当溶液的碱性和还原性较强时，则此化合物又重新生成可溶性的金属含氧阴离子。

四、电位-pH 图在金属腐蚀中的应用

使用金属-H_2O 体系的电位-pH 图，可根据金属所处的电位、pH 值状态直观地辨出其腐蚀类型及稳定性，并可使人们通过改变电位或溶液 pH 值的方法来防止金属腐蚀。

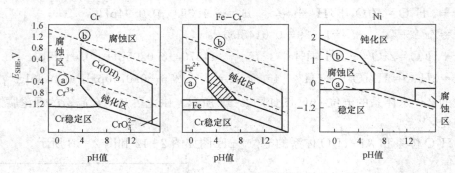

图 2-14　Fe、Cr、Ni 及二元合金的电位-pH 图

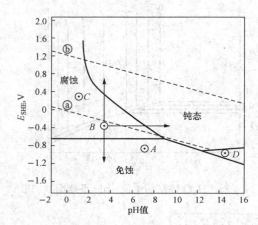

图 2-15　Fe-H$_2$O 体系的简化电位-pH 图

在工业生产过程中，通常以平衡金属离子浓度为 10^{-6} mol/L 作为金属是否腐蚀的界限，即溶液中金属离子浓度小于 10^{-6} mol/L 时就认为不发生腐蚀。对于 Fe-H$_2$O 体系，其简化的电位-pH 图如图 2-15 所示。

（1）腐蚀区。在该区域内处于热力学上稳定状态的物质是溶液中的 Fe^{2+}、Fe^{3+} 和 $HFeO_2^-$ 等离子。因此，若 Fe-H$_2$O 体系的电位和 pH 值在这两个区域内，则铁可能发生腐蚀。

当铁处于 ⓐ 线以下的三角形腐蚀区时（如 B 点），该区既是 Fe^{2+} 离子的稳定存在区，又是 H$_2$ 稳定存在区，故发生的电极反应为

$$Fe \longrightarrow Fe^{2+} + 2e$$

$$2H^+ + 2e \longrightarrow H_2$$

当铁处于 ⓐ 线以上的腐蚀区时（如 C 点），该区是 Fe^{2+} 和 H$_2$O 的稳定存在区，由于铁的电位比析氢的平衡电位更高，阴极不会发生析 H$_2$ 反应，而是发生氧的阴极还原反应，即耗氧腐蚀。电极反应为

$$Fe \longrightarrow Fe^{2+} + 2e$$

$$4H^+ + O_2 + 4e \longrightarrow 2H_2O$$

D 点对应的是铁的腐蚀区，是 $HFeO_2^-$ 的稳定存在区。

（2）免蚀区。在该区域内金属处于热力学稳定状态。即使金属表面暴露在溶液中，也不会发生腐蚀。该区域是 Fe 和 H$_2$ 的稳定存在区。

为了防止铁的腐蚀，常将铁的电位降至其平衡电位以下的低电位区并保持这种状态。此时，铁只能进行还原方向的反应，而不会发生腐蚀。

（3）钝化区。在该区域内的电位和 pH 值条件下，生成稳定的固态氧化物、氢氧化物膜，如 Fe$_2$O$_3$、Fe$_3$O$_4$、Fe（OH）$_2$ 等。因此，在该区域内金属是否发生腐蚀，取决于所生成的固态膜是否具有保护性。

在这一区域内，金属表面被其化合物所覆盖。由于覆盖在金属表面上的金属氧化物、氢氧化物或盐膜的保护作用，金属溶解受到阻滞，会降低金属的腐蚀速度。当然，金属是否腐

蚀不单纯取决于其固态化合物的热力学稳定性，主要还取决于这些化合物是否能在金属表面生成附着性良好、无孔隙的连续的保护膜。

电位－pH 图的主要用途为：① 预测反应的自发方向，从热力学上判断金属腐蚀产物；②估计腐蚀产物的成分；③预测减缓或防止腐蚀的环境因素，选择控制腐蚀的途径。

由以上分析可知，为了使铁不受腐蚀，可设法使铁的状态条件移出腐蚀区。例如，从图 2-15 中的 B 点移出腐蚀区有三种可能的途径。

（1）阴极保护法。人为地将铁的电位降低到免蚀区，这时铁处于热力学上的稳定状态，可防止铁腐蚀。其方法是可用比铁电位更低的金属（如 Zn、Al 等金属或合金）与铁连接，构成腐蚀电偶，称之为牺牲阳极法；或用外加直流电源的负端与铁相连而正端与辅助阳极连接，构成回路，都可保护铁，使其免受腐蚀。如地下设备，热力设备中凝汽器的部件、水箱、管道等的保护等。

（2）阳极保护法。如果人为地将铁的电位升高到钝化区，可防止铁腐蚀。其方法是用外加直流电源的正端与金属相连，使被保护金属成为阳极，其电位正移进入钝化区；或者在溶液中添加阳极型缓蚀剂或钝化剂如铬酸盐、过氧化氢等来实现。这种方法只适用于可钝化的金属。

（3）调整溶液的 pH 值。将溶液的 pH 值调整为 9～13，可使铁进入钝化区。对于大型火力发电机组，通常采用给水加氨调整 pH 的方法来防止热力设备的腐蚀。如果由于某种原因（如溶液中含 Cl^-）不能生成氧化膜，铁将不钝化而继续溶解腐蚀。

从 Fe-H_2O 体系的电位－pH 图可得出如下规律：①随着体系电位的升高，金属价数升高；②随着溶液 pH 值的增大，金属型态由阳离子变为化合物型态；③随着溶液中离子活度的变化，金属各种型态的稳定范围也随之改变，当离子活度降低时，离子型稳定区扩大，而非离子型稳定区缩小；④在高电位区，在较宽的 pH 范围内，可产生过钝化溶解，破坏钝化性质。

以上四种规律对许多金属均适用。处于腐蚀状态下的金属，当提高电位或降低 pH 值时，腐蚀向活化转化；当降低电位及增加 pH 值时，由腐蚀区进入免蚀区；增加溶液 pH 值有利于形成钝化膜，实现钝化保护作用。

五、电位－pH 图的局限性

电位－pH 图大多都是根据 25℃时热力学数据制作的，所以也称为理论电位－pH 图。如前所述，使用这种电位－pH 图可以预测金属在给定条件下的腐蚀倾向，为解释各种腐蚀现象和作用机理提供热力学依据，也为防止金属腐蚀提供可能的途径。电位－pH 图已成为研究金属在水溶液中腐蚀行为的重要工具。然而，它的应用是有条件的，存在一些局限性。

（1）由于金属的理论电位－pH 图是一种以热力学为基础的电化学平衡图，所以它只能预测金属发生腐蚀的可能性以及腐蚀倾向的程度，而不能预测腐蚀速度的大小。

（2）图中各条平衡线，是以金属与其离子之间或溶液中的离子与含有该离子的腐蚀产物之间建立的平衡为条件，但在实际腐蚀情况下，可能偏离这个平衡条件，这是因实际中的腐蚀过程是非平衡过程。

（3）电位－pH 图只考虑了 OH^- 对平衡的影响。在实际腐蚀环境中，往往存在 Cl^-、SO_4^{2-}、PO_4^{3-} 等，会生成不同的腐蚀产物，故可能因发生一些其他反应使问题复杂化。

（4）理论电位－pH 图中的钝化区并不能反映出各种金属氧化物、氢氧化物等究竟具有多大保护性能。

　　例如，可以从图上判断某种金属的固态腐蚀产物在金属所处的电位和 pH 值条件下是稳定的，但不能断定它是否对金属表面具有保护性。因为有无保护性还与固态产物的生成位置和它们的物理化学性质有关。

　　（5）绘制理论电位 - pH 图时，通常把金属表面附近液层的成分和 pH 值等同于整体溶液的数值。实际腐蚀体系中，金属表面附近和局部区域的 pH 值与整体溶液的 pH 值往往不相同。

　　因此，应用电位 - pH 图时，必须针对具体情况进行具体的分析。尽管有些局限性，但它仍能预示金属腐蚀倾向，在腐蚀研究和腐蚀防护中有着重要意义。

　　近几十年以来，对电位 - pH 图的研究取得了新的进展。如制作出更复杂的金属 - Cl^-（溶液成分）- H_2O 体系的三元电位 - pH 图及电位 - pH - 温度三维图等。

　　图 2 - 16 所示为高温下的 Fe - H_2O 体系的电位 - pH 图。可见，高温下 $HFeO_2^-$ 稳定存在区范围明显扩大，相邻的 Fe 稳定存在区和铁的氧化物的稳定存在区都相应缩小，说明高温下铁更易受到浓碱腐蚀。

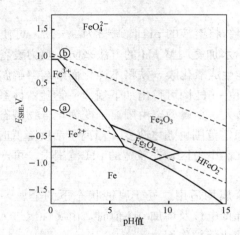

图 2 - 16　高温时 Fe - H_2O 体系电位 - pH 平衡图（200℃）

（平衡固相：Fe、Fe_3O_4、Fe_2O_3）

思 考 题 与 习 题

　　1. 什么是腐蚀电池？有哪些类型？

　　2. 举例说明腐蚀电池的工作历程。

　　3. 区分宏观腐蚀电池和微观腐蚀电池的主要特征是什么？

　　4. 金属电化学腐蚀与化学腐蚀的基本区别是什么？

　　5. 如何用电化学判据说明金属电化学腐蚀的难易？有何局限性？

　　6. 腐蚀电池的四个组成部分是什么？二次产物对金属腐蚀有何影响？

　　7. 何谓电位 - pH 图？举例说明其用途及其局限性。

　　8. 试用 Fe - H_2O 体系的电位 - pH 图（平衡固相：Fe、Fe_3O_4、Fe_2O_3）说明各线、面

的物理意义及防止铁腐蚀的具体措施。

9. 简化的电位-pH图以 10^{-6}mol/L 线作为金属腐蚀与否的界限合理吗？什么是免蚀区、腐蚀区和钝化区？

10. 根据图 2-15 中 A、B、C、D 各点对应的电位和 pH 值条件，判断铁的腐蚀情况，并写出相应的电极反应式。

11. 根据 $Cu-H_2O$（Cu、CuO、Cu_2O、Cu_2O_3）体系的 E-pH 图，找出腐蚀区、免蚀区和钝化区。

12. 已知铜在含氧酸中和无氧酸中的电极反应及其标准电极电位为

$$Cu \Longrightarrow Cu^{2+} + 2e, \quad E^0_{Cu^{2+}/Cu} = +0.337V$$

$$H_2 \Longrightarrow 2H^+ + 2e, \quad E^0_{2H^+/H_2} = 0.00V$$

$$2H_2O \Longrightarrow O_2 + 4H^+ + 4e, \quad E^0_{O_2/H_2O} = 1.229V$$

问铜在含氧酸和无氧酸中是否发生腐蚀？

13. 试判断铁在 25℃、中性溶液中是否可能发生耗氧腐蚀？（已知在 25℃ 时，$K_{SP_{Fe(OH)_2}}$ $= 1.65 \times 10^{-15}$，$K_{H_2O} = 1.01 \times 10^{-14}$，$E^0_{Fe^{2+}/Fe} = -0.44V$，$E^0_{O_2/OH^-} = +0.805V$）

14. 铜电极和氢电极（$p_{H_2} = 2atm$）浸在 Cu^{2+} 离子活度为 1 且 pH=1.0 的 $CuSO_4$ 溶液中组成电池，求该电池的电动势，并判断电池的极性。

15. 为防止锅炉腐蚀，可使给水的 pH 值保持在 6.5~7.5 范围，同时往给水中加氧或 H_2O_2。试用电位-pH图分析其原因。已知在中性无氧水溶液中，铁的电位约为 $-0.46V$；当 pH=7.5 时，加氧后的水溶液中，铁的电位约为 $+0.33V$；加 H_2O_2 后的水溶液中，铁的电位为 $+0.43V$。

第三章　金属腐蚀过程动力学

上一章从化学热力学的观点阐述了金属腐蚀的原因，介绍了判断腐蚀倾向的方法，但没有考虑到金属腐蚀速度及其影响因素等问题，这是动力学问题，而金属的腐蚀速度往往是工程上选择金属材料时必须考虑的。

因此，研究金属腐蚀动力学，了解金属在不同腐蚀过程中的腐蚀速度、变化规律及其影响因素，设法找到降低金属腐蚀速度的方法，以延长金属材料的使用寿命。本章将介绍金属腐蚀动力学规律。

第一节　极　化　作　用

金属腐蚀的电化学本质是由于形成了腐蚀电池。从热力学观点来说，腐蚀电池的电动势越大，即腐蚀的原始推动力越大，金属腐蚀的可能性就越大。然而，人们更关注腐蚀速度问题，而决定腐蚀速度的主要因素不是电动势，而是极化作用的大小。电极的极化是影响金属腐蚀速度的主要因素。

一、极化现象

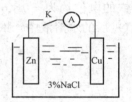

图 3-1　Zn-Cu 腐蚀电池

如果将相同面积的 Zn 片和 Cu 片浸在 3% NaCl 水溶液中，构成腐蚀电池，用导线通过毫安表 A 和开关 K 将两个电极连接起来，如图 3-1 所示。在电路接通前，分别测得两电极的开路电位 $E_{0,a}=-0.80V$，$E_{0,c}=0.05V$，原电池总电阻 $R=230\Omega$。

开路时，电阻 $R_0 \to \infty$，$I_0 = 0$。开始短路的瞬间，电极表面还来不及变化，按照欧姆定律，电池通过的电流为

$$I_{始} = \frac{E_{0,c} - E_{0,a}}{R} = \frac{0.05 - (-0.80)}{230} = 3.7 \times 10^{-3} (A)$$

但短路后一段时间内，毫安表上的指示值急剧减小，最后达到一个稳定值 $0.2 \times 10^{-3}A$，约为起始电流的 1/18。为什么呢？根据欧姆定律，在电池电阻不变时，使电流减小的原因必然是电池电位差减小的缘故，即两电极的电位发生了变化。实验表明，在电路接通有电流通过时，两电极电位均在变化，其差值逐渐减小，如图 3-2 所示。

可见，电路接通后，阳极电位向正方向变化，阴极电位向负方向变化，其结果是电位差减小，从而腐蚀电流减小。这种由于电极上有电流通过时而引起电极电位发生变化的现象称为电极的极化（Polarization），其实质是电池的两个电极分别发生了极化。

了解极化现象对研究金属腐蚀有重要意义。由于在腐蚀电池中，无论是阳极极化还是阴极极化都会使腐蚀电池的电流减小，即降低金属的腐蚀速度。若没有极化作用，或减小电极的极化作用（称为去极化作用），则金属的腐蚀速度就会大得多，金属设备的使用寿命就会短得多。因此，极化作用是减小金属电化学腐蚀速度的。

通常把减小电极极化的过程称为去极化，把能减小电极极化的物质称为去极化剂。弄清

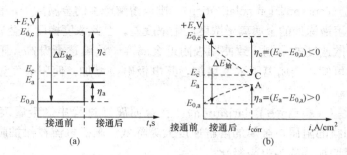

图 3-2　腐蚀电池接通电路前后阴、阳极的电位变化图
(a) $E-t$；(b) $E-i$ 极化曲线

极化作用的本质、产生原因及影响因素，对研究金属腐蚀与防护有重要意义。金属腐蚀过程中，最主要的极化类型有以下三种：

（1）电荷传递步骤控制电极过程的速度，称为活化极化。活化极化是由于电极反应速度缓慢引起的极化，它受电化学反应速度控制，又称为电化学极化。它可以发生在阳极过程，也可以发生在阴极过程。

（2）液相传质步骤控制电极过程的速度，称为浓差极化。浓差极化是指在电极反应过程中，由于反应速度快，而反应物扩散速度不能满足电极反应速度的需要，于是在电极附近反应物浓度小于电解质溶液主体中的反应物浓度，或产物浓度大于溶液主体中产物的浓度，电极反应速度受物质扩散速度的控制。

（3）由溶液电阻或金属表面保护膜（氧化膜、盐膜等）造成电极反应速度变化，称为电阻（欧姆）极化。电阻极化是指在电极表面由于电流通过可生成能使欧姆电阻增加的保护膜，由此产生的极化称为电阻极化。凡能形成钝化膜的金属层，会增加阳极电阻，均能构成电阻极化。

为了表示电极极化程度的大小，对一个电极反应来说，把有电流通过时的电极电位 E 与电极的开路电位 E_0 之差称为过电位（超电压）。阳极极化时，电极电位正向变化，故阳极过电位（$\eta_a = E_a - E_0$）为正值；阴极极化时，电极电位负向变化，阴极过电位（$\eta_c = E_c - E_0$）为负值。对于电极来说，过电位正是代表电极反应的推动力。

下面分别从阳极极化和阴极极化两个方面介绍极化的本质和原因。

二、产生极化的原因

1. 阳极极化（anodic polarization）

有电流通过阳极时，阳极的电位向正方向变化，称为阳极极化，产生阳极极化的原因有以下几方面：

（1）活化极化（activation polarization）。阳极过程是金属原子失去电子成为离子，并且从金属基体转移到溶液中形成水化离子的过程，即

$$M + mH_2O \longrightarrow M^{n+} \cdot mH_2O + ne$$

如果金属离子进入溶液的反应速度小于电子由阳极通过导体流向阴极的速度，则阳极就会有过多的正电荷积累，这必然会破坏双电层的平衡，改变双电层的电位差，使阳极电位正向变化，产生阳极极化。对于阳极而言，由于反应需要一定的活化能，使阳极溶解反应的速度迟缓于电子流走的速度，由此引起的极化叫活化极化。

（2）浓差极化（concentration polarization）。阳极溶解产生的金属离子，首先进入阳极表面附近的液层中，与溶液深处的金属离子浓度产生浓度差。在此浓度梯度下金属离子向溶液深处扩散。但由于受扩散速度的限制，致使阳极附近金属离子浓度逐渐升高，阻碍金属的继续溶解。由能斯特公式可知，金属离子浓度增加，其电极电位增加，使阳极发生极化，称为浓差极化。

（3）电阻极化（resistance polarization）。在金属腐蚀过程中，金属表面有保护膜生成时，阳极过程受到膜的阻碍，金属的溶解速度大为降低。阳极电流在保护膜中产生很大的电压降，使电位显著增加，称为电阻极化。

阳极极化程度越大，说明阳极溶解受到的阻滞越大。这对防止金属腐蚀是有利的；反之，去除阳极极化，会促进腐蚀进行。这种消除阳极极化的过程称为阳极去极化（anodic depolarization）。如搅拌、加速 M^{n+} 的扩散；使阳极产物形成沉淀；加入活化离子 Cl^- 消除阳极钝化等，都可导致阳极去极化，从而加速金属腐蚀。

2. 阴极极化（cathodic polarization）

阴极上有电流通过时，阴极的电位向负方向变化，称为阴极极化。阴极极化的主要原因如下：

（1）活化极化。由于阴极还原反应需达到一定的活化能才能进行，使阴极还原反应速度小于电子流入阴极的速度，电子在阴极积累，结果使阴极电位向负方向变化，产生阴极极化。

（2）浓差极化。阴极附近反应物或产物扩散速度较慢，可以引起阴极浓差极化。如溶液中 O_2 分子或 H^+ 到达阴极的速度不能满足反应速度的需要，造成阴极表面附近溶液中 O_2 或 H^+ 比溶液主体中少，导致阴极电位降低。阴极反应产物（如 OH^-）因扩散慢而积累在阴极表面附近，也会导致阴极发生浓差极化。

阴极极化表示阴极还原反应受到阻滞，使来自阳极的电子不能及时被吸收，因此阻碍金属腐蚀的进行；反之，消除阴极极化的过程称为阴极去极化。阴极去极化的作用，可使阳极溶解继续进行，因此可维持或加速腐蚀过程。如溶液中的 H^+、O_2、Fe^{3+}、Cu^{2+} 等是阴极去极化剂，其中最常见的是溶液中的 H^+ 和 O_2。阴极去极化作用对腐蚀速度影响很大，往往比阳极去极化作用对腐蚀速度的影响更为突出。

三、极化规律

电极的每一个界面上只能发生单一的电极反应，这种电极称为单电极。

对于单电极 $M \mid M^{n+}$，有

$$M \underset{\overleftarrow{i}}{\overset{\overrightarrow{i}}{\rightleftharpoons}} M^{n+} + ne$$

初始电位用 E_0 表示，i 表示反应速度，即净电流密度 $i = \overrightarrow{i} + \overleftarrow{i}$。

当电极达到可逆平衡时，$\overrightarrow{i} = \overleftarrow{i}$，方向相反，电极电位 $E = E_0$，电位没有偏离初始电位，过电位 $\eta = 0$，电极没有发生极化，而且

$$\overrightarrow{i} = \overleftarrow{i} = i^0$$

i^0 称为交换电流密度。说明电极上无净电流通过。

$\overrightarrow{i} = \overleftarrow{i} = i^0$ 时的电极电位就是它的平衡电位。i^0 大小与电极反应的阻力有关，阻力大的

电极反应 i^0 小, 不易建立稳定的平衡电位。

若将该电极与其他电极组成电池, 电极上有净电流通过时的情况讨论如下:

(1) 若外电路接通后外部的电子大量流入金属相 M, 这就破坏了原来的平衡, 此时电极反应为

$$M \longleftarrow M^{n+} + ne$$

电极电位向负方向变化, 过电位 $\eta = E - E_0 < 0$, η 为负值 (—), 净电流 $i = \overrightarrow{i} + \overleftarrow{i} < 0$, 即 $\overleftarrow{i} > \overrightarrow{i}$, 电极上有净的 (—) 电流通过, 电极上只能发生还原反应。

(2) 若外电路接通后电极金属相的电子大量流走, 同样也破坏了原来的平衡, 此时电极反应为

$$M \longrightarrow M^{n+} + ne$$

电极电位向正方向变化, $\eta = E - E_0 > 0$, η 为正值 (+), 净电流 $i = \overrightarrow{i} + \overleftarrow{i} > 0$, 即 $\overleftarrow{i} < \overrightarrow{i}$, 电极上有净的正电流通过, 电极上只能发生氧化反应。

以上表明, 电极反应的推动力方向与电极反应方向是一致的, 称为极化规律。

对于电极来说, 过电位正是代表电极反应的推动力。当 $\eta = 0$ 时, 电极反应的推动力为 0, 电极处于平衡态, 电极上无净电流通过。当 $\eta > 0$ 时, 电极上只能发生氧化反应; 当 $\eta < 0$ 时, 电极上只能发生还原反应。

极化规律也适于多重电极的情况, 最简单的是二重电极, 如 Fe | H_2SO_4 电极。该电极上可以发生两个电极反应, 即

$$Fe \longrightarrow Fe^{2+} + 2e$$
$$2H^+ + 2e \longrightarrow H_2$$

电极上虽然无净电流通过, 却可以发生净的电化学反应

$$Fe + 2H^+ \longrightarrow Fe^{2+} + H_2$$

这种电极是一种非平衡态的不可逆电极。极化规律对于两个电极反应分别都适用。Fe | H_2SO_4 电极的稳态电位高于铁电极的平衡电位而低于氢电极的平衡电位, 即电极 Fe | H_2SO_4 的稳态电位在铁电极和氢电极的平衡电位之间, 将其称为混合电位 (mixed electrode potential)。混合电位对研究金属腐蚀是极为重要的。

四、极化曲线 (polarization curve)

对一个电极, 电极电位发生变化是因为有电流通过电极。显然, 电极电位变化的大小与电极上通过的电流大小有关。把表示电极电位和电流之间的关系曲线称为极化曲线。阳极电位与电流的关系曲线称为阳极极化曲线, 阴极电位与电流的关系曲线称为阴极极化曲线。极化曲线是通过实验测得的。

一个任意腐蚀金属电极实测的极化曲线均可分解成为阳极极化曲线和阴极极化曲线。图 3-3 (a) 表示铁在 HCl 溶液中的实测极化曲线 $cwrjb$。实测极化曲线可分解为: ① $cwq0$ 曲线, 表示阴极反应为 $2H^+ + 2e \longrightarrow H_2$ 的 I_c-E 极化曲线; ② $apjb$ 曲线, 表示阳极反应 Fe $\longrightarrow Fe^{2+} + 2e$ 的 I_a-E 极化曲线。若电流用绝对值表示, 即相当于将 (a) 图横坐标下部沿电位 E 轴翻转 $180°$ 后得到图 (c)。两条极化曲线的交点 P 对应的是腐蚀电流 I_{corr} (corrosion current) 和自腐蚀电位 E_{corr} (corrosion potential), 简称腐蚀电位 (混合电位)。腐蚀电位是指金属在介质中处于自腐蚀状态下的电位, 它是不可逆电位。腐蚀介质中开始并不含

腐蚀金属的离子，随着腐蚀的进行，电极表面附近该金属的离子会逐渐增多，所以腐蚀电位是随时间变化的不可逆电位。一定时间后，腐蚀电位趋于稳定，这时的电位称为稳定（态）电位，而且仍是不可逆电位。因为金属仍在不断溶解，腐蚀剂（阴极去极化剂）仍在不断消耗，不存在物质的可逆平衡。所以，腐蚀电位不能用 Nernst 公式计算，但可由实验测定。腐蚀电流无法直接测知，但可根据两条极化曲线来推求，它反映了金属的腐蚀速度。这也是用电化学方法测定金属腐蚀速度的理论基础。

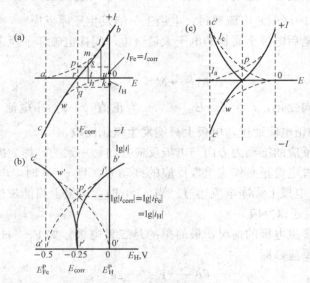

图 3-3　Fe/HCl(1M 无 O_2)体系的极化曲线示意

(a)I-E 极化曲线；(b)lg$i$-E 极化曲线；(c)$|I|$-E 极化曲线

由于电极面积不同，电流密度不同，从而测得的电极电位也不同，故通常以电流密度代替电流强度作图，这样就消除了电极面积不同对极化曲线的影响。图 3-3（b）是用半对数表示的 E-lg$i$ 极化曲线。P' 相应表示出腐蚀电流 i_{corr} 和腐蚀电位 E_{corr}，在远离 E_{corr} 的直线区，过电位 η 与通过电极电流 i 之间呈直线关系，表达式为

$$\eta = a + b\lg i$$

该式为 Tafel 公式，早在 1905 年由 Tafel 通过实验得到。

可以借助实际测得的阴极极化曲线或阳极极化曲线，通过 Tafel 关系外推的办法估计出 i_{corr} 和 E_{corr}，如图 3-4 所示。

关于极化曲线的测定，较简单的方法是将试样电极接在电源的正极上可测出阳极极化曲线；若将其接在电源的负极上则可测出阴极极化曲线。形成腐蚀原电池时，电极是阳极极化还是阴极极化要视通过该电极的电流来确定。极化曲线的测定就是测量电极上流过的电流与电位的关系曲线，方法主要有控制电流法（恒电流法）和控制电位法（恒电位法）。图 3-5 所示为控制电流法极化曲线测量装置。参比电极一般使用甘汞电极（SCE），它的一端拉成毛细管，针对待测电极（试样电极或工作电极）的金属表面，称为"Luggin 毛细管"，其作用是减小溶液中的欧姆电位降对测定电位时的影响。改变电流 I，并维持恒定，相应从电位差计中测得待测电极与参比电极之间的电位值。这样可以得到不同电流密度下待测电极的过电位，并做出相应的极化曲线。此法虽简便，但当电流和电位间呈多值函数关系时，即一个

给定电流值对应不止一个的电极电位值时，则测不出完整的极化曲线（如金属的阳极钝化曲线）。而控制电位法测量极化曲线较为适用，恒电位法测量极化曲线装置示意如图 3 - 6 所示。

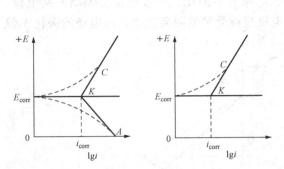

图 3 - 4　阳、阴极极化曲线上的 Tafel 直线

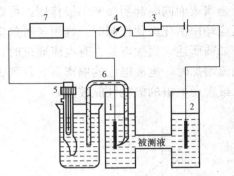

图 3 - 5　恒电流法测量极化曲线的装置
1—待测电极；2—辅助电极；3—可变电阻；
4—电流计；5—参比电极；6—盐桥；7—电位计

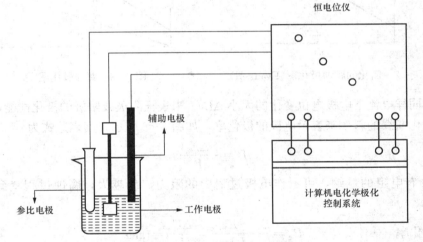

图 3 - 6　恒电位法测量极化曲线装置示意

第二节　腐蚀极化图及其应用

一、腐蚀极化图

　　腐蚀极化图是一种电位 - 电流图，它是把表征腐蚀电池特征的阴、阳极极化曲线画在同一张图上构成的。为方便起见，常常忽略电位随电流变化的细节，将极化曲线画成直线形式，如图 3-7 所示。这种简化的腐蚀极化图也称为 Evans 图，最初是由英国腐蚀科学家 U. R. Evans 于 1929 年提出的。图中阴、阳极的开路（初始）电位为阴极反应和阳极反应的平衡电位，分别用 $E_{0,c}$ 和 $E_{0,a}$ 表示。若忽略溶液电阻，两条简化的极化曲线交于点 S。交点对应的电位称腐蚀电位或混合电位，处于两电极平衡电位之间，用 E_{corr} 表示。显然，腐蚀电位是一种不可逆的非平衡电位，可由实验测得。图中腐蚀电流 I_{corr} 与腐蚀电位相对应。

金属就是以 I_{corr} 表示的腐蚀速度不断地腐蚀。

　　一般情况下，腐蚀电池中阴极和阳极的面积是不相等的，但稳态下流过的电流强度是相等的，因此用 E-I 极化图较方便。对于均匀腐蚀和局部腐蚀都适用。在均匀腐蚀的情况下，整个金属表面同时起阴极和阳极作用，可以采用电位-电流密度（E-i）极化图。当阴、阳极反应均由活化极化控制时，则用半对数坐标 E-lgi 极化图更为方便。

　　如前所述，腐蚀电池中有电流通过时，阴、阳极发生极化，电极电位会偏离开路电位。若电流增加时，电极电位的偏离不大，则表明电极过程受到的阻碍较小，即电极的极化率较小，或者说电极的极化性能较差。

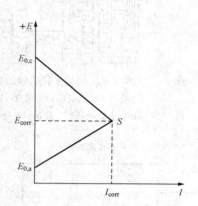

图 3-7　简化的腐蚀极化图（Evans 图）

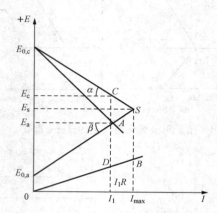

图 3-8　腐蚀极化图

　　通常用同样电流下电极电位变化的大小 $\Delta E/I$ 来表征阴极或阳极的极化性能，即用腐蚀极化图中极化曲线的斜率来表示电极的极化率，如图 3-8 所示，其表达式为

$$P = \frac{|\Delta E|}{I} \qquad (3-1)$$

极化率 P 具有电阻的量纲，可看作电极过程中的阻力，P 越大，腐蚀过程受到的阻力就越大。

　　阴极极化率

$$P_c = \frac{E_c - E_{0,c}}{I_1} = \frac{\Delta E_c}{I_1} = \tan\alpha \qquad (3-2)$$

　　阳极极化率

$$P_a = \frac{E_a - E_{0,a}}{I_1} = \frac{\Delta E_a}{I_1} = \tan\beta \qquad (3-3)$$

式中　　E_c 和 E_a——电流 I_1 时的阴、阳极极化电位；

　　　　ΔE_c 和 ΔE_a——电流 I_1 时的阴、阳极极化值；

　　　　α 和 β——阴、阳极极化曲线与水平线的夹角。

　　图 3-8 中 OB 线表示原电池内电阻电位降随电流的变化关系。在绘制极化图时，可将电阻电位降与阴极（或阳极）极化曲线加合起来，如图中的 $E_{0,c}A$ 线，它与阳极极化曲线 $E_{0,a}S$ 相交于 A 点，A 点对应的电流 I_1 就是这种情况下的腐蚀电流。因为对于 $R \neq O$ 的电池回路，其总电位降为

$$E_{0,c} - E_{0,a} = \Delta E_c + \Delta E_a + I_1 R = I_1 P_c + I_1 P_a + I_1 R$$

$$I_{corr} = I_1 = \frac{E_{0,c} - E_{0,a}}{P_c + P_a + R} \qquad (3-4)$$

此式表明，腐蚀电池的初始电位差（$E_{0,c} - E_{0,a}$）越小，阴、阳极极化率 P_c 和 P_a 越大，系统电阻 R 越大，则腐蚀电流就越小，因而腐蚀速度越小。

当 $R \to 0$ 时，即腐蚀体系阴、阳极之间短路；忽略溶液的电阻降 IR 时，腐蚀电流主要取决于 P_c 和 P_a，表示为

$$I_{corr} = I_{max} = \frac{E_{0,c} - E_{0,a}}{P_c + P_a} \qquad (3-5)$$

腐蚀电流就相当于 S 点对应的电流，所对应的电位 E_s 就是腐蚀电位 E_{corr}。

可见，对一个给定的腐蚀体系，（$E_{0,c} - E_{0,a}$）一定时，决定腐蚀速度的就是 P_c 和 P_a。

二、腐蚀速度控制因素

由式（3-4）可知，腐蚀速度大小取决于腐蚀的动力 - 腐蚀电池的初始电位差（$E_{0,c} - E_{0,a}$），也取决于腐蚀的阻力 - 阴极的极化率 P_c、阳极的极化率 P_a 以及电阻 R。在腐蚀过程中，P_c、P_a 和 R 这三项阻力中的任何一项的作用都可能明显超过其他两项，它们是控制腐蚀速度的因素，简称控制因素。

当 $R \to 0$ 时，若 $P_c \gg P_a$，I_{corr} 主要取决于 P_c 的大小，称为阴极控制，如图 3-9（a）所示。这种情况下，腐蚀电位 E_{corr} 靠近阳极电位。若 $P_a \gg P_c$，I_{corr} 主要取决于 P_a 的大小，称为阳极控制，如图 3-9（b）所示。此时腐蚀电位 E_{corr} 靠近阴极电位。当 P_a 与 P_c 接近时，P_a 和 P_c 共同决定 I_{corr} 的大小，称为混合控制，如图 3-9（c）所示。若腐蚀系统中电阻很大，$R \gg (P_c + P_a)$，则腐蚀速度主要受电阻控制，称为电阻（欧姆）控制，如图 3-9（d）所示。

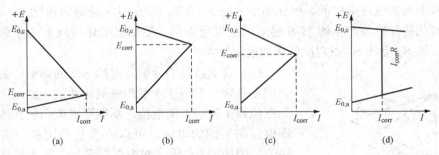

图 3-9　不同控制因素的腐蚀极化图
（a）阴极控制；（b）阳极控制；（c）混合控制；（d）电阻控制

总之，P_c、P_a、R 对腐蚀均是一种阻力，起控制作用。

另外，利用极化图还可判断各种因素对腐蚀控制的程度，把各阻力与过程中总阻力的比值称为控制因素，用％表示。

三、腐蚀极化图的应用

腐蚀极化图是研究电化学腐蚀的重要工具，用途广泛。利用腐蚀极化图不仅可判断腐蚀过程的主要控制因素及各种因素对腐蚀的控制程度，而且可判断缓蚀剂的作用机理等。它构成了电化学腐蚀的理论基础，是金属腐蚀科学重要的理论工具。

（1）腐蚀速度与初始电位差的关系。当腐蚀电池的欧姆电阻 $R \to 0$ 时，且在阴极和阳极的极化率相同的情况下，初始电位差（$E_{0,c} - E_{0,a}$）越大，腐蚀电流就越大。

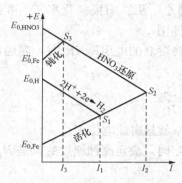

图 3 - 10　氧化性酸对铁的腐蚀

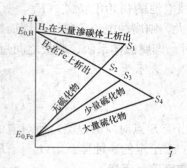

图 3 - 11　钢在非氧化酸中的腐蚀极化图

例如，铁在氧化性酸中的腐蚀，如图 3 - 10 所示。图中 $E_{0,Fe}S_1$ 表示铁在硫酸中腐蚀的阳极极化曲线，$E_{0,H}S_1$ 表示析氢反应的阴极极化曲线，腐蚀电流为 I_1。若用硝酸代替硫酸，则硝酸还原的阴极极化曲线为 $E_{0,HNO3}S_2$，平衡电位 $E_{0,HNO3}$ 比 $E_{0,H}$ 高得多，即使阴极极化率近似，也会使腐蚀电流增加，即 $I_2 > I_1$。然而，若铁在硝酸中发生钝化，其阳极极化曲线为 $E'_{0,Fe}S_3$，比 $E_{0,Fe}S_2$ 高得多，则腐蚀电流会大大降低，即 $I_3 < I_2$。

（2）极化性能对腐蚀速度的影响。当初始电位 $E_{0,c}$ 和 $E_{0,a}$ 一定，极化率大，腐蚀电流则小；极化率小，腐蚀电流则大。极化性能明显影响腐蚀速度。

例如，不同性能的钢在非氧化性酸中的腐蚀，如图 3 - 11 所示。图中 $E_{0,H}S_1$ 和 $E_{0,Fe}S_1$ 表示钢中无硫化物但有渗碳体 Fe_3C 存在时的阴、阳极极化曲线。由于在渗碳体上的析氢过电位比在铁上的析氢过电位低，极化率小，故 S_1 点比 S_2 点对应的腐蚀速度大。在无 Fe_3C 时，由于硫化物和腐蚀产生的 H_2S 起阳极去极化作用，使阳极极化曲线较为平缓，使腐蚀速度增加，故 S_4 点比 S_2 点对应的腐蚀速度更大。

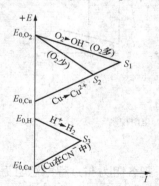

图 3 - 12　铜在含氧酸和氰化物
中的腐蚀极化图

（3）含氧量及络合剂对腐蚀速度的影响。铜在还原酸介质中稳定，但溶于含氧酸或氧化性酸，这是因为铜的平衡电位高于氢的平衡电位，不能形成氢阴极。然而氧的平衡电位高于铜的电位，可以成为它的阴极，组成腐蚀电池。如图 3 - 12 所示，酸中含氧多时，氧去极化容易，腐蚀电流大（S_1 点）；含氧量少时，氧去极化受阻，腐蚀电流小（S_2 点）。

铜在不含氧酸中是耐蚀的，若溶液中含有氰化物，则与 Cu^{2+} 络合成络离子时，使铜的电极电位降低（$E'_{0,Cu}$），铜可能溶解在还原酸中，腐蚀电流为 S_3 相应的数值。

（4）过电位对腐蚀速度的影响。过电位大，说明电极过程阻力大，腐蚀电流小。

（5）分析判断腐蚀过程的控制因素。如前所述，利用极化图可以直观地判断腐蚀的控制因素。对于阴极控制的腐蚀，任何增大阴极极化率的因素都会使腐蚀速度减小。所以，这种情况下，可通过改变阴极极化率控制腐蚀速度。例如，铜合金在冷却水中的腐蚀常受氧的阴极还原过程控制，若除去溶液中的氧，可提高阴极极化率，达到明显的缓蚀效果。许多金属在酸性介质中的腐蚀，受阴极析氢反应控制，所以可通过提高析氢过电位（如加入缓蚀剂）

来减小腐蚀速度。对于阳极控制的腐蚀，任何增大阳极极化率的因素都会阻止腐蚀。例如，在溶液中可钝化的金属或合金的腐蚀是典型的阳极控制，在溶液中加入少量能促使金属钝化的缓蚀剂可显著降低腐蚀速度；相反，若溶液中加入阳极活化剂（如 Cl^-），可破坏阳极钝化，增大腐蚀速度。对于混合控制，如果同等程度地改变 P_c 和 P_a，则会使腐蚀电流值变化而腐蚀电位基本不变。许多金属在不同介质中的腐蚀过程均属此类，如碳钢在酸性溶液中的腐蚀就是如此。

四、腐蚀极化图的测定

通过测定腐蚀极化图来推求金属的腐蚀速度，是腐蚀速度的电化学测定方法。腐蚀极化图是一状态直线图。通过实验法制作腐蚀极化图的方法如下：

（1）Tafel 直线外推法。对于活化极化控制的腐蚀体系，当极化电位偏离腐蚀电位足够远时，电极电位与极化电流密度之间呈直线关系，即呈 Tafel 关系。所以，根据在高极化电流密度下测得的极化曲线的 Tafel 直线段"外推"，可得到腐蚀极化图。

首先测定自腐蚀试样达到稳定时的腐蚀电位 E_{corr}，然后用控制电位法测出阳极极化曲线（$I_{a外}$）和阴极极化曲线（$I_{c外}$）。所得极化曲线以半对数坐标表示（E - $\lg I$），如图 3 - 13（a）所示。将阴、阳极极化曲线的 Tafel 直线段反向延长交于 S 点，S 点对应的是腐蚀电位 E_{corr} 和腐蚀电流 I_{corr}。将阴、阳极的 Tafel 直线段继续反向延长，与相应的阴、阳极反应的平衡电位 $E_{0,c}$ 和 $E_{0,a}$ 水平线相交于 C 点和 A 点，直线 CS 和 AS 即构成腐蚀极化图，如图 3 - 13（c）所示。这就是极化曲线外推法或称 Tafel 外推法。

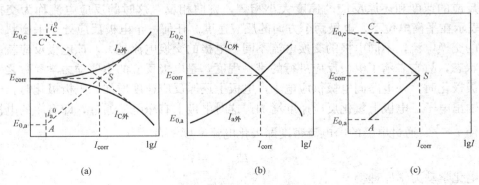

图 3 - 13　极化图的实验测定

（a）外推法；（b）分离法；（c）测得的极化图

在强极化区，外加极化电流 $i_{a外}$ 和 $i_{c外}$ 分别与腐蚀体系的阳极电流 i_a（金属氧化反应速度 $\vec{i_1}$）和阴极电流 i_c（去极化反应速度 $\vec{i_2}$）重合。因此，两条 Tafel 直线的交点，或其延长线与 $E = E_{corr}$ 水平线的交点 S，就是金属阳极溶解电流 $\vec{i_1}$ 与去极化剂的还原电流 $\vec{i_2}$ 的交点，此点 $\vec{i_1} = \vec{i_2}$，即金属阳极溶解电流与去极化剂的还原速度相等，外电流为零，金属腐蚀达到相对稳定。此点对应的电流即为腐蚀电流。

（2）分离法。该法是把腐蚀体系的阴极和阳极反应"分离"成单电极反应，单独测出它们的阴、阳极极化曲线，然后构成腐蚀极化图。通常用控制电位法进行测定。测定时要用合适的辅助电极（如铂电极等）。用这种方法得到的阴、阳极极化曲线如图 3 - 13（b）所示。

在均匀腐蚀的情况下，用电流密度 i 代替电流强度 I，即可得到均匀腐蚀极化图。

第三节　活化极化控制的腐蚀动力学方程

金属腐蚀速度由电化学极化控制的腐蚀过程称为活化极化控制的腐蚀过程。许多腐蚀体系的腐蚀速度受活化极化控制。例如，金属在不含氧及其他去极化剂的非氧化性酸溶液中腐蚀时，若其表面无钝化膜，则金属腐蚀一般为活化极化控制的腐蚀过程。在这种条件下，溶液中的 H^+ 是去极化剂，H^+ 的阴极还原反应和金属的阳极溶解反应均由活化极化控制。

一、单电极反应的电化学极化方程

对单电极而言，任何一个电极反应都是在两相界面上发生氧化态和还原态互相转化的反应。如果以 O 代表氧化态物质，以 R 代表还原态物质，则电极反应可用通式表示为

$$R \underset{\overleftarrow{i}}{\overset{\overrightarrow{i}}{\rightleftharpoons}} O + ne$$

式中　$\overrightarrow{i}$——氧化反应速度；

$\overleftarrow{i}$——还原反应速度。

若 $\overrightarrow{i} = \overleftarrow{i}$ 时，电极反应达到平衡，电极上没有净电流通过，电极处于平衡状态，其电极电位为平衡电位 E_0。在平衡电位 E_0 下

$$\overrightarrow{i} = \overleftarrow{i} = i^0 \tag{3-6}$$

即氧化反应的速度和还原反应的速度大小相等，方向相反。这时的反应电流称为交换电流 i^0。它表示在平衡电位下，电极两个方向的反应速度。任何一个电极反应处于平衡状态时都有自己的交换电流，不同电极的交换电流不同。电极的交换电流越大，该电极反应就越易达到平衡状态，故它表示了电极反应进行的难易程度，是电极反应的主要动力学参数之一。

阴极极化时，外电路向电极供应电子，电极上还原反应速度增加；阳极极化时，电极向外电路输出电子，电极上氧化反应速度增加。这时电极上有净电流通过，即有净的电极反应发生，使 $\overrightarrow{i} \neq \overleftarrow{i}$。通过电极的净电流密度即极化电流密度 i 为

$$i = \overrightarrow{i} - \overleftarrow{i} \quad \text{或} \quad i = \overleftarrow{i} - \overrightarrow{i} \tag{3-7}$$

由电化学动力学原理得

氧化反应速度　　　　　　　　　$\overrightarrow{i} = i^0 e^{\frac{\beta n F \eta}{RT}}$　　　　　　　　　　　$(3-8)$

还原反应速度　　　　　　　　　$\overleftarrow{i} = i^0 e^{\frac{\alpha n F \eta}{RT}}$　　　　　　　　　　　$(3-9)$

式中　α、β——电极反应的传递系数，均由实验得出，有时粗略地取 $\alpha = \beta = 0.5V$；

F——Fraday 常数；

η——过电位。

阳极极化时，阳极过电位 η_a 为正值，电极上只发生氧化反应。所以，$\overrightarrow{i} > \overleftarrow{i}$。阳极极化电流密度 i_a 为

$$i_a = \overrightarrow{i} - \overleftarrow{i} = i^0 \left(e^{\frac{\beta n F \eta_a}{RT}} - e^{\frac{\alpha n F \eta_a}{RT}} \right)$$

或表示为

$$i_a = i^0 \left(e^{\frac{2.3 \eta_a}{b_a}} - e^{\frac{2.3 \eta_a}{b_c}} \right) \tag{3-10}$$

阴极极化时，阴极过电位 η_c 为负值，电极上只发生还原反应，阴极极化电流密度 i_c 为

$$i_c = \overleftarrow{i} - \overrightarrow{i} = i^0(e^{\frac{\alpha nF\eta_c}{RT}} - e^{-\frac{\beta nF\eta_c}{RT}})$$

或表示为

$$i_c = i^0(e^{\frac{2.3\eta_c}{b_c}} - e^{-\frac{2.3\eta_c}{b_a}}) \tag{3-11}$$

式（3-10）和式（3-11）表示极化电流密度与过电位的关系，称为单电极反应的活化极化方程。由此可知，若一个电极反应的 i^0 很大，则只需很小的过电位就可产生足够大的极化电流密度；反之则相反。

一般情况下的活化极化动力学规律很复杂，但在下述情况下活化极化方程较简单。

当过电位较大（$\eta > 2.3RT/nF$）时，逆向反应速度可忽略，即式（3-10）和式（3-11）中右边第二项可忽略。

令

$$b_a = \frac{2.3RT}{\beta nF} \quad a_a = -b_a\lg i^0, \quad b_c = \frac{2.3RT}{\alpha nF} \quad a_c = -b_c\lg i^0$$

则

$$\eta_a = a_a + b_a\lg i_a \tag{3-12}$$

$$\eta_c = a_c + b_c\lg i_c \tag{3-13}$$

这就是著名的 Tafel 公式。a_a、a_c 为 Tafel 常数，b_a、b_c 为 Tafel 斜率。由腐蚀极化图上 Tafel 直线段的斜率可求出 b_a、b_c。

二、活化极化控制的腐蚀速度表达式

以上讨论的是单电极反应即电极上只发生一个电极反应时活化极化的情况。然而，金属在腐蚀过程中，其表面往往同时进行两对或两对以上的电极反应，这时，情况就发生了本质的变化。例如，铁在无氧的酸性溶液中的腐蚀，铁表面有两对电化学反应，即

$$Fe \underset{\overleftarrow{i}}{\overset{\overrightarrow{i}}{\rightleftharpoons}} Fe^{2+} + 2e \tag{3-14}$$

$$H_2 \underset{\overleftarrow{i}}{\overset{\overrightarrow{i}}{\rightleftharpoons}} 2H^+ + 2e \tag{3-15}$$

对于反应式（3-14），在平衡电位 $E_{0,1}$ 下，氧化反应速度与还原反应速度相等，即 $\overrightarrow{i_1} = \overleftarrow{i_1} = i_1^0$，金属不腐蚀，只相当于 $Fe \mid Fe^{2+}$ 电极。对于反应式（3-15），在 $E_{0,2}$ 下，同样有 $\overrightarrow{i_2} = \overleftarrow{i_2} = i_2^0$，如图 3-14 所示。实际上，铁在无氧的酸性溶液中，上述两对反应都存在，而且阳极电位升高，阴极电位降低，最后达到稳态腐蚀电位 E_{corr}。

在 E_{corr} 下，铁电极发生阳极极化，其过电位为

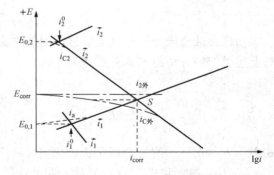

图 3-14　半对数腐蚀极化图

$$\eta_{a1} = E_{corr} - E_{0,1}$$

这使铁的氧化反应速度大于还原反应速度，即 $\overrightarrow{i_1} > \overleftarrow{i_1}$，铁的净溶解电流 $i_{a1} = \overrightarrow{i_1} - \overleftarrow{i_1}$。对氢电极来说，产生阴极极化，阴极过电位为

$$\eta_{c2} = E_{corr} - E_{0,2}$$

这使 H^+ 的还原反应速度大于氢的氧化反应速度，即 $\vec{i_2} > \overleftarrow{i_2}$，$H^+$ 的净还原反应速度 $i_{c2} = \overleftarrow{i_2} - \vec{i_2}$。结果，在 E_{corr} 下，铁的净氧化反应速度 i_{a1} 等于 H^+ 的净还原反应速度 i_{c2}，致使铁发生腐蚀，其腐蚀速度 i_{corr} 为

$$i_{corr} = i_{a1} = i_{c2} \tag{3-16}$$

即

$$i_{corr} = \vec{i_1} - \overleftarrow{i_1} = \overleftarrow{i_2} - \vec{i_2} \tag{3-17}$$

当过电位大于 $2.3RT/nF$ 时，式（3-17）中的 $\overleftarrow{i_1}$ 和 $\vec{i_2}$ 可忽略，该式为

$$i_{corr} = \vec{i_1} = \overleftarrow{i_2} \tag{3-18}$$

于是，根据单电极反应电化学极化方程，可得腐蚀电流与腐蚀电位或过电位的关系式为

$$i_{corr} = i_1^0 e^{\frac{2.3\eta_{a_1}}{b_{a1}}} \tag{3-19}$$

或

$$i_{corr} = i_2^0 e^{\frac{2.3\eta_{a_2}}{b_{c2}}} \tag{3-20}$$

由此可见，腐蚀速度 i_{corr} 与相应的过电位、交换电流和 Tafel 斜率有关。这些参数对腐蚀特征及腐蚀速度的影响，可通过腐蚀极化图进行分析。测定出 E_{corr}、$E_{0,1}$ 和 $E_{0,2}$，比较 η_{a1} 和 η_{c2} 的大小，可确定腐蚀是阴极控制还是阳极控制。

三、活化极化控制的金属腐蚀动力学基本方程

我们已经了解了活化极化控制的腐蚀体系在无外加电流通过时，i_{corr}、E_{corr} 与电极反应的热力学参数和动力学参数之间的关系。

对处于自腐蚀状态下的金属电极进行阳极极化时，电位正移，金属的净氧化速度大于净还原速度，二者之差为外加阳极极化电流，即

$$i_{a外} = (\vec{i_1} - \overleftarrow{i_1}) - (\overleftarrow{i_2} - \vec{i_2}) \tag{3-21}$$

进行阴极极化时，电位负移，金属的净还原速度大于净氧化速度，二者之差为外加阴极极化电流，即

$$i_{c外} = (\overleftarrow{i_2} - \vec{i_2}) - (\vec{i_1} - \overleftarrow{i_1}) \tag{3-22}$$

如果腐蚀金属上有外电流通过，则外电流密度与电极电位（或过电位）的关系，可以用与上述类似的方法得出其关系式为

$$i_{a外} = i_{corr}(e^{\frac{2.3\eta_a}{b_a}} - e^{-\frac{2.3\eta_a}{b_c}}) \tag{3-23}$$

$$i_{c外} = i_{corr}(e^{\frac{2.3\eta_c}{b_c}} - e^{-\frac{2.3\eta_c}{b_a}}) \tag{3-24}$$

式中 b_a、b_c——腐蚀金属阳极极化曲线和阴极极化曲线的 Tafel 斜率，可由实验测得。

式（3-23）和式（3-24）称为腐蚀金属的极化曲线方程或称活化极化控制下的金属腐蚀动力学基本方程。相应的极化曲线如图 3-14 中 $i_{a外}$ 和 $i_{c外}$ 表示的点画线所示。Tafel 斜率也称为 Tafel 常数，通常为 $0.05\sim0.15$V，一般取 0.1V。式（3-23）和式（3-24）是实验测定电化学腐蚀速度的理论基础。由公式可知，当 η_a（或 η_c）$=0$ 时，$i_{a外} = i_{corr}$ 或 $i_{c外} = i_{corr}$，所以在 E-$\lg i$ 图中，把实测所得的极化曲线上的 Tafel 直线段外推到 E_{corr} 处所对应的电流即腐蚀电流 i_{corr}。

式（3-23）、式（3-24）与式（3-10）、式（3-11）形式完全相同，只是 E_{corr} 相当于单电极的平衡电位 E_0，而 i_{corr} 相当于单电极反应的交换电密 i^0。因此，在这种情况下，一切测定 i^0 的方法原则上都适于测定 i_{corr}。但是，如果 E_{corr} 距 $E_{0,1}$ 或 $E_{0,2}$ 很近（小于 $2.3RT/nF$），则式（3-21）、式（3-22）中的 $\overleftarrow{i}_1$ 或 $\overleftarrow{i}_2$ 不能忽略，这时腐蚀速度表达式要复杂得多。

应该指出，在上述公式推导中，假设腐蚀体系电阻可忽略不计，金属为均匀腐蚀，即阴、阳极面积相等。对于局部腐蚀，一般阴、阳极面积不等，但在自腐蚀电位下，阴、阳极电流强度是相等的，这时把上述公式中的电流密度 i 改为电流强度 I 即可。

第四节　浓差极化控制的腐蚀动力学方程

金属在含氧的中性水溶液中腐蚀时，多数情况是阳极过程发生金属离子化，阴极过程受氧的扩散传质速度控制，即金属腐蚀受阴极浓差极化控制。下面以耗（吸）氧腐蚀为例进行讨论。

在耗氧腐蚀过程中，当电极反应消耗了电极表面的 O_2 后，电极表面溶液中氧的浓度 C^s 将低于溶液主体中氧的浓度 C^0，形成浓度梯度。在浓度梯度作用下，氧从溶液深处向电极表面扩散。

在稳态扩散条件下，扩散层内的浓度梯度（$mol \cdot cm^{-4}$）dC/dx 为常数，可表示为

$$\frac{dC}{dx} = \frac{C^0 - C^s}{\delta} \tag{3-25}$$

式中　δ——扩散层厚度；

C^0——溶液主体中氧的浓度；

C^s——电极表面氧的浓度。

根据 Fick 第一扩散定律，放电粒子通过单位截面积的扩散流量与浓度梯度成正比，可得出氧向阴极的扩散速度

$$V = \frac{D}{\delta}(C^0 - C^s) \tag{3-26}$$

式中　V——扩散速度，$mol/(cm^2 \cdot s)$；

D——扩散系数，cm^2/s。

根据法拉第定律，每 1mol 物质被还原所需的电量为 nF，因此，扩散速度可用扩散电流密度 i_d 表示，即

$$i_d = nFV \tag{3-27}$$

若扩散控制电极反应速度，在稳态条件下，整个电极反应速度等于扩散速度（忽略放电粒子的电迁移）。对于阴极过程，阴极电流密度 i_c 就等于阴极去极化剂的扩散速度 i_d，即

$$i_c = i_d = nFD\frac{C^0 - C^s}{\delta} \tag{3-28}$$

通电前，$i_c = 0$，$C^0 = C^s$，电极表面与溶液主体中去极化剂的浓度相同。通电后，$i_c \neq 0$，$C^0 > C^s$，随电极反应的进行，C^s 减小。在极限情况下，$C^s \rightarrow 0$，这时扩散速度达到最大值，阴极电流密度也就达到极大值。用 i_L 表示，称为极限扩散电流密度，即

$$i_L = \frac{nFDC^0}{\delta} \tag{3-29}$$

i_L 间接地表示了扩散控制的电化学反应速度。

由式（3-29）知，极限扩散电流密度与氧分子的扩散系数 D 和氧在主体溶液中的浓度 C^0 成正比，与扩散层厚度 δ 成反比。因此，降低温度，使扩散系数 D 减小，i_L 也减小，腐蚀速度减小；降低阴极去极化剂（如氧等）浓度，腐蚀速度减小；加强搅拌，δ 变小，可使 i_L 增大，从而加剧阳极溶解，增大腐蚀速度。

由式（3-28）和式（3-29）得

$$\frac{C^s}{C^0} = \left(1 - \frac{i_c}{i_L}\right) \tag{3-30}$$

因扩散过程是整个电极反应的控制步骤，因此电极反应本身仍处于可逆状态，Nernst 公式仍适用。所以，电极上有电流通过时，电极电位为

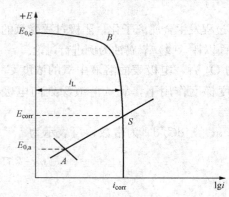

图3-15 阴极扩散控制下的腐蚀极化图

$$E = E^0 + \frac{RT}{nF}\ln C^s \tag{3-31}$$

未发生浓差极化时的平衡电位为

$$E_{0,c} = E^0 + \frac{RT}{nF}\ln C^0 \tag{3-32}$$

阴极极化（浓差极化）过电位 η_c 为

$$\eta_c = E - E_{0,c}$$

所以

$$\eta_c = \frac{RT}{nF}\ln\left(1 - \frac{i_c}{i_L}\right) \tag{3-33}$$

这就是由扩散控制的阴极浓差极化方程。可见，只有当阴极电流密度 i_c 增加到接近极限扩散电流密度 i_L 时，浓差极化才显著发生。在 $i_c \ll i_L$ 时，$\eta_c \rightarrow 0$，如图3-15所示。

在实际电化学体系的测量中，常会遇到 i_c 大于 i_L 的情况，这是由于有其他物质也参加了电极过程，在阴极上还原。

对于阳极过程为金属的活性溶解，阴极过程为氧的扩散控制的腐蚀，极化图如图3-15所示。这时金属的腐蚀速度受氧的扩散速度控制。金属的腐蚀速度等于氧的极限扩散电流，而与电位无关。阴极扩散控制下的腐蚀速度为

$$i_{corr} = i_L = \frac{nFDC^0}{\delta}$$

应该指出，极限扩散电流密度通常只在阴极还原过程中有着重要作用，而在金属阳极溶解过程中可以忽略。

在实际腐蚀过程中，经常在一个电极上同时产生活化极化和浓差极化。在低反应速度时表现为以活化极化为主，而在较高的反应速度时才表现出以浓差极化为主。所以，一个电极的总极化由活化极化和浓差极化之和构成，即

$$\eta_T = \eta_a + \eta_c$$

式中　η_T——混合极化过电位。

$$\eta_T = a + b\lg i + \frac{RT}{nF}\ln\left(1 - \frac{i}{i_L}\right) \tag{3-34}$$

混合极化曲线如图3-16所示。式（3-34）为电化学

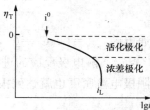

图3-16 混合极化曲线

腐蚀的又一个重要的基本方程式。

第五节　混合电位理论的应用

混合电位理论的要点是：①任何电化学反应都能分成两个或两个以上的氧化反应和还原反应；②电化学反应过程中不可能有净电荷积累，即当一块绝缘的金属腐蚀时，氧化反应的总速度 $\sum \vec{i}$ 等于还原反应的总速度 $\sum \overleftarrow{i}$ 。

一、腐蚀电位

金属在腐蚀介质中处于自腐蚀状态下的电位称为自腐蚀电位，简称为腐蚀电位，用 E_{corr} 表示。腐蚀电位是不可逆电位。因为腐蚀体系是不可逆体系。通常腐蚀介质中开始并不含腐蚀金属的离子，所以腐蚀电位是不可逆的，与该金属的标准平衡电位偏差很大。随着腐蚀的进行，电极表面附近溶液中该金属离子的浓度逐渐增大，所以腐蚀电位随时间发生变化。一定时间后，腐蚀电位趋于稳定，此时的电位称为稳态电位，但仍不是可逆平衡电位。这是因为金属仍在不断溶解，而阴极去极化剂仍在不断地消耗，不存在物质的可逆平衡。

因此，腐蚀电位的大小，不能用 Nernst 公式计算，但可用实验测定，即腐蚀金属与参比电极组成测量电池，用高阻抗毫伏表测其电动势，即可计算出腐蚀电极相对于标准氢电极（SHE）的电位，就是该金属的腐蚀电位。

从混合电位理论可知，腐蚀电位实质上是腐蚀体系的混合电位。它处于该金属的平衡电位与腐蚀体系中还原反应的平衡电位之间。对于强阴极控制下的腐蚀，由图 3-9 可知，腐蚀电位靠近该体系中金属的平衡电位，但比其平衡电位高。因此可用计算出的平衡电位粗略估计腐蚀电位。

如果能根据腐蚀速度估算出该金属腐蚀时的过电位

$$\eta_a = b_a \lg \frac{i_{corr}}{i^0}$$

则可较准确地估算出该金属的腐蚀电位，即

$$E_{corr} = E_{0, a} + \eta_a = E_a^0 + \frac{2.3RT}{nF} \lg [M^{n+}] + b_a \lg \frac{i_{corr}}{i^0} \qquad (3-35)$$

式中，金属的交换电流密度 i^0 可查表得知，b_a 可假定为 0.1V。但如果 i_{corr} 也不知道，可忽略 η_a，只好用 $E_{0,a}$ 来估计 E_{corr}。

铁在中性溶液中的电位可按照第二类可逆电极进行计算。因为腐蚀生成的 Fe^{2+} 与溶液中的 OH^- 相遇，当达到 $Fe(OH)_2$ 的溶度积时生成 $Fe(OH)_2$ 沉淀，因此可形成 $Fe/Fe(OH)_2$，OH^- 第二类电极。已知 $Fe(OH)_2$ 的 $K_{sp} = 1.65 \times 10^{-15}$，可计算出铁在 25℃时 3％ 的 NaCl 溶液中的 $[Fe^{2+}]$ 为 0.165mol/L，由 Nernst 公式可求出铁的平衡电位为 -0.46V。铁在此条件下的腐蚀电位为 -0.5V～-0.3V。

如果溶液中含有络合剂，则溶液中游离金属离子的浓度将变得非常低，由 Nernst 公式可知，该金属的平衡电位将显著降低。因此，在阴极控制下，金属的腐蚀电位也会相当低。

如果金属表面形成钝化膜，通常使金属的腐蚀电位显著升高。这是因氧化膜中的离子电阻引起的阳极极化和电阻极化所致。这种情况下腐蚀多为阳极控制，这时腐蚀电位靠近还原反应的平衡电位，而且远比该金属的平衡电位要高。例如，在 3％NaCl 溶液中，钛的腐蚀

电位为 $+0.37V$，比其标准电位（$-1.63V$）高 2V；铝的腐蚀电位为 $-0.53V$，比其标准电位（$-1.67V$）高 1.14V，这些现象用混合电位理论则不难解释。总之，腐蚀电位是腐蚀体系的混合电位。混合电位理论提供了理解和分析腐蚀电位及其变化的理论基础。

二、多种阴极去极化反应的腐蚀行为

根据混合电位理论，用极化图法分析含有两种阴极去极化反应时金属的腐蚀行为。例如，金属 M 在含氧化剂 Fe^{3+} 的酸中的腐蚀行为，如图 3-17 所示。因为腐蚀是在活化极化控制下，所以用半对数坐标，过电位与 $\lg i$ 成直线关系。图中标出了体系中三套氧化-还原反应的可逆电位：$E_{0,M}$、$E_{0,H}$、$E_{Fe^{2+}/Fe^{3+}}$，交换电流密度：i^0_{M/M^+}、$i^0_{(M)H_2/2H^+}$ 和 $i^0_{(M)Fe^{2+}/Fe^{3+}}$，以及代表各反应的半对数极化曲线：$\vec{i}_1$ 代表 $M \rightarrow M^+ + e$，$\overleftarrow{i}_1$ 代表 $M^+ + e \rightarrow M$，$\vec{i}_2$ 代表 $H_2 \rightarrow 2H^+ + 2e$，$\overleftarrow{i}_2$ 代表 $2H^+ + 2e \rightarrow H_2$，$\vec{i}_3$ 代表 $Fe^{2+} \rightarrow Fe^{3+} + e$，$\overleftarrow{i}_3$ 代表 $Fe^{3+} + e \longrightarrow Fe^{2+}$。根据混合电位理论，在稳态时，氧化反应的总速度 $\sum \vec{i}$ 等于还原反应的总速度 $\sum \overleftarrow{i}$。要确定稳定态，就需在各个恒电位下，求出 $\sum \vec{i} = \vec{i}_1 + \vec{i}_2 + \vec{i}_3$，画出总的阳极极化曲线；同时求出 $\sum \overleftarrow{i} = \overleftarrow{i}_1 + \overleftarrow{i}_2 + \overleftarrow{i}_3$，画出总的阴极极化曲线，如图 3-17 中点画线所示（因横坐标为半对数坐标，在某电位下的总电流并不等于该电位下各电流横坐标长度之和）。两个总极化曲线的交点对应的为混合电位（腐蚀电位）E_{corr} 和腐蚀电流 i_{corr}。还可确定各分过程的速度，如铁离子还原反应速度 $i_{Fe^{3+}/Fe^{2+}}$ 和析氢速度 i_{2H^+/H_2}。由图 3-17 可知，在腐蚀电位 E_{corr} 下

$$i_{corr} = i_{Fe^{3+}/Fe^{2+}} + i_{2H^+/H_2} \tag{3-36}$$

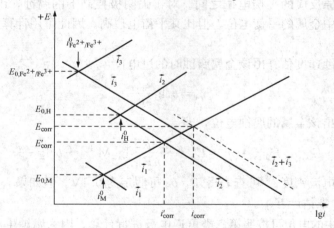

图 3-17　金属 M 在含盐的酸性溶液中的腐蚀极化图（一）

此式满足了混合电位理论的电荷守恒原理。

若溶液中不含氧化剂 Fe^{3+}，则腐蚀电位和腐蚀电流为图中的 E'_{corr} 和 i'_{corr}。加入氧化剂 Fe^{3+} 以后，腐蚀电位升高到 E_{corr}，腐蚀速度由 i'_{corr} 增加到 i_{corr}，而析氢速度则由 i'_{corr} 减小到 i_{2H^+/H_2}，即析氢腐蚀体系中加入氧或氧化剂后，腐蚀速度增加了，而析氢速度却减小了。析氢速度的降低是因腐蚀电位升高的结果。

氧化剂的作用不但取决于它的氧化-还原电位，还取决于还原动力学过程。例如，加入 Fe^{3+} 后的腐蚀电位升高，腐蚀速度增加，如图 3-18 所示。这是由于电位 $E_{0,Fe^{2+}/Fe^{3+}}$ 相当高，而且它在

金属 M 表面上的交换电流 $i^0_{(M当Fe^{2+}/Fe^{3+})}$ 也相当高。如果它在 M 上的交换电流很小，它的还原速度远小于主还原过程的速度，几乎不影响总还原速度。因此，加入 Fe^{3+} 对腐蚀电位和腐蚀速度不产生影响。这表明不但氧化剂的可逆电位重要，其交换电流对腐蚀的影响也很大。

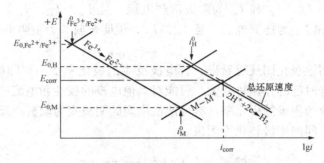

图 3-18 金属 M 在含铁盐的酸性溶液中的腐蚀极化图（二）

由以上分析可知，氧化剂的加入可以提高腐蚀电位，增大腐蚀速度，但也可能没有影响。如果加入氧化剂后使金属发生钝化，虽然可使腐蚀电位显著提高，但却可能使腐蚀速度大大降低。可见，腐蚀过程是非常复杂的，根据腐蚀电位的变化并不能确定腐蚀速度如何改变。只能通过测定各反应的极化曲线，根据混合电位理论，用极化图进行分析。

三、多电极体系的腐蚀行为

工业上使用的多元或多相合金以及多金属组合件，它们在电解质溶液中构成了多电极腐蚀系统。因为各电极面积不等，根据混合电位理论，在总的混合电位下各电极总的阳极电流强度 $\sum I_a$ 等于总的阴极电流强度 $\sum I_c$，即

$$\sum I_a = \sum I_c \tag{3-37}$$

由此可确定各金属的腐蚀电位和腐蚀速度。

由于各电极反应速度与过电位的关系并不完全清楚，因此用解析法求解较困难。如果忽略溶液的电阻，用图解法求解则较容易。假定有五种金属构成五电极腐蚀体系，分别测出各金属在此溶液中的平衡电位和阴、阳极极化曲线。如果各金属的平衡电位依次为 $E_{0,5} > E_{0,4} > E_{0,3} > E_{0,2} > E_{0,1}$。在直角坐标纸上画出各电极的阴、阳极极化曲线，如图 3-19 所示。然后用图解法求总的阳极极化曲线和总的阴极极化曲线。方法是：选定一系列电位，对应每一个电位把各电极的阳极电流加起来，得到该电位下总的

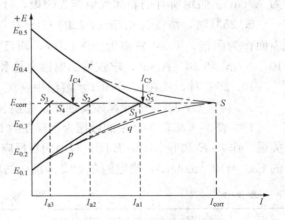

图 3-19 多电极腐蚀体系极化图

阳极电流 $\sum I_a$。把各电位下总的阳极电流对应的点连起来，得到总的阳极极化曲线，见图 3-19 中的 $E_{0,1}pqS$。同理得到总的阴极极化曲线 $E_{0,5}rS$。由两条总极化曲线的交点 S 可得混合电位 E_{corr} 和总腐蚀电流 I_{corr}。

$$I_{corr} = I_{a1} + I_{a2} + I_{a3} \tag{3-38}$$

　　由图 3-19 可知，混合电位 E_{corr} 处于最高电位 $E_{0,5}$ 与最低电位 $E_{0,1}$ 之间。电位低于 E_{corr} 的金属为阳极，发生腐蚀；电位高于 E_{corr} 的金属为阴极，得到保护。

　　从 $E_{corr}S$ 水平线与各有关极化曲线的交点 S_1、S_2、S_3、S_4 和 S_5，可得到各金属上的氧化或还原电流。其中 I_{a1}、I_{a2} 和 I_{a3} 为阳极溶解电流，且 $I_{a1} > I_{a2} > I_{a3}$。这三种金属腐蚀总电流等于 I_{corr}。I_{a4} 和 I_{a5} 为还原电流，且 $I_{a5} > I_{a4}$，说明金属 5 为主阴极，金属 4 也是阴极，被保护。

　　从多电极体系腐蚀极化图还可看出，若电极反应的极化率变小，即极化曲线变得平坦，则该电极在电流加合时起的作用将变大，可能对其他电极的极性和电流产生较大的影响。例如，如果减小最有效的阴极的极化率，有可能使中间的阴极变为阳极；反之，减小最强阳极的极化率，可促使中间的阳极转化为阴极。

思 考 题 与 习 题

1. 什么叫极化？什么叫去极化？极化有哪些类型？极化原因有哪些？

2. 自然界中最常见的阴极去极化剂及其反应是什么？

3. 什么是腐蚀电位？说明氧化剂对腐蚀电位和腐蚀速度的影响。

4. 什么是腐蚀极化图？用它说明电化学腐蚀的几种控制因素，并举例说明它的用途。

5. 活化极化控制下决定腐蚀速度的主要因素是什么？

6. 交换电流密度在电化学动力学中有何作用？

7. 浓差极化控制下决定腐蚀速度的主要因素是什么？

8. 低碳钢在 pH＝2 的无氧水溶液中，腐蚀电位为 $-0.64V$（相对饱和 $Cu/CuSO_4$ 电极）。对于同样钢的氢过电位（单位为 V）遵循下列关系：$\eta = 0.7 + 0.1\lg i$，式中 i 的单位为 A/cm^2。假定所有钢表面近似作为阴极，计算腐蚀速度（mm/a）。

9. $25℃$ 时，浓度为 $0.5mol/L$ 的 H_2SO_4 溶液以 $0.2m/s$ 的流速通过铁管。假定所有铁表面作为阴极，Tafel 斜率为 $\pm0.100V$，而且 Fe/Fe^{2+} 和氢在 Fe 上的交换电流密度分别为 $10^{-3}A/m^2$ 和 $10^{-2}A/m^2$，求铁管的腐蚀电位和腐蚀速度（mm/a）。

10. $25℃$ 时，铁在 3‰NaCl 水溶液中腐蚀，欧姆电阻可忽略不计。测得其腐蚀电位 $E_{corr} = -0.544V$（SCE），试计算该腐蚀体系中阴、阳极控制程度。

11. 表 3-1 和表 3-2 中的数据为钢样在约 $10mol/L$ HCl 溶液中（有缓蚀剂）的电流-电位关系。作 i-E 和 $\lg|i|$-E 图，写出阴极反应和阳极反应，分别求其交换电流密度（溶液中的 $Fe^{2+} = 10^{-1}mol/L$），确定钢在 HCl 溶液中的腐蚀电位和腐蚀电流，并求出腐蚀速度。

表 3-1　　　　　　　　　　　　　　　阴 极 极 化

$-E$（mV，对 SCE）	406	410	420	430	440	450	460	470	480	490	500	510	520
i（$\mu A/cm^2$）	0	2.2	5.6	14	24	34	44	54	66	78	89	104	119

表 3-2　　　　　　　　　　　　　　　阳 极 极 化

$-E$（mV，对 SCE）	406	404	400	396	390	380	370	360	350	340	330	320	310	300	290	280
i（$\mu A/cm^2$）	0	2.5	5.2	7.7	11.4	22	34	47	57	72	82	102	120	140	161	186

第四章 析氢腐蚀和耗氧腐蚀

第一节 析 氢 腐 蚀

一、析氢腐蚀

以氢离子还原反应为阴极过程的腐蚀称为析氢腐蚀（hydrogen evolution corrosion）。显然 H^+ 作为去极化剂，阴极放氢是析氢腐蚀的主要标志。根据热力学原理可知，发生析氢腐蚀的必要条件是阴极电位必须要高于阳极电位，即 H^+ 的还原反应电位（析氢电位）E_H 必须高于金属的电极电位 E_M，即

$$E_H > E_M \tag{4-1}$$

电池反应自发进行。

对于氢电极反应

$$2H^+ + 2e \Longrightarrow H_2 \tag{4-2}$$

其平衡电位 $E_{0,H}$ 可由实验测定，也可由 Nernst 公式计算为

$$E_{0,H} = E_H^0 + \frac{2.3RT}{F} \lg a_{H^+} \tag{4-3}$$

25℃时

$$E_{0,H} = -0.059\text{pH (V)} \tag{4-4}$$

可见，pH 值越小，$E_{0,H}$ 就越高。在一定的腐蚀介质中，凡是电极电位低于 $E_{0,H}$ 的金属都可以发生析氢腐蚀。显然，氢的平衡电位 $E_{0,H} = -0.059\text{pH}$ 是一个重要的基准。

一般来说，电位较低的金属（如 Fe、Zn 等）在无氧的非氧化酸中以及电位更低的金属（如 Mg）在中性或碱性溶液中都会发生析氢腐蚀。对于一些具有钝化性的金属（如 Ti、Cr 等），虽然从热力学上可满足析氢腐蚀条件，但由于钝化膜在稀酸溶液中仍很稳定，实际电位高于析氢电位，故不发生析氢腐蚀。

另外，许多金属在中性溶液中腐蚀时不析出氢气，是由于溶液中 H^+ 浓度低，氢的平衡电位较低，而阳极电位可能比氢的平衡电位高所致。

在阴极上析氢一般发生于下面的情况：

酸性介质中 $\qquad\qquad\qquad 2H^+ + 2e \longrightarrow H_2$

中性介质中 $\qquad\qquad\qquad 2H_2O + 2e \longrightarrow 2OH^- + H_2$

碱性介质中 $\qquad\qquad\qquad Zn + 2OH^- \longrightarrow ZnO_2^{2-} + H_2$

一般认为析氢反应（即 H^+ 离子阴极去极化反应）主要分为以下几个连续步骤：

(1) 水化氢离子 $H^+ \cdot H_2O$ 通过扩散、对流或电迁移从溶液主体到达阴极表面，即

$$H^+ \cdot H_2O \text{（溶液）} \longrightarrow H^+ \cdot H_2O \text{（电极）} \tag{4-5}$$

(2) 水化氢离子在电极表面发生还原反应，同时脱掉水分子，成为氢原子吸附在金属阴极上，即

$$H^+ \cdot H_2O + e \longrightarrow H_{ad} + H_2O \tag{4-6}$$

吸附在电极表面的氢原子称为吸附氢原子 H_{ad}。

(3) H_{ad} 除了可能进入金属内部外，大部分在金属表面复合成 H_2 分子。

式（4-6）也称为 Volmer 反应。由此产生的吸附氢原子 H_{ad} 复合成吸附的分子氢

$$H_{ad} + H_{ad} \longrightarrow (H_2)_{ad} \tag{4-7}$$

式（4-7）也称为 Tafel 反应。由式（4-6）到式（4-7）的步骤相应称为 Volmer-Tafel 机理，其反应历程示意如图 4-1（a）所示。另一种是 Volmer-Heyrovsky 机理，它认为除了包括式（4-7）的化学复合反应外，还有电化学复合反应，即已有的原子态吸附氢与水化氢离子直接反应生成（H_2）$_{ad}$，即

$$H_{ad} + H^+ \cdot H_2O + e \longrightarrow H_2 + H_2O \tag{4-8}$$

如图 4-1（b）所示。

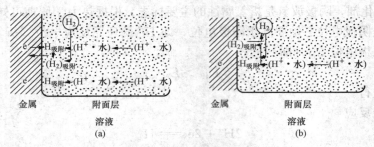

图 4-1 阴极析氢反应示意
（a）按照 Volmer-Tafel 机理的反应历程；（b）按照 Volmer-Heyrovsky 机理的反应历程

（4）电极表面的氢分子聚集成氢气泡逸出。氢气的不断形成和逸出，消耗了阴极极化而堆积的大量电子，完成去极化作用。

图 4-2 所示为析氢反应的四个连续步骤的可能历程。这些步骤中任何一步受到阻滞，则会使整个氢去极化反应受到阻滞，由阳极来的电子就会在阴极积累，使阴极电位降低，从而产生一定的过电位。该步骤必定为全过程的控制步骤。迟缓放电理论认为，在整个过程中受到阻滞最大的步骤是第（2）个步骤，即此步骤起控制作用，构成电化学极化，而迟缓复合理论则认为第（3）个步骤起控制作用。

图 4-3 所示为典型的氢去极化的阴极极化曲线。当电流为零时，氢的平衡电位为 $E_{0,H}$。当有阴极电流（$-i$）通过时，析氢反应过程中某步骤受阻滞，即发生阴极极化。阴极电流

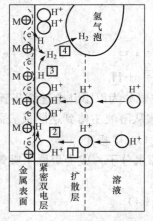

图 4-2 析氢反应的可能机理

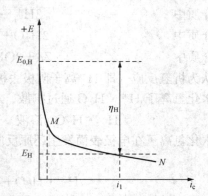

图 4-3 氢去极化过程的阴极极化曲线

$(-i)$ 值增加，其极化作用也随之增大，阴极电位降低。通常在一定电流密度下，当电位降低到一定数值（如 E_H）时，则有氢气析出。析氢电位 E_H（氢的实际电位）与氢的平衡电位 $E_{0,H}$ 之差称为析氢过电位 η_H，即

$$\eta_H = E_H - E_{0,H} \tag{4-9}$$

析氢过电位增加意味着析氢电位降低，结果使腐蚀电池的电位差减小，腐蚀过程减缓。析氢过电位 η_H 与阴极电流密度 i_c 之间在一定范围内呈 Tafel 直线关系，即

$$\eta_H = a_H + b_H \lg i_c \tag{4-10}$$

式中　a_H、b_H——常数。

根据电极过程动力学理论可得到 a_H 和 b_H 的理论表达式，即

$$a_H = -\frac{2.3RT}{\alpha F}\lg i_H^0, \quad b_H = \frac{2.3RT}{\alpha F}$$

常数 a_H 表示单位电流密度（$1A/cm^2$）下的过电位，它与电极材料（不同金属上析氢反应的交换电流密度 i_H^0 不同）、表面状态、溶液组成及浓度、温度有关，一般为 0.1～1.6V。常数 b_H 与电极材料无关，与离子价态和温度有关，为 1.0～1.2V。表 4-1 列出了析氢反应在一些金属上的 a_H 和 b_H 值。

表 4-1　　　　在金属上析氢反应的 Tafel 常数（25℃）

金属	酸性溶液		碱性溶液	
	a_H（V）	b_H（V）	a_H（V）	b_H（V）
Pt	0.10	0.03	0.31	0.10
Pd	0.24	0.03	0.53	0.13
Au	0.40	0.12		
W	0.43	0.10		
Co	0.62	0.14	0.60	0.14
Ni	0.63	0.11	0.65	0.10
Mo	0.66	0.08	0.67	0.14
Fe	0.70	0.12	0.76	0.11
Mn	0.80	0.10	0.90	0.12
Nb	0.80	0.10		
Ti	0.82	0.14	0.83	0.14
Bi	0.84	0.12		
Cu	0.87	0.12	0.96	0.12
Ag	0.95	0.10	0.73	0.12
Ge	0.97	0.12		
Al	1.00	0.10	0.64	0.14
Sb	1.00	0.11		
Be	1.08	0.12		

续表

金属	酸性溶液		碱性溶液	
	a_H (V)	b_H (V)	a_H (V)	b_H (V)
Sn	1.20	0.13	1.28	0.23
Zn	1.24	0.12	1.20	0.12
Cd	1.40	0.12	1.05	0.16
Hg	1.41	0.114	1.54	0.11
Tl	1.55	0.14		
Pb	1.56	0.11	1.36	0.25

　　Tafel 方程式反映了活化极化的基本特征，它是由析氢反应的活化极化引起的。因此迟缓放电理论认为步骤（2）为控制步骤。根据迟缓放电理论求得的 $b_H=0.118V$（25℃），与大多数金属电极上实测的 b_H 值大致相同，故迟缓放电理论更具有普遍意义。

　　显然，在氢去极化过程的腐蚀中，析氢过电位对腐蚀速度影响很大。析氢过电位越大，说明阴极过程受阻滞越严重，腐蚀速度就越小。金属或合金在酸性溶液中发生均匀腐蚀时，如果作为阴极的金属或合金相具有较低的析氢过电位，则腐蚀速度较大；相反，若杂质或阴极相上的析氢过电位较大，腐蚀速度就较小。

　　图 4-4 比较了不同金属上析氢过电位随阴极电流密度的变化。可以看出，析氢过电位与阴极电流密度的对数成 Tafel 直线关系，且不同金属的析氢 Tafel 直线基本平行。

　　溶液组成对析氢过电位及析氢腐蚀的影响较大，但要具体情况具体分析。如果溶液中含有铂离子，Pt 将在腐蚀金属 Fe 上析出，形成附加阴极。氢在 Pt 上的析出过电位比在 Fe 上要小得多，从而加速 Fe 在酸性溶液中的腐蚀，如图 4-5 所示。相反，若溶液中含有表面活性剂，它会在金属表面吸附并阻碍氢的析出，大大提高析氢过电位，表面活性剂就可作为缓蚀剂，防止金属在酸中腐蚀。

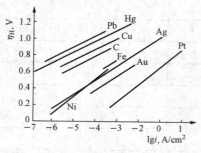

图 4-4　不同金属上氢的
过电位与电流密度的关系

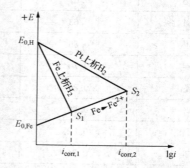

图 4-5　添加铂盐对
酸中铁腐蚀的影响

　　溶液 pH 值直接影响阴极的起始电位，pH 值也影响析氢过电位 η_H。在中性到酸性的范围内，总的趋势是随着 pH 值降低腐蚀加速。在强酸性溶液中氢去极化的析氢腐蚀与浓差极化关系不大，可忽略浓差极化作用，主要是遵循 Tafel 关系。但在中性溶液中浓差极化是不可忽略的。在碱性溶液中，氢过电位随 pH 值增加而减小。

溶液温度升高，氢过电位减小。一般温度每升高 1℃，氢过电位约减小 2mV。不同金属上的析氢过电位见表 4-2。

表 4-2　　　　　　　　阴极电流密度为 $1mA/cm^2$ 时部分金属上的析氢过电位

电极材料	电解质	过电位（V）	电极材料	电解质	过电位（V）
Pb	$0.5M\ H_2SO_4$	1.18	C	$1M\ H_2SO_4$	0.60
Hg	1M HCl	1.04	Cd	$1M\ H_2SO_4$	0.51
Te	1M HCl	1.05	Al	$1M\ H_2SO_4$	0.58
In	1M HCl	0.80	Ag	$0.5M\ H_2SO_4$	0.35
Be	1M HCl	0.63	Ta	$0.5M\ H_2SO_4$	0.46
Nb	1M HCl	0.65	Cu	$0.5M\ H_2SO_4$	0.48
Mo	1M HCl	0.30	W	$0.5M\ H_2SO_4$	0.26
Bi	$1M\ H_2SO_4$	0.78	Pt	$0.5M\ H_2SO_4$	0.15
Au	$1M\ H_2SO_4$	0.24	Ni	$0.5M\ H_2SO_4$	0.30
Pb	$1M\ H_2SO_4$	0.14	Fe	$0.5M\ H_2SO_4$	0.37
Zn	$1M\ H_2SO_4$	0.72	Sn	$0.5M\ H_2SO_4$	0.57

因此，可利用下述提高析氢过电位的方法减小氢的去极化作用，控制金属腐蚀速度。

二、析氢腐蚀的控制过程

析氢腐蚀速度可根据阴极极化性能、阳极极化性能分为阴极控制、阳极控制和混合控制。

1. 阴极控制

在 pH<3 的溶液中，H^+ 浓度较高，而且 H^+ 在水溶液中的扩散系数很大，扩散速度快。在金属表面上逸出的 H_2 又能起搅拌作用，使电极反应消耗的 H^+ 可得到及时补充，所以可忽略浓差极化。多数情况下，析氢反应的活化极化决定着腐蚀速度。析氢反应的过电位越大，阴极极化程度就越大，腐蚀过程进行得越慢。由 Tafel 公式知，析氢过电位是电流密度的函数，但是，即使电流密度相同时，氢电极的过电位在不同金属材料上的值差异很大。

图 4-6 所示为纯锌和含不同杂质的工业锌在酸中的腐蚀极化图。由于锌的溶解反应有低的活化极化能，而氢在锌上的析出过电位却很高，因此锌的析氢腐蚀为阴极控制。若锌中含有较低过电位的杂质（如铜、铁等），阴极极化减小，腐蚀速度增加；相反，若锌中加入汞，由于汞的析氢过电位很高，可大大减小锌的腐蚀速度。事实上，随着锌中杂质的性质和含量不同，锌在酸中的溶解速度可在 3 个数量级（1～1000）之内变化。腐蚀电位的测量表明，伴随着腐蚀速度降低，腐蚀电位变化，进而说明腐蚀速度受阴极过程控制。

2. 阳极控制

阳极控制的析氢腐蚀主要发生在不锈钢、铝等钝化金属在稀酸中的腐蚀。这种情况下，金属离子必须穿透金属表面的钝化膜才能进入溶液，因此有很高的阳极极化。铝在弱酸中的析氢腐蚀极化图如图 4-7 所示，显然为阳极控制。

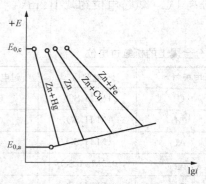

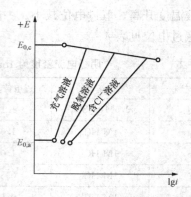

图 4-6　锌及含有杂质的锌在　　　　　图 4-7　金属在弱酸中的
酸中的腐蚀（阴极控制）　　　　　　　　腐蚀（阳极控制）

当溶液中有氧时，有时会减小腐蚀速度，这是因为铝、不锈钢等金属上的钝化膜的缺陷处被修复。当溶液中有 Cl^- 时，其钝化膜被破坏，使腐蚀速度增加。这可能是因为 Cl^- 容易在氧化膜表面吸附，形成含 Cl^- 的化合物。这种化合物具有晶格缺陷和较高的溶解度，使氧化膜局部破裂。此外，由于吸附 Cl^- 排斥电极表面的电子，也会促使金属的离子化。

3. 混合控制

由于铁溶解反应的活化极化能较大，而氢在铁上析出的过电位也较大，所以钢铁在非氧化性稀酸溶液中的腐蚀为阴、阳极混合控制。图 4-8 所示为铁和不同成分碳钢的析氢腐蚀

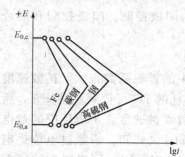

图 4-8　铁和碳钢在稀酸中
的析氢腐蚀（混合控制）

极化图。在给定电流密度下，碳钢的阳极和阴极极化都比纯铁的低，说明碳钢的析氢腐蚀速度比纯铁要大。钢中含有杂质硫时，可增大析氢腐蚀速度。这是因为一方面形成 Fe-FeS 微电池，加速腐蚀；另一方面，钢中的硫可溶于酸中，形成 S^{2-}。S^{2-} 极易极化而有利于 S^{2-} 吸附在铁表面，促进电化学过程，使阴、阳极极化率都降低，从而加速腐蚀。

若钢铁中加入铜或锰，能减小硫的有害作用。锰和硫形成低电导的 MnS，减少了铁中硫的含量，而且 MnS 比 FeS 更易溶于酸中，锰减弱了硫的有害影响。而铜则因溶解的 Cu^+ 又沉积在铁表面，与吸附的 S^{2-} 形成 Cu_2S（溶度积为

10^{-48}），在酸中不溶，因此可消除 S^{2-} 对电化学反应的催化作用。

从析氢腐蚀的阴极控制、阳极控制和混合控制可看出，腐蚀速度与腐蚀电位之间没有简单的相关性，即不能用腐蚀电位判断不同金属腐蚀速度大小。同样使腐蚀速度增加的情况下，阴极控制通常使腐蚀电位负向移动，阳极控制使腐蚀电位正向移动，混合控制下腐蚀电位可正向移动，也可负向移动，要视具体情况而定。

三、减小析氢腐蚀的途径

析氢腐蚀多数为阴极控制或混合控制，腐蚀速度主要取决于析氢过电位的大小。所以，为了防止或减小析氢腐蚀，应设法减小阴极面积，提高析氢过电位。对于阳极极化控制的析氢腐蚀，则应加强其钝化，防止活化。减小和防止析氢腐蚀的主要途径如下：

（1）减少或消除金属中的有害杂质，特别是析氢过电位小的阴极性杂质。溶液中可能在

金属上析出的贵金属离子，在金属表面上析出后提供了有效的阴极。如果在它上面的析氢过电位很小，会加速腐蚀，故应设法除去。

（2）加入氢过电位大的合金成分，如 Hg、Zn、Pb 等。

（3）加入缓蚀剂，减小阴极面积，增大析氢过电位。如酸洗缓蚀剂若丁（Rodine），其有效成分为二邻甲苯硫脲。

（4）降低活性阴离子成分，如 Cl^-、S^{2-} 等。

第二节　耗　氧　腐　蚀

一、耗氧腐蚀

以溶解在溶液中的氧分子的还原反应为阴极过程的腐蚀，称为氧还原腐蚀（oxygenReduction corrosion）或耗（吸）氧腐蚀（oxygen consuming corrosion）。和析氢腐蚀一样，只有氧的电位比金属阳极电位正时，才可能发生耗氧腐蚀。所以，发生耗氧腐蚀的必要条件是金属的电位 E_M 低于氧还原反应的电位 E_{O_2}，即

$$E_M < E_{O_2} \tag{4-11}$$

在中性和碱性溶液中氧还原反应为

$$O_2 + 2H_2O + 4e \rightarrow 4OH^-$$

其平衡电位为

$$E_{O_2} = E^0_{O_2/OH^-} + \frac{2.3RT}{4F} \lg \frac{P_{O_2}}{[OH^-]^4} \tag{4-12}$$

25℃时，$E^0_{O_2/OH^-} = 0.401V(SHE)$，天然水中溶解氧的 $P_{O_2} = 0.21atm$（$0.21 \times 1.013 \times 10^5 Pa$），当溶液 pH=7 时

$$E_{O_2} = 0.401 + \frac{0.059}{4} \lg \frac{0.21}{(10^{-7})^4} = 0.805V(SHE)$$

在酸性溶液中氧的还原反应为

$$O_2 + 4H^+ + 4e \rightarrow 2H_2O$$

其平衡电位为

$$E_{O_2} = E^0_{O_2/H_2O} + \frac{2.3RT}{4F} \lg(P_{O_2}[H^+]^4) \tag{4-13}$$

25℃时，$E^0_{O_2/H_2O} = 1.229V$，$P_{O_2} = 0.21atm$，所以，氧的平衡电位与溶液 pH 值的关系为

$$E_{O_2} = 1.229 - 0.059pH \tag{4-14}$$

显然，pH 值越小，氧的平衡电位 E_{O_2} 就越高，金属发生耗氧腐蚀的可能性就越大。

自然界中，溶液与大气相通，溶液中有溶解氧。在中性溶液中氧的还原电位为 0.805V，可见，只要金属在溶液中的电位低于这一数值，就可能发生耗氧腐蚀。所以，许多金属在中性或碱性溶液中，在潮湿大气、淡水、海水、潮湿土壤中，都会发生耗氧腐蚀。甚至在酸性溶液中也会有部分耗氧腐蚀。显然，就所研究的金属腐蚀而言，各种可能的阴极去极化反应中，以氧的阴极还原过程最为重要，并且较为普遍。可见，与析氢腐蚀相比，耗氧腐蚀更具有普遍意义。

二、氧的阴极还原过程及其过电位

溶液中的溶解氧是耗氧腐蚀的阴极去极化剂。随着腐蚀的进行，氧不断被消耗，而来自空气中的氧不断进行补充。因此，氧从空气中进入溶液并在阴极表面还原的过程如下：

（1）氧分子穿过空气/溶液界面进入溶液。

（2）溶解氧在溶液对流作用下迁移到阴极表面附近。

（3）在扩散层内，氧在浓度梯度作用下扩散到阴极表面。

（4）在阴极表面，氧分子发生还原反应，或称之为氧的离子化反应。

以上步骤中，步骤（1）和（2）一般不成为控制步骤。多数情况下，（3）为控制步骤，在搅拌或流动的腐蚀介质中，（4）可成为控制步骤。步骤（3）受扩散、迁移过程制约，决定着阴极的浓差极化；步骤（4）决定着阴极电化学极化，即决定氧离子化过电位。因此，耗氧腐蚀的总速度取决于氧扩散迁移到阴极的速度和氧在阴极的还原反应速度，其中速度慢者起控制腐蚀的作用。

因为氧在空气/水溶液之间存在着溶解平衡，溶液中总是含有氧。虽然氧不存在电迁移作用，但溶液对流对氧的传输远远超过氧的扩散速度。而在靠近电极表面附近，对流速度逐渐减小。在自然对流下，稳态扩散层厚度为 $0.1 \sim 0.5mm$。在此扩散层内，氧的传输只能靠扩散进行。

所以，大多情况下，氧向阴极表面的扩散是控制步骤，在溶解氧含量低时通常是如此。由浓度极化引起的氧浓差过电位为

$$\eta_{C,\,O_2} = -\frac{2.3RT}{nF}\lg\left(1 - \frac{i_C}{i_L}\right) \qquad (4-15)$$

如果搅拌溶液，或者在流动的溶液中，由于氧的扩散速度大大加快，金属的腐蚀速度可能由氧的阴极还原反应速度控制，即氧的离子化反应为控制步骤，阴极过电位服从 Tafel 关系式，即

$$\eta_{C,\,O_2} = a' + b'\lg i_C \qquad (4-16)$$

式中 a'——常数（单位电流密度下的氧过电位），与电极材料、表面状态、溶液组成和温度有关；

b'——常数，与电极材料无关，25℃时约为 0.116V。

表 4-3 为阴极电流密度为 $1mA/cm^2$ 时不同金属上的氧离子化过电位。可以看出，氧的过电位都较高，多在 1V 以上。

表 4-3   不同金属上的氧离子化过电位 （$i_c = 1mA/cm^2$）

金属	氧过电位 η_{O_2} （V）	金属	氧过电位 η_{O_2} （V）
Pt	0.70	Cr	1.20
Au	0.85	Sn	1.21
Ag	0.97	Co	1.25
Cu	1.05	Fe_3O_4	1.26
Fe	1.07	Pb	1.44
Ni	1.09	Hg	1.62
石墨	1.17	Zn	1.76
不锈钢	1.18	Mg	2.55

图 4-9 所示为氧去极化过程的阴极极化曲线。整个阴极极化曲线可分成几个区段：

（1）阴极电流密度较小且供氧充分时，氧的过电位由活化极化引起，相当于极化曲线的 $E_{0,O_2}AB$ 段，过电位与电流密度的关系服从 Tafel 公式，说明阴极过程的速度主要取决于氧的离子化反应速度。

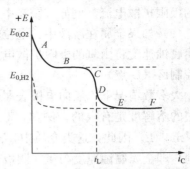

（2）阴极电流密度增大时，由于氧的扩散速度有限，供氧受阻，出现了明显的浓差极化，相当于 BCD 段。氧浓差极化过电位服从式（4-15）。由于扩散限制而受到的阻滞，使氧离子化的阴极电流密度不会超过扩散极限电流密度 i_L。当阴极电流 i_C 接近 i_L 时，出现浓差过电位 η_{C,O_2}。若阴极电流 $i_C \ll i_L$ 时，无浓差过电位出现，即 $\eta_{C,O_2} \to 0$。若 $i_C \approx i_L$ 时，则 $\eta_{C,O_2} \to \infty$，曲线沿 $BCDi_L$ 下降，实际上这种情况不会发生。因为当电位降低到一定数值时，另外的还原反应开始进行。例如，达到氢的平衡电位后，氢的去极化过程（图中 $E_{O,H_2}EF$）曲线开始与氧的去极化曲线（图中 DEF 段）同时进行。

图 4-9　氧去极化过程的总极化曲线

（3）耗氧腐蚀同时受电化学极化和浓差极化控制时，总的阴极过电位为

$$\eta_{O_2} = a' + b'\lg i_C - \frac{2.3RT}{nF}\lg\left(1 - \frac{i_C}{i_L}\right) \tag{4-17}$$

式（4-17）表示 $E_{0,O_2}ABCDi_L$ 段，即混合极化曲线方程。

当阴极电位降低到析氢电位 E_{0,H_2} 时，氢的去极化过程（图中 $E_{O,H_2}EF$ 曲线）就开始与氧的去极化过程（图中 DEF 段）同时进行。两条极化曲线加合，得到总的阴极极化曲线 $E_{0,O_2}ABCDEF$ 曲线。

氢与氧混合去极化时，阴极的总电流密度是两种去极化电流密度之和，即

$$i_C = i_{C,O_2} + i_{C,H_2} \tag{4-18}$$

析氢过程对于氧去极化过程有间接的促进作用。由于氢气泡逸出时的搅拌作用减小了扩散层的厚度，从而增大了氧的极限扩散电流密度 i_L 值，加速氧去极化腐蚀。

三、耗氧腐蚀的控制过程及其影响因素

1. 耗氧腐蚀的控制过程

金属发生氧去极化腐蚀时，多数情况下阳极过程发生金属活性溶解，腐蚀过程处于阴极控制下。氧去极化腐蚀速度主要取决于溶解氧向电极表面的传输速度和氧在电极表面的还原反应速度。所以，可将氧的去极化腐蚀分为三种情况，如图 4-10 所示。

（1）如果金属在溶液中的电位较高，且腐蚀过程中氧的传输速度较大，则金属腐蚀速度主要由氧的还原反应速度决定。这时阳极极化曲线与阴极极化曲线相交于氧还原反应的活化极化区（K 点）。例如，铜在强烈搅拌的敞口溶液中的腐蚀。

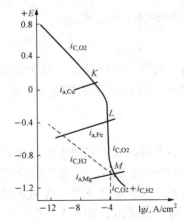

图 4-10　不同金属在中性溶液中的腐蚀极化

（2）如果金属在溶液中的电位很低，无论氧的传输速度

大小，阴极过程将由氧去极化和 H^+ 去极化两个反应共同控制（M 点）。这时腐蚀电流大于氧的极限扩散电流。例如，镁在中性溶液中的腐蚀。

（3）如果金属在溶液中的电位较低，且处于活性溶解状态，而氧的传输速度又有限，则金属腐蚀速度将由氧的极限扩散电流密度决定。阳极极化曲线和阴极极化曲线相交于氧的扩散控制区（L 点）。

大多数情况下，氧向电极表面的扩散决定整个耗氧腐蚀过程的速度。这是因为氧在水溶液中的溶解度是有限的。例如，对于水与空气达到平衡状态的体系，水中氧的溶解度仅为 $10^{-4}\,\mathrm{mol/L}$。因此，这类介质中，耗氧腐蚀速度由氧向金属表面的扩散速度控制，并非活化控制，即金属腐蚀速度与氧在阴极还原的极限扩散电流密度相一致。

扩散控制的腐蚀过程中，由于腐蚀速度只取决于氧的扩散速度，所以在一定电位范围内，腐蚀电流不受阳极极化曲线斜率和初始电位的影响，即各种金属的腐蚀速度相同，如图 4-11 所示。这种情况下，腐蚀速度与金属本身的性质无关。例如，钢铁在海水中的腐蚀，普通碳钢和低合金钢的腐蚀速度几乎相等。

在扩散控制的腐蚀过程中，金属中不同的阴极性杂质或微阴极数量的增加，对腐蚀速度影响不大。溶解氧向微阴极扩散的途径如图 4-12 所示。杂质的积累几乎不影响耗氧腐蚀。这是因为当微阴极达到一定数量时，溶液中的氧会全部扩散到金属表面，所以再增加微阴极的数量或面积，也不会增加扩散的含氧量。因而不会显著增加腐蚀速度。析氢腐蚀则截然不同，微阴极越多，腐蚀速度就越快。

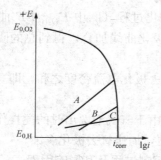

图 4-11 不同合金在耗氧腐蚀的阴极扩散控制下具有相同的腐蚀速度图示

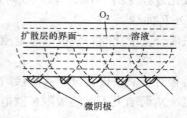

图 4-12 氧向微阴极扩散途径示意

必须注意，如果是大阴极时，面积越大，扩散到阴极表面上氧的总量就越多，腐蚀电流也就越大。如果阳极面积远小于阴极面积时，则阳极的腐蚀电流密度远大于阴极电流密度。这样，局部腐蚀速度将受阳极极化曲线的影响。

2. 影响耗氧腐蚀的因素

如果耗氧腐蚀过程受阴极控制，而且供氧充分，腐蚀电流小于氧的极限扩散电流，金属的腐蚀速度主要取决于阴极氧还原反应的过电位。因而金属中的阴极杂质、合金成分和组织、微阴极面积等都会影响耗氧腐蚀速度。但是，大多数情况下，供氧速度有限，耗氧腐蚀受氧的扩散过程控制。这时，金属的腐蚀速度等于氧的极限扩散电流密度，即

$$i_{\mathrm{corr}} = i_{\mathrm{L}} = \frac{nFDC^0}{\delta}$$

　　因此，凡是影响极限扩散电流密度 i_L 的因素，即凡是影响溶解氧浓度 C^0、氧的扩散系数 D 及扩散层厚度的因素，都会影响金属腐蚀速度。

　　(1) 溶解氧浓度的影响。随着溶解氧浓度的增加，氧还原反应的速度增加，氧的极限扩散电流密度增大，因而耗氧腐蚀速度增大，如图 4-13 所示。含氧量高时的阴极极化曲线 2 比含氧量低时的阴极极化曲线 1 初始电位高，即 $E_{0,2} > E_{0,1}$，而且极限扩散电流密度大。所以，含氧量高，腐蚀速度大，$i_{corr2} > i_{corr1}$，且 $E_{corr2} > E_{corr1}$。但是，如果金属具有钝化性能，则当氧浓度增大到一定程度时，由于 i_L 达到了该金属的致钝电流密度，该金属反而由活化态转为钝态，氧去极化的腐蚀速度将显著降低。可见，溶解氧对金属腐蚀往往有着相反的双重影响，既具有使金属腐蚀的性能，又具有使金属钝化的性能。这对研究具有钝化行为的金属在中性溶液中的腐蚀有重要意义。

　　(2) 溶液温度的影响。溶液温度升高时，其黏度下降，使溶解氧的扩散系数增大，所以温度升高会加速腐蚀过程。但对于敞开体系，氧在溶液中的溶解度随温度升高而降低，使腐蚀速度减小，如图 4-14 所示。对于封闭体系，温度升高使气相中氧的分压增大，增加氧在溶液中的溶解度，腐蚀速度随温度升高而增加。

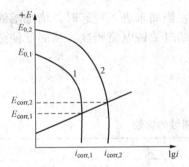

图 4-13　氧浓度对扩散控制的腐蚀过程影响
1—氧浓度低；2—氧浓度高

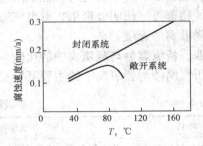

图 4-14　温度对铁在水中
腐蚀速度的影响

　　(3) 盐浓度的影响。溶液中盐的浓度，特别是 NaCl 的浓度会影响耗氧腐蚀的速度。随着盐浓度的增加，溶液的电导率增大，腐蚀速度有所增加。在中性溶液中，当 NaCl 的浓度达到 3% 时（相当于海水中 NaCl 的含量），铁的腐蚀速度达到最大值，如图 4-15 所示。由于氧的溶解度随 NaCl 浓度增加而减小，因此，当 NaCl 浓度超过 3% 时，铁的腐蚀速度反而减小。

　　(4) 溶液流速的影响。浓差极化控制时，腐蚀速度与扩散层厚度有关。搅拌溶液或流速增大，可使扩散层厚度减小，氧的极限扩散电流增加，腐蚀速度增大。如图 4-16 所示，在层流区内，腐蚀速度随流速的增加而缓慢上升。当流速增加到开始出现湍流的速度，即临界速度 v_{cri} 时，湍流液体击穿了紧贴金属表面的、几乎静止的边界层，并使保护膜发生一定程度的破坏。因此，腐蚀速度急剧增加，实际上腐蚀类型已由层流下的均匀腐蚀变为湍流下的磨损腐蚀。当流速上升到某一数值后，阳极极化曲线不再与耗氧反应的阴极极化曲线的浓差极化部分相交，而与活化极化部分相交，见图 4-16 (b)。这时腐蚀速度不再受阴极氧的极限扩散电流控制，腐蚀类型也由全面腐蚀变为湍流腐蚀。当流速再增大时，金属在高速流体作用下发生空泡腐蚀，腐蚀速度再次增大。

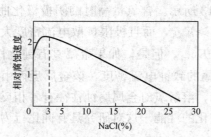

图 4 - 15　NaCl 浓度对铁在
充气溶液中腐蚀速度的影响

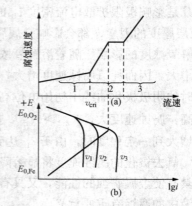

图 4 - 16　溶液流速对耗氧腐蚀的影响
（a）流速对腐蚀速度及腐蚀类型的影响；
（b）不同流速下的耗氧腐蚀
1—层流区全面腐蚀；2—湍流区湍流腐蚀；
3—高流速区空泡腐蚀（流速 $v_1 < v_2 < v_3$）

　　应当指出，对于具有钝化性能的金属或合金，当尚未进入钝态时，增加溶液流速或加强搅拌作用都可能使阴极极限扩散电流密度达到或超过致钝电流密度，从而促使金属或合金钝化，降低腐蚀速度。

四、析氢腐蚀与耗氧腐蚀的比较

　　析氢腐蚀与耗氧腐蚀的主要区别见表 4 - 4。

表 4 - 4　　　　　　　　　　　　　析氢腐蚀与耗氧腐蚀的比较

项目	析氢腐蚀	耗氧腐蚀
去极化剂性质	带电氢离子；迁移速度和扩散能力都很大	中性氧分子，只能靠扩散和对流传输
去极化剂浓度	浓度大；酸性溶液中 H^+ 放电；中性或碱性溶液中去极化反应为 $H_2O + e \rightarrow H + OH^-$	浓度不大，其溶解度通常随温度升高和盐浓度增大而减小
阴极控制原因	主要是活化极化：$$\eta_{H_2} = \frac{2.3RT}{anF} \lg \frac{i_c}{i^0}$$	主要是浓差极化：$$\eta_{O_2} = \frac{2.3RT}{nF} \lg \left(1 - \frac{i_c}{i_L}\right)$$
阴极反应产物	以氢气泡逸出，电极表面溶液得到附加搅拌	产物 OH^-，只能靠扩散或迁移离开，无气泡逸出，得不到附加搅拌

✎ 思 考 题 与 习 题

1. 什么是析氢腐蚀？发生析氢腐蚀的必要条件是什么？
2. 说明影响析氢腐蚀的主要因素及防止方法，并解释其理由。
3. 什么是耗氧腐蚀？发生耗氧腐蚀的必要条件是什么？
4. 说明耗氧腐蚀的阴极控制过程。

5. 影响耗氧腐蚀的主要因素是什么？为什么？

6. 不锈钢在含 Cl^- 的稀酸溶液中会加速腐蚀，为什么？

7. 试比较析氢腐蚀和耗氧腐蚀的特点。

8. 试用腐蚀极化图分析铁和不同成分碳钢在无氧酸性溶液中的腐蚀速度。

9. 已知 $E_{cu^{2+}/cu} = 0.34V$（25℃），在中性溶液中，为什么铜可能发生耗氧腐蚀，而不会发生析氢腐蚀？

10. 在中性溶液中，Fe^{2+} 的浓度为 $10^{-6}mol/L$，温度为 25℃，在此条件下铁是否发生析氢腐蚀？（$E^0_{Fe^{2+}/Fe} = -0.44V$）

11. 在 pH=7 的中性溶液中，$Sn^{2+} = 10^{-6}mol/L$，温度为 25℃，试问锡是否发生析氢腐蚀？并求锡在此条件下发生析氢腐蚀的最大 pH 值。（$E^0_{sn^{2+}/sn} = -0.136V$）

12. 已知在 5℃ 的海水中氧的溶解度约为 $10mg/L$（$0.3mol/m^3$），氧在水中的扩散系数为 $10^{-9}m^2/s$，若扩散层有效厚度取 0.1mm，计算氧的极限扩散电流。

第五章 金属的钝化

金属的钝化在近代腐蚀科学中占有很重要的地位，它不仅具有重大的理论意义，而且对提高金属或合金材料耐蚀性的实际问题具有重要的现实意义。

第一节 金属的钝化现象

某些金属和合金在一定环境介质中失去了化学活性，成为惰性，称为钝化（passivation）。金属一旦发生钝化，腐蚀速度成千上万倍地下降，此种高耐蚀状态称为钝态（passivestate）。

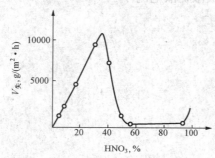

图 5-1 工业钝铁的溶解速度与硝酸浓度的关系（25℃）

用失质法可测定铁在不同浓度硝酸溶液中的腐蚀速度，如图 5-1 所示。开始铁的腐蚀速度随硝酸浓度的增加迅速增大，但当硝酸浓度大于 40% 以后，腐蚀速度迅速减小，且随着硝酸浓度的继续增加，腐蚀速度很小。这时铁变得很稳定，即使将经浓硝酸处理过的铁再放到稀硝酸中也能保持一段时间的稳定，或放到 $CuSO_4$ 溶液中，铁也不会将 Cu^{2+} 置换。铁在浓硝酸中或经浓硝酸处理后失去了原来的化学活性，这种现象称为铁的钝化现象。

除铁以外，铬、镍、钛等金属也很容易被钝化。不只是浓硝酸，其他氧化剂如 $KMnO_4$、H_2O_2、$K_2Cr_2O_7$、$AgNO_3$ 等也能使一些金属发生钝化，大气和溶液中的氧也是一种钝化剂。钝化后的金属或合金在溶液中总是比未钝化的金属电位高。如果把钝化后的金属的表面层刮去，或将其浸入含 Cl^- 的溶液中，则金属会恢复原来的活性，即又重新活化（activated）。应当指出，钝化现象一般发生在氧化性介质中。然而，钝化的发生并不仅仅取决于钝化剂氧化能力的强弱，还与阴离子特性对钝化过程的影响有关。例如，H_2O_2 溶液的氧化-还原电位比 $K_2Cr_2O_7$ 溶液的要高，然而，$K_2Cr_2O_7$ 钝化铁的能力却比 H_2O_2 强。

使金属发生钝化的方法有两种。一种是在金属所处的介质中加入钝化剂使金属自行进入钝态，称为化学钝化；另一种是利用外加电流的方法使之阳极极化而进入钝态，称为阳极钝化或电化学钝化。铬、铝、钛等金属在空气或含氧溶液中被氧化钝化，属化学钝化。18—8 型不锈钢在 30% 的硫酸溶液中会发生溶解。但若外加电流使其阳极极化，当极化到阳极电位为 -0.1V（SCE）后，不锈钢的溶解速度将迅速下降到原来的数万分之一，并在电位 -0.1～+1.2V（SCE）范围内保持钝态的稳定性，这属于电化学钝化。

以上这些金属的钝化和活化现象，究竟是如何引起的？为什么在强氧化剂作用下，这些金属反而不再受到腐蚀呢？如何利用这种钝化现象来防止金属的腐蚀呢？关于金属钝化的原因，曾有过许多解释，虽然对于金属如何从活化状态引发进入钝化状态的过程还有不同看法，但通过各种电化学的和其他物理化学的方法，充分说明处在钝化状态的金属，其表面被一层致密的氧化物薄膜所覆盖，因而大大阻滞了腐蚀过程。这一氧化膜厚 $10\sim100$Å，因此非肉眼和显微镜所能觉察。膜厚随金属而异，不锈钢的钝化膜最薄，但却最致密，保护作用最好。钝化前、后金属或合金的腐蚀速度减小，电极电位发生突变，且显著正移。钝化使金属的电位提高 $0.5\sim2.0$V。例如，铁钝化后电位由 $-0.5\sim+0.2$V 升高到 $+0.5\sim+1.0$V；铬钝化后电位由 $-0.6\sim+0.4$V 升高到 $+0.8\sim+1.0$V。金属钝化后电极电位提高很多，这是金属转变为钝态时表现的一个普遍现象。钝态金属的电位接近贵金属的电位。曾有人将钝化定义为：当活泼金属的电极电位变得接近惰性的贵金属（如 Pt、Au）的电位时，活泼金属就钝化了。

第二节　阳极钝化过程

利用恒电位法进行阳极极化，可测得具有活化-钝化行为金属的完整的阳极极化曲线，如图 5-2 所示。若用恒电流法，则不能测出完整的阳极钝化曲线。

由图 5-2 可知，从金属的开路电位 E_0 起，随着电位升高，电流密度迅速增大，在 B 点达到最大值。电位继续升高，电流密度却突然下降，到达 C 点后，电流保持一个很小的数值，而且在 CD 电位范围内电流基本保持恒定。超过 D 点后，电流又随电位升高而增大。因此，可将此阳极极化曲线划分为几个不同区段：

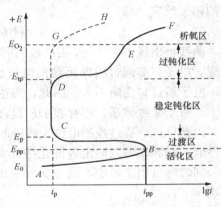

图 5-2　可钝化金属的典型阳极极化曲线

（1）AB 段为金属的活性溶解区，即金属的活化阳极极化曲线，其电极反应为

$$M+H_2O \longrightarrow M^{n+} H_2O+ne$$

在此区间金属进行正常的阳极溶解，溶解速度受活化极化控制，AB 直线部分为 Tafel 直线。

（2）BC 段为金属的活化-钝化过渡区。B 点对应的电位称为初始钝化电位 E_{pp}（primary passive Potential），也称为致钝电位。在电位达到 E_{pp} 时，金属溶解速度增大，但因形成膜而使阳极溶解速度减小，因而阳极溶解速度不可能进一步增大，这就达到了致钝电流密度 i_{pp}。因为一旦电流密度超过 i_{pp}，电位大于 E_{pp}，金属就开始钝化，此时电流密度急剧减小。故 B 点对应的电流密度又称为临界钝化电流密度（critical passivity current density）。在 BC 段的电位区间内，金属表面状态发生急剧变化，且处于不稳定状态。电位达到 E_{pp} 点以后，阳极上保护膜的生成速度超过了它的溶解速度，从而开始形成保护膜，这样就使电位增大时，阳极电流密度反而减小。电位达到 E_p 点时，钝化膜已经形成，整个阳极金属表面已为氧化膜所覆盖，因此电位在 $E_{pp}\sim E_p$ 之间的每一电位相应于一定表面上被钝化膜覆盖的程度。从而可知，在 BC 这段曲线的区域内，金属阳极上覆盖着不同程度的吸附钝化膜。作为有效阴极，只要有阴极去极化剂（如 O_2、H^+ 或其他氧化剂）在阴极起去极化作用，就可加速阳极的自发电化学钝化。因此，从 B 点开始，外加电流的阳极极化还要加上阳极本身的极化。

（3）CD 段为金属的稳定钝化区。从 C 点开始，在阳极金属的表面形成完整的保护膜，此时，阳极反应速度与电位关系不大。随着电位的升高，钝化膜变厚，其中含氧量增加。对于阳极反应，无论是氧化膜生长过程还是金属离子化过程都很缓慢。因此，保护膜的厚度及膜中的含氧量都与外加阳极电位有直接关系。阳极电流与电位无关，可以认为是氧化膜的增长速度等于它的化学溶解速度。电位达到 C 点后，金属转入完全钝态，通常把该点的电位称为初始稳态钝化电位 E_p，又称为维钝电位。CD 电位范围内的电流密度通常只有 $\mu A/cm^2$ 数量级，而且几乎不随电位变化。这一微小的电流密度称为维钝电流密度 i_p。i_p 很小，说明金属在钝态下的溶解速度很小，故 i_p 表示金属在钝态下的腐蚀速度。

（4）DE 段为金属的过钝化区。电位超过 D 点后，电流密度又开始增大。D 点的电位称为过钝化电位 E_{tp}（transpassive potential）。此电位区段电流密度又增大，通常是由于形成了可溶性的高价金属离子，如不锈钢在此区段因有高价铬离子形成，引起钝化膜破坏，使金属又发生腐蚀。

（5）EF 段为析氧区。电位继续上升到氧的析出电位时，电流密度增大，是由于发生了新的阳极反应，即

$$2H_2O \longrightarrow O_2 + 4H^+ + 4e$$

曲线上出现了 EF 段，EF 段的形态取决于钝化膜表面上析氧反应的过电位。由于这个反应，电子只需通过膜即可参加电极反应。有些金属（如铁、镍、铬）钝化膜的导电性较好，电子通过时受阻不大。因此，当达到氧的析出电位后，电流密度增大，即金属腐蚀速度增大。对于某些体系，不存在 DE 过渡区，直接达到 EF 析氧区（虚线 DGH）。

由此可见，通过控制电位法测得的阳极极化曲线可显示出金属是否具有钝化行为以及钝化性能的好坏。可以测定各钝化特征参数，如 E_{pp}、i_{pp}、E_p、i_p、E_{tp} 及稳定钝化电位范围等。同时还可用来评定不同金属材料的钝化性能及不同合金元素或介质成分对钝化行为的影响。

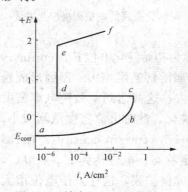

图 5-3　铁在 0.5mol/L H$_2$SO$_4$
溶液中的阳极钝化曲线示意
铁的腐蚀电位 $E_{corr} \approx 0.25V$
维钝电位 $\approx 0.5V$
维钝电流密度 $= 7\mu A/cm^2$

应该指出，若溶液中有活化离子如 Cl^-、Br^-、I^- 等存在时，铁、镍、铝和铁铬合金上的保护膜会部分失去其保护性，形成多孔钝化膜或使金属表面出现小孔。这是由于电位在 CD 区间达到一定值时，活化离子替代了钝化膜中的氧，使膜中的不溶性氧化膜成为可溶性的卤化物，此时进行的反应为

$$M + 2X^- \longrightarrow MX_2 + 2e$$

下面以铁为例进一步说明金属在介质中的电化学钝化。

如果把金属铁放在 0.5mol/L 的 H_2SO_4 溶液中，用恒电位法进行阳极极化，可得到图 5-3 所示的阳极钝化极化曲线。在极化开始之前，铁的初始电位约为 $-0.25V$，这是铁的自腐蚀电位 E_{corr}。当铁的电位逐渐增大时，其电流密度 i 也随之增大（ab 段），但是当铁的电位超过约 0.5～0.6V 时（c 点），电流密度突然下降几个数量级（d 点），此时虽然极化电位继续增加，电流密度则一直维持在低值（de）段，直到电位超过约 +1.5V 时，电流密度才重新增加（ef 段），此时铁上产生氧气。如果将电位

达到 d 点以后的金属铁取出，其特性与经浓硝酸处理后的金属铁相似，即处在钝化状态。

以上是 Fe 在 0.5mol/L H_2SO_4 溶液中的阳极钝化行为。如果与 Fe-H_2O 体系的电位-pH 图进行对照，便不难理解铁钝化的原因。ab 段是 Fe 的正常阳极溶解曲线，此时铁处于活化状态。bc 段出现极限扩散电流密度是由于 Fe 的大量快速溶解产生的 Fe^{2+} 与溶液中的 SO_4^{2-} 形成 $FeSO_4$ 沉淀层，阻滞了阳极反应。由于 H^+ 不易达到 $FeSO_4$ 层的内部，pH 值增加，故电位超过 0.5~0.6V 时，Fe_2O_3 开始在 Fe 的表面生成，形成致密的氧化物钝化膜，阻滞了 Fe 的溶解，因而钝化现象开始出现。由于 Fe_2O_3 在高电位范围内能够稳定存在，所以铁能保持在钝化状态。直到电位超过 O_2/H_2O 体系的平衡电位（+1.23V）相当远时（1.6V），才开始析出氧，电流密度重新增大。这是由于氧在 Fe_2O_3 膜上产生的过电位相当高的缘故。

对于 Fe-H_2O 体系来说，实际的钝化区和热力学的钝化区大致相同。这说明热力学和动力学的方法结合起来将得到更能符合实际情况的结果。

采用阳极极化法使金属处于钝态的金属，若切断外加电流，则阳极金属的钝态会在短时间内又回到原来的活化态。活化过程中阳极电位随时间变化的曲线如图 5-4 所示。由图可知，阳极钝化电位开始迅速降低，而后在几秒至几分钟内慢慢变化，最后电位又快速衰减到钝化金属原来的活化电位值。在电位变化曲线中出现一个接近于钝态起始电位（即致钝电位）的活化电位。也就是说，是在金属刚

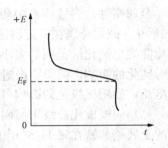

图 5-4 钝态金属电位变化曲线

好回到活化态之前的电位，这个特征电位称为 Flade 电位，用 E_F 表示。E_F 电位数值接近致钝电位，但不完全相等，这是由于最初形成的钝化膜的 IR 电位降及钝化膜空隙内电解质的 pH 和溶液本身 pH 不完全相同（浓差极化）等因素所致。E_F 值越高，表明金属丧失钝态的倾向越大；相反，E_F 越低，表明金属越容易保持钝态。因此，E_F 是用来衡量金属钝态稳定性的特征电位。

Flade 电位与溶液 pH 值之间具有某些线性关系。例如钝态铁电极在 0.5mol/L H_2SO_4 溶液中，25℃时 E_F 与 pH 的关系为

$$E_{F(Fe)} = 0.63 - 0.059pH$$

对于铬等电极上的钝化膜也有类似的线性关系，即

$$E_{F(Cr)} = -0.22 - 0.116pH$$

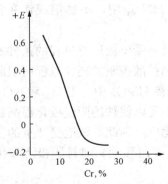

图 5-5 Fe-Cr 合金的 E_F^0 与合金中含 Cr 量的关系

可见，溶液的 pH 值越小，E_F 值就越高。在标准状态下（25℃，pH=0），铁的 $E_{F(Fe)}^0 = 0.63V$，电位较高，表示该金属钝化膜有明显的活化倾向；而铬的 $E_{F(Cr)}^0 = -0.22V$，表示其钝化膜具有良好的稳定性。

对于 Fe-Cr 合金，E_F 的变化范围是 -0.22~+0.63V，随着合金中 Cr 含量增加，E_F 值向负方向移动，使合金的钝态稳定性增大。Fe-Cr 合金的标准 Flade 电位 E_F^0 与合金中 Cr 含量的关系曲线如图 5-5 所示。

通过对钝化参数和 FIade 电位的讨论，可以清楚地看出合金元素 Cr 在 Fe-Cr 合金中起很重要的作用。加入一定量

的 Cr（＞12%），Fe-Cr 合金只需很小的致钝电流密度就能进入钝态，而且钝化后易保持钝态的稳定性。

前面讨论了借助外加电源进行阳极极化使金属发生钝化的"阳极钝化"。本节讨论在没有任何外加极化的情况下，由于氧化剂的还原引起的金属钝化，称为金属的自钝化。这种钝

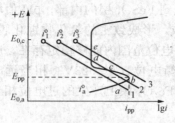

图 5-6 阴极极化对钝化的影响

化主要是由于腐蚀介质中氧化剂（去极化剂）的还原而使金属钝化。实现金属的自钝化，介质中的氧化剂必须满足下列两个条件：①氧化剂的氧化-还原平衡电位要高于该金属的致钝电位，即 $E_{0,c} > E_{pp}$；②在 E_{pp} 下，氧化剂阴极还原反应的极限扩散电流密度必须大于金属的致钝电流密度，即 $i_c > i_{pp}$，如图 5-6 所示。这样，才能使金属的腐蚀电位落在该金属的阳极钝化电位范围内（交点 e），金属进入钝化状态。

金属腐蚀是腐蚀体系中阴、阳极共轭反应的结果。对于一个可能钝化的金属腐蚀体系（如活化-钝化金属在一定腐蚀介质中），金属的腐蚀电位能否落在钝化区，不仅取决于阳极极化曲线上钝化区范围的大小，还取决于阴极极化曲线的形状和位置。图 5-6 表示阴极极化对钝化的影响。假设阴极过程为活化控制，极化曲线为 Tafel 直线，可能有三种不同的交换电流，故阴极极化的影响可能有三种情况。

（1）阴极极化曲线 1 与阳极极化曲线交于活化区点 a，此时出现活化腐蚀。许多可被钝化的金属例如铁在稀 H_2SO_4 中的腐蚀，钛在不含氧的稀 H_2SO_4 和稀盐酸中的腐蚀都属于这种情况。

（2）阴极极化曲线 2 与阳极极化曲线有三个交点 b、c、d。点 b 在活化区，点 d 在钝化区，点 c 处于活化-钝化过渡区。这时金属处于钝化—活化状态。三个点上的氧化速度和还原速度相等。若金属处于点 b 的活化态，则它在该介质中不会钝化，以较大的腐蚀电流发生溶解；若金属处于点 d 钝化态，它也不会活化，将以相当于维钝电流密度的速度发生腐蚀；若金属处于点 c 过渡区，该点的电位是不稳定的，在开始时处于钝态的金属，一旦由于某种原因发生活化，则金属在这种介质中不可恢复钝态。例如不锈钢在无氧的酸中，钝化膜被破坏后得不到修复，将导致金属的腐蚀。

（3）阴、阳极极化曲线交于钝化区的点 e。处于稳定钝化区。这类腐蚀体系金属或合金处于稳定的钝态，自发地钝化，所以为自钝化。例如，铁在浓 HNO_3 中，不锈钢或钛在含氧酸中的腐蚀属于这种情况。

金属在腐蚀介质中自钝化的难易不但与金属材料有关，而且还受电极还原过程的条件所控制，较常见的有电化学反应控制的还原过程所引起的自钝化和扩散控制的还原过程所引起的自钝化。上述三种阴极极化中的（3）就属于前者。又如铁在稀 HNO_3 中，因 H^+ 和 NO_3^- 氧化能力或浓度都不够高，因而只有小的阴极还原速度，这就不足以使铁的阳极极化提高到铁的阳极维钝电位和致钝电流密度，结果腐蚀电位不能进入钝化区，因此，铁遭受严重的氢去极化腐蚀。若将 HNO_3 浓度提高，则 NO_3^- 的平衡电位向正方向移动，而且阴极上发生剧烈的还原反应，即

$$NO_3^- + 2H^+ + 2e \longrightarrow NO_2^- + H_2O$$

阴极还原反应电流超过铁钝化所需要的致钝电流，使腐蚀电位提高进入钝化区，铁就进

入了稳定钝态。

若腐蚀金属的阴极过程由扩散控制，则金属自钝化不仅与进行阴极还原的氧化剂浓度有关，而且还与影响扩散的多种因素如介质流动、搅拌等有关。

溶液组分如溶液酸度、卤素离子、络合剂等也会影响金属钝化。通常金属在中性溶液中较易钝化，这与离子在中性溶液中形成的钝化膜的溶解度有关。在酸性或碱性溶液中金属较难钝化，因为在酸性溶液中金属离子不易形成氧化物，而在碱性溶液中又可能形成可溶性的酸根离子。许多阴离子尤其是卤素离子可使已钝化的金属重新活化。活化剂浓度越大，破坏就越快。例如 Cl^- 可使不锈钢发生点蚀。此外，电流密度、温度及金属表面状态对金属钝化也有显著影响。

第三节 钝 化 理 论

金属钝化是一种界面现象，因为金属本身的性能不变，只是使金属表面在介质中的稳定性发生了变化。金属由活性状态转变为钝态是个较复杂的过程，对其机理尚有不同解释，还没有一个完整的理论来说明所有的钝化现象。目前认为能较满意地解释大部分实验事实的有成相膜理论和吸附理论。

一、成相膜理论

成相膜理论又称为薄膜理论。它认为当钝化金属阳极溶解时，可在金属表面上生成一层非常薄的、致密的、覆盖性良好的固体产物薄膜，这层薄膜作为一个独立相存在，把金属表面与介质隔离开，阻碍阳极过程进行，使金属的溶解速度大大降低，使金属处于钝态。

保护膜通常是金属的氧化物，在某些金属上可直接观察到膜的存在，并可测定其厚度和组成。例如，使用碘和 KI 甲醇溶液作溶剂，可分离出铁的钝化膜。铁的钝化膜是 γ - Fe_2O_3、γ - $FeOOH$。铝的钝化膜是无孔的 γ - Al_2O_3，覆盖在它上面的是多孔的 β - Al_2O_3。此外，有些钝化膜是金属难溶盐组成的，如铬酸盐、硅酸盐、磷酸盐等都能对金属起到保护作用。近年来利用 x 射线及电子衍射、电子探针和电化学方法对钝化膜的成分、结构、厚度进行测定，钝化膜的厚度一般为 $1\sim10nm$，与金属材料有关。如铁在浓 HNO_3 中钝化膜厚度为 $2.5\sim3.0nm$，碳钢的钝化膜为 $9\sim10nm$，不锈钢的钝化膜为 $0.9\sim1.0nm$，不锈钢的钝化膜最薄，但最致密，保护性最好。

应该指出，金属处于稳定钝态时，并不等于它已经完全停止溶解，只是溶解速度大大降低而已。对这一现象，有人认为是因钝化膜具有微孔，钝化后金属的溶解速度是由微孔内金属的溶解速度决定。也有人认为金属的溶解过程是透过完整膜而进行的。由于膜的溶解是一个纯粹的化学过程，其进行速度与电极电位无关，这一结论在大多数情况下与实验结果相符。但是，如果金属表面被厚的保护层覆盖，如被金属的腐蚀产物、氧化层、涂层等所覆盖，则不能认为是薄膜钝化。

要能够生成一种具有独立相的钝化膜，其先决条件是在电极反应中能够生成固态反应产物。这可利用电位 - pH 图来估计简单溶液中生成固态物的可能性。一旦钝化膜形成，在适当条件下膜会继续增长。这可能是金属离子与阴极离子在膜/溶液界面上或在金属/膜界面上发生进一步作用的结果。

卤素等阴离子对金属钝化现象的影响有两方面。当金属还处于活化状态时，它们可以和水分子以及 OH⁻ 等在金属表面上竞争，延缓或阻止过程的进行。当金属表面上存在固相钝化膜时，它们又可以在金属氧化物与溶液之间的界面上吸附，借扩散和电场作用进入氧化膜内，成为膜层内的杂质组分。这种掺杂作用能显著的改变膜层的离子电导性和电子电导性，使金属的氧化速度增大。

二、吸附理论

吸附理论认为，金属钝化是由于金属表面生成氧或含氧离子的吸附层，改变了金属/溶液界面的结构，并使阳极反应的活化能显著提高而发生钝化。与成相膜理论不同，吸附理论认为金属钝化是由于金属表面本身反应能力降低了，而不是由于膜的隔离作用。

吸附理论的主要实验依据是测量界面电容的结果。测量界面电容是揭示界面上是否存在成相膜的有效方法。若界面上生成了很薄的膜，其界面电容要比自由表面上双电层电容的数值小得多。但测量结果表明，在 Cr18Ni19Ti 不锈钢表面上，金属发生钝化时界面电容变化不大。它表示钝化金属表面并不存在成相氧化膜。测量实现钝化所需电量的结果也表明，所需电量远不足以生成氧的单分子吸附层，即在金属表面上根本不需要形成一个单分子的氧就可引起极强的钝化作用。因此，吸附理论认为，只要在金属表面是活泼的，最先溶解的表面区域上（例如金属晶格的顶角或边缘或在晶格的缺陷、畸变处）吸附着氧单分子，便能抑制阳极过程，使金属钝化。

在金属表面吸附的含氧粒子究竟是哪一种，这是由腐蚀体系中的介质条件决定的，可能是 OH⁻，也可能是 O^{2-}，更多地认为可能是 O 原子。关于氧吸附层的作用有两种说法。

（1）从化学角度解释，认为金属原子未饱和键在吸附氧以后便饱和，使金属表面原子失去原有的活性，金属原子不再从其晶格中移出，从而出现钝化。这种看法适用于过渡金属（Fe、Ni、Cr 等），因其原子都具有未充满的 d 层电子，能和未配对电子的氧形成强的化学键导致氧的吸附。

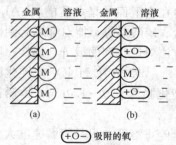

图 5-7　吸附氧前后的双电层结构示意
（a）金属离子平衡电位差（平衡电位）；
（b）吸附氧后形成的电位差（氧吸附电位）

（2）从电化学角度解释，认为金属表面吸附氧之后改变了金属与溶液界面双电层结构，所以吸附的氧原子可能被金属上的电子诱导生成氧偶极子，使得它正的一端在金属中，负的一端在溶液中，形成双电层，如图 5-7 所示。这样，原先的金属离子平衡电位将部分的被氧吸附后的电位代替，结果使金属总的电位正向移动，并使金属离子化作用减小，阻滞金属的溶解。

两种钝化理论都能较好地解释大部分实验事实，然而无论哪一种理论都不能较全面、完整地解释各种钝化机理。因此，在具体条件下，金属表面无论形成成相膜还是吸附性氧化膜，都可能成为钝化的原因。

第四节　金属的电化学保护

电化学保护是通过施加外电流将被保护金属的电位移向免蚀区或钝化区，以降低腐蚀速度。这是一种经济有效的控制措施。目前电化学保护技术已广泛应用于海洋工程、造船、石油化工及电力行业等。例如地下管道必须采用电化学保护，并成为一种标准的防腐蚀措施。电化学保护可单独采用，也可与涂层联合使用。按其保护原理不同，电化学保护可分为阴极保护和阳极保护。阴极保护是利用阴极极化来消除金属表面的电化学不均匀性，而阳极保护是利用阳极极化在金属表面生成一种钝化膜。

一、阴极保护

阴极保护是将被保护的金属作为阴极，施加一定的外加阴极电流，使阴极极化到一定电位，消除金属表面的电化学不均匀性，从而使金属得到保护。根据阴极保护技术不同，可分为外加电流的阴极保护法和牺牲阳极的阴极保护法。前者是将被保护金属设备与直流电源的负极相连接成为阴极，利用外加阴极电流进行阴极极化，以减轻或阻止金属腐蚀，如图 5-8 所示。后者是将被保护金属设备连接一种电位更低的金属或合金作为阳极，被保护的金属设备本身作为阴极，依靠阳极不断溶解所产生的阴极电流对被保护金属进行阴极极化，以减轻或防止腐蚀，如图 5-9 所示。

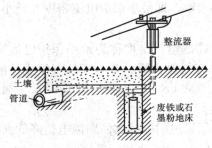

图 5-8 外加电流的阴极保护示意

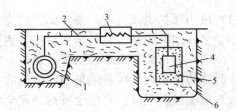

图 5-9 牺牲阳极保护示意

1—保护的管道；2—导线；3—可调节的电阻；
4—牺牲阳极；5—导电性回填物；6—土壤

（一）阴极保护原理

上述两种阴极保护方法，虽然外加阴极电流来源不同，但阴极保护原理是相同的。其目的都是借助于外加阴极电流使被保护金属成为阴极，进行阴极极化而得到保护。

当对金属进行阴极保护时（如外加直流电源），被保护金属接电源负极，选另一导体（金属或石墨）作为辅助阳极接电源正极，如图 5-10 所示。被保护金属通阴极电流以后，阴极电流集中在微电池中电位较高的阴极上，这时被保护的金属处于自身的电化学不均匀性所致的腐蚀原电池和外加阴极电流 $i_{c,外}$ 的综合作用下，结果使微阴极的电位负移，

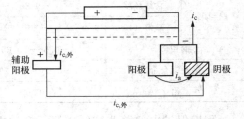

图 5-10 阴极保护电路分解

金属的电位降低。因此，原来腐蚀微电池中的阴、阳极电位差减小甚至变为等电位，微阳极的溶解过程减缓或停止。

阴极保护原理可用 Evans 腐蚀极化图形象和定量地说明，如图 5-11 所示。未加阴极保护时，金属腐蚀微电池的阳极极化曲线 $E_{0,a}A$ 和阴极极化曲线 $E_{0,c}C$ 相交与点 S（忽略溶液电阻），该点对应的电位为金属的腐蚀电位 E_{corr}，相应的电流为金属的腐蚀电流 I_{corr}。在腐蚀电流 I_{corr} 作用下，微电池阳极不断溶解，导致金属腐蚀。进行阴极保护时，由于向阴极

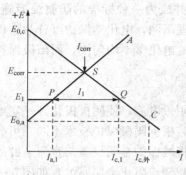

图 5-11　阴极保护原理示意

施加了阴极电流 I_1，金属的总电位由 E_{corr} 降低到 E_1，总的阴极电流 $I_{c,1}$ 中，I_1 是外加部分电流，$I_{a,1}$ 是由金属阳极腐蚀提供的电流。显然，这时金属微电池的阳极电流 $I_{a,1}$ 要比腐蚀电流 I_{corr} 小。金属腐蚀速度减小了，金属得到了部分的保护。继续增大阴极电流，腐蚀电位变得更低，当金属的腐蚀电位 E_{corr} 移到微电池阳极的初始电位 $E_{0,a}$ 时，金属上微电池的阳极电流为零，全部电流为外加阴极电流 $I_{c外}$，这时，金属表面上只发生阴极还原反应，金属溶解反应停止，金属得到完全的保护。可见，理论上要使金属得到完全的阴极保护，必须使金属阴极极化到金属腐蚀微电池的阳极初始电位。

（二）阴极保护的主要参数

判断金属是否达到完全保护，可以利用两个主要参数，即最小保护电流密度和最小保护电位。

（1）最小保护电流密度。使金属得到完全保护所需的电流密度称为最小保护电流密度，其大小受多种因素影响。它与金属种类、表面状态、有无保护膜、介质条件（组成、浓度、温度、流速）等有关，很难找到统一规律，其变化范围从 $1 \times 10^{-1} \sim 1 \times 10^2 \, mA/m^2$。通常根据实际测试的结果或根据经验来确定数值的大小。

（2）最小保护电位。要使金属达到完全保护，必须通过阴极极化使腐蚀电位降低到腐蚀微电池阳极的平衡电位，这时的电位称为最小保护电位。

最小保护电位的数值与金属种类、介质条件有关，可通过热力学计算，但实际上根据经验数据或通过实验来确定。表 5-1 为不同金属和合金在海水和土壤中的阴极保护电位。

表 5-1　　　　　　　　　　几种金属和合金的阴极保护电位　　　　　　　　　　（V）

金属或合金		参比电极		
		Cu/CuSO₄	Ag/AgCl	Zn
铁与钢	含氧环境	−0.85	−0.80	+0.25
	缺氧环境	−0.95	−0.90	+0.15
铜和金		−0.5～−0.65	−0.45～−0.60	+0.60～+0.45
铝及铝合金		−0.95～−1.20	−0.90～−1.15	+0.15～−0.10
铅		−0.60	−0.55	+0.50

阴极保护电位并非越低越好，超过规定的范围，除浪费电能外，还会引起析氢，导致附近介质 pH 值升高，破坏漆膜，甚至引起金属氢脆。

上述两个参数中，最小保护电位是主要参数，实际中主要检查阴极保护电位范围是否合格，而保护电流密度只要能保证实现这一保护电位范围即可。

上述主要参数在实际中需要经常监测和控制，以确保设备达到完全保护。

（3）腐蚀电池的极化特性。阴极保护的效率取决于腐蚀电池的阳极极化率与阴极极化率的比值。阳极极化率越低，阴极极化率越高，保护效率就越高。所以，如果阴极过程是受扩散控制的氧还原过程，则保护电位应在极限扩散电流范围，保护电流等于或稍大于氧的极限扩散电流；相反，如果阳极极化率较高，阴极极化率较低，不宜采用阴极保护。

此外，将阴极保护与涂层保护联合应用，涂层的空隙或缺陷等薄弱处就可以得到保护，所需保护电流比没有涂层时的裸金属小得多。目前，涂层加阴极保护的方法应用较多。

（三）牺牲阳极法阴极保护

牺牲阳极法是在被保护的金属上连接比被保护金属的电位更低的金属或合金，作为牺牲阳极（护屏器），靠牺牲阳极的不断溶解所产生的电流对被保护金属设备进行阴极极化，达到保护的目的，该法也称为护屏（器）保护。

牺牲阳极材料必须能与被保护的金属设备之间有足够大的电位差（一般为 0.25V 左右）。因此，要求牺牲阳极材料有足够低的电位，且阳极极化率要小；电容量要大，即消耗单位质量金属所提供的电量要多，单位面积输出电流要大；自腐蚀要小，电流效率要高；长期使用时保持阳极活化，不易钝化，能维持稳定的电位和输出电流；阳极溶解均匀，腐蚀产物疏松易脱落、不附着于阳极表面或形成高电阻硬壳；价廉易得，无公害等。常用的牺牲阳极材料有 Zn-0.6%Al-0.1%Cd、Al-2.5%Zn-0.02%In、Mg-6%Al-3%Zn-0.2%Mn、高纯 Zn 等。

（四）阴极保护系统设计

1. 外加电流的阴极保护系统设计

（1）外加电流的阴极保护系统。由图 5-10 可知，外加电流阴极保护系统包括辅助阳极、参比电极、直流电源及其他附件，如阳极屏、电缆及绝缘装置。

在外加电流阴极保护系统中，辅助阳极的作用是使电流从阳极经过介质施加到被保护金属设备的表面上。理想的阳极材料应具有以下的性能：导电性能好，阳极与电解质溶液之间的电阻率低，排流量大，耐腐蚀，耗电少，寿命长；具有一定的机械强度，耐磨损、冲击和震动，可靠性高；易加工成形，价廉易的。常用的辅助阳极材料及性能见表 5-2 所示。

表 5-2　　　　　　　　　　常用辅助阳极材料及性能

阳极材料		使用环境	允许电流密度（A/dm^2）	消耗率［kg/（A·a）］
可溶性	碳钢	水中，土壤	—	9
	铸铁	水中，土壤	—	2～9
	铝	淡水	0.1	2.4～4
微溶性	高硅铸铁	海水	0.5	0.3～1.0
	铅银合金	淡水，土壤	0.1	0.05～0.2
		海水	0.3	0.03
不溶性	镀铂钛	海水，淡水	10	6×10^{-6}
		土壤	4	6×10^{-6}
	石墨	海水	0.1	0.16
		淡水	0.025	0.04
	磁性氧化铁	海水	4.0	约 0.1
		土壤	0.1	约 0.1

参比电极用来测量被保护设备的电位并向控制系统传递信号，以便调节保护电流的大小，使设备金属的电位处于给定的范围内。因此，参比电极应具有以下性能：在长期使用中电位稳定且重现性好，不易极化，寿命长，具有一定的机械强度。通常使用 Ag/AgCl 电极、

Cu/CuSO$_4$ 电极、Zn 及其合金电极、甘汞电极做参比电极。

在外加电流阴极保护中，直流电源的作用是提供保护电流。直流电源应具有如下特征：长期应用时能可靠且稳定工作，保证有足够大的输出电流并可在较大范围内进行调节，有足够的输出电压，以克服系统中的电阻，易安装和操作，用作直流电源的有蓄电池、直流发电机、恒电位仪等。

外加电流阴极保护系统工作时，从阳极通过很大的电流，阳极周围被保护设备金属的电位往往很低，以致析氢，溶液 pH 值升高，使阳极附近的涂层破坏，破坏保护效果。为防止电流短路，扩大电流分布范围，确保阴极保护效果，在阳极周围涂装屏蔽层，即阳极屏。阳极屏应具有以下性能：有较高的黏附力和韧性，耐冲击、耐海水腐蚀，耐 Cl$^-$ 和 OH$^-$ 的侵蚀等。目前使用的阳极屏有涂层板、薄板和覆盖绝缘层的金属板。

（2）外加电流阴极保护系统设计。保护参数的选择很重要。保护参数的选择主要是确定保护所需的合适电流密度和电位，以达预期保护效果。参数偏低将使设备不能得到完全保护，过高会发生过保护现象。

保护电流密度的大小与金属材料、表面状态及介质条件有关。钢在各种环境中不受电偶影响时的保护电流密度见表 5-3。

表 5-3   钢在各种环境中所需的保护电流密度

环境	保护电流密度（mA/m^2）	环境	保护电流密度（mA/m^2）
无菌的中性土壤	4.3～16.1	静止的淡水	53.8
充气良好的中性土壤	21.5～43	流动的淡水	53.8～64.6
充气良好的干燥土壤	5.4～16.1	搅动及含 DO 的淡水	53.8～161.4
条件中等及恶劣的湿土壤	26.9～64.6	热水	53.8～161.4
酸性强的土壤	53.8～161.4	污染的河水口	53.8～161.4
有硫酸盐还原菌的土壤	451.9	海水	53.8～269
有热水排放管线的土壤	53.8～269	在槽中的化学品、酸或玻璃溶液	53.8～269
干混凝土	5.4～16.1	土壤（对涂层良好的钢）	0.1～0.2
湿混凝土	53.8～269	土壤（高压检验涂层良好的钢）	0.01

保护电位的选择是为了采用恒电位仪时给定一个电位值作为比较和控制，即为了检验阴极保护的效果，通过测量来考察设备金属表面的电位（特别是远离阳极的地方）是否达到了所需的电位值。对钢铁来说，在海水中保护电位范围为 $-0.95 \sim -0.80$V（Ag/AgCl 电极），在土壤中保护电位范围为 $-1.00 \sim -0.85$V（饱和 Cu/CuSO$_4$ 电极）。

1）计算保护电流   阴极保护所需的电流随时间延长而减小，故在设计时要计算最大保护电流，以满足阴极保护初期即外界条件恶化时的需要。

最大保护电流等于起始时平均保护电流密度与保护总面积的乘积为

$$I = i_{cw}S$$

式中 I——最大保护电流，A；

    i_{cw}——平均保护电流密度，A/m^2；

    S——保护总面积，m^2。

2) 确定电源容量主要是计算电源的额定输出电流和电压。电源额定输出电流 I_{max} 计算式为

$$I_{max} = I + I_t$$

即额定输出电流是将计算所得的最大保护电流 I 加上适当的裕量 I_t，并取一个整数。电源输出电压 U 计算式为

$$U = I_{max}(R_a + R_c + R_x) + \Delta E_{ac} + I_{max}(P_a + P_c + P_R)$$

式中　R_a、R_c、R_x——阳极与介质表面、阴极与介质界面、介质的电阻，Ω；

　　　　　ΔE_{ac}——系统短路时反电动势，V；

　　P_a、P_c、P_R——阳极极化、阴极极化、内电阻极化所引起的电压降，V。

电源输出功率 W 为

$$W = I_{max}U$$

根据电源容量的计算结果，来选择规格合适的电源装置。

3) 辅助阳极选择合适的阳极床位置，确定阳极安装方式（水平或垂直），确定合适的阳极材料、计算合适的阳极尺寸及数量等。确定是否需要绝缘装置或与其他设备连接。

总之，为了进行正确的设计，必须了解要保护的金属设备的情况（材料、尺寸、涂层、工作年限等），介质条件（含盐量、含氧量、温度、pH 值、电阻率、流速等），测试点、保护装置、材料规格等。

2. 牺牲阳极保护系统设计

(1) 计算阳极输出电流 I_a

$$I_a = \frac{\Delta E}{R}$$

式中　ΔE——驱动电位，指牺牲阳极闭路电位与被保护设备金属极化后的电位之差；

　　　R——电路电阻，通常取阳极电阻，它与介质的电阻率及阳极大小和形状有关。

几种形状的阳极电阻计算公式见表 5-4。

表 5-4　　　　　　　　　　　　阳极电阻的计算

阳极形状	示意图	计算公式	符号意义
长条状		$R_a = \dfrac{\rho}{2\pi L}\left(\ln\dfrac{4L}{r} - 1\right)$	ρ——介质电阻率，$\Omega \cdot cm$； L——阳极长度，cm；
板状		$R_a = \dfrac{\rho}{2S}$	r——$\sqrt{\dfrac{S}{\pi}}$，阳极当量半径，cm； S——阳极表面积（cm^2）；
镯形		$R_a = \dfrac{0.315\rho}{\sqrt{S}}$	$S = \dfrac{a+b}{2}$，阳极两边平均长度，cm（条件：$b \leqslant 2d$）

(2) 判断阳极使用寿命 τ。

$$\tau = \frac{mu}{eI}$$

式中　m——阳极的净质量，kg；

　　　u——阳极的利用系数，长条形阳极取 0.9，其他形状的阳极取 0.85；

　　　e——阳极的消耗率，kg/（$cm^2 \cdot a$）；

I——阳极的平均输出电流，A；

τ——阳极寿命，a。

（3）选择阳极形状和尺寸，牺牲阳极的布置，可参阅有关设计实用手册。

（五）联合保护

阴极保护与涂层联合防腐蚀的方法，目前已应用于地下管道、水闸及石油、化工设备的防腐蚀。通常情况下，设备采用单独的涂层防腐蚀时，常因涂层与设备结合力不太好而发生局部脱落，或因施工、安装过程中因不慎而产生局部脱落，影响涂层寿命。如果采用涂层与阴极保护联合防腐蚀，涂层上这些不可避免的缺陷处的裸体表面由于获得集中的保护电流而得到阴极保护，设备的检修周期可延长 2～3 倍。另外，涂层覆盖了绝大部分金属表面，只有局部涂层的破坏处或有针孔的地方，才需得到保护。所以，联合保护使用很小的保护电流可以保护大的设备，相对而言就可大大减小阴极保护所需的电流强度，降低电源功率，比单独采用阴极保护所消耗的电能少得多。

阴极保护还可与缓蚀剂联合防腐蚀。如在水中或其他腐蚀性介质中进行阴极保护时，在可能的条件下，应用缓蚀剂，不仅可大大减少缓蚀剂用量，而且阴极保护的效果可以有很大提高。例如，制冷系统中，在使用阴极保护的同时，使用铬酸盐作缓蚀剂，保护效果可大大提高。

二、阳极保护

与阴极保护相比，阳极保护是一种较新的防腐蚀技术。阳极保护法是将被保护的金属设备与外加电源的正极相连，在腐蚀介质中使其阳极极化到稳定的钝化区，金属设备得到保护。具有钝化性能的金属在某些化学介质中，如果通以一定的阳极电流，则在它的表面上生成一层具有很高耐腐蚀性能的钝化膜，即可达到防止金属腐蚀的目的。当然，只有在某种电解质溶液中能够建立和维持钝态的金属才可以采用阳极保护；否则，阳极保护会加速金属的阳极溶解。阳极保护的应用范围比较狭窄。在腐蚀介质中的金属设备，如果施加一定的阳极极化电流，能够形成钝化膜的情况，原则上都可以采用阳极保护。如石油、化工上常使用的碳钢、不锈钢等材料在硫酸、磷酸、有机酸等介质中均可以采用阳极保护。它对防止强氧化性介质如硫酸的腐蚀特别有效。阳极保护只要使用得当，不仅可防止全面腐蚀，而且可防止点蚀、应力腐蚀、晶间腐蚀等局部腐蚀。

为了判断腐蚀体系是否可以采用阳极保护，要根据用恒电位法测得的阳极极化曲线来进行分析。如果所测得的阳极极化曲线没有钝化特征，这种情况就不能采用阳极保护。若测得的阳极极化曲线有明显的钝化特征，才有采用阳极保护的可能性。在实施阳极保护时主要考虑以下几个参数：

（1）致钝电流密度 i_{pp}。i_{pp} 即金属在给定介质中达到钝态所需要的临界（钝化）电流密度，又称为初始钝化电流密度。i_{pp} 越小越好。因为 i_{pp} 小可减少耗电量和设备投资，而且还可减少钝化过程中金属设备的阳极溶解。

（2）钝化区电位范围。该范围是指开始建立稳定钝态的电位 E_p 与过钝化电位 E_{tp} 之间的范围，即 $E_p \sim E_{tp}$。它对实施阳极保护有重要意义。钝化区电位范围越宽越好，一般大于 50mV；否则，由于恒电位仪控制精确度不高，电位若超出这一范围，会造成严重的活化溶解或点蚀。

（3）维钝电流密度 i_p。i_p 表示金属在钝态下的腐蚀速度。i_p 越小，防护效果就越好，耗电也越少。对于含 Cl^- 的介质体系，阳极保护不能应用。这是由于 Cl^- 能使钝化膜发生局部破坏，会造成严重点蚀。

阳极保护系统的主要组成部分有辅助阴极、直流电源（恒电位仪）以及测量和控制保护电位的参比电极。除辅助阴极外，其他两项都与外加电流的阴极保护相类似。

三、阴极保护和阳极保护的比较

由于二者均属于电化学保护，所以均适于电解质溶液中金属的保护，都要求液相部分是连续的，而对气相部分均无效，都可以和涂层、缓蚀剂联合保护。阴极保护体系比较简单，阳极保护体系比较复杂。此外，二者具有以下不同点：

（1）保护范围不同。理论上讲，阴极保护可以保护几乎所有金属，而阳极保护只能保护在腐蚀介质中具有钝化性能的金属。

（2）介质的腐蚀性不同。阴极保护只能用于保护腐蚀性不太强的介质中的金属；阳极保护既可用于很弱的腐蚀介质中，也能用于极强的腐蚀介质中。在强腐蚀介质中，采用阴极保护所消耗的电流太大，不经济。

（3）保护电位偏离的后果不同。阴极保护时如果电位偏离保护电位，只是降低保护效果，不会产生电解腐蚀的危险；进行阳极保护时如果偏离钝化电位范围，则由于钝化金属的活化或过钝化而引起金属腐蚀，有加大腐蚀的危险。

（4）外加电流值意义不同。阴极保护的外加电流值不代表金属的腐蚀速度，阳极保护的外加电流值通常是被保护设备的腐蚀速度的直接量度。

（5）辅助电极不同。阴极保护的辅助电极——阳极，在电解质溶液中会受到阳极电流的电解破坏，要找到耐蚀的阳极材料不太容易，限制了阴极保护在某些腐蚀环境中的应用。阳极保护的辅助电极——阴极，本身受到阴极电流的保护。

（6）氢脆的危险性不同。在阴极保护时，如果施加给被保护设备的电位太低，会引起氢脆，破坏设备，特别是会给加压设备带来危险。阳极保护时，只可能使辅助电极产生氢脆，不会构成破坏设备的危险。

（7）参数测定的难易程度不同。阳极保护的几个保护参数较容易根据所测得的阳极极化曲线确定下来；阴极保护的参数需要较烦琐的试凑法才能确定，因为在阴极极化曲线上没有阳极极化曲线上那么明显的特征拐点。

（8）电流分散能力不同。阴极保护的电流分散能力较差，因为被保护金属的表面没有钝化膜；阳极保护的电流分散能力较好。因此，阴极保护所需要的辅助电极的数量比阳极保护要多。

（9）耗电能不同。阴极保护消耗的电能较大，尤其是在强腐蚀介质中更是如此。阳极保护只在致钝时需要大电流，在维钝时所需的电流很小。因此，阴极保护的日常操作费高于阳极保护。

四、阴极保护和阳极保护的选用原则

（1）从介质和被保护的材料性能考虑。当介质有强氧化性时，金属可以钝化，则优先考虑采用阳极保护。

（2）从被保护的设备所处的条件考虑。对于加压设备，为了避免产生氢脆的危险，要采用阳极保护。

（3）优先采用阴极保护。在两种保护技术均可用，保护效果相近的情况下，优先选用阴

极保护。

（4）两种阴极保护法的选择。在确定选用哪一种阴极保护时，凡是在电阻率高的环境中的大型金属结构体系，宜采用外加电流法。凡是在电阻率低的环境中的小型金属结构体系，宜采用牺牲阳极法。

思 考 题 与 习 题

1. 什么是金属的钝化？金属的阳极钝化和自钝化的区别是什么？

2. 金属阳极钝化曲线上各线段表征什么过程？有哪些特征参数？举例说明。

3. 何谓 Flade 电位？如何利用 Flade 电位来判断金属钝态的稳定性？举例说明。

4. 什么是金属的自钝化？金属发生自钝化的条件是什么？

5. 成相膜理论和吸附理论有何不同？各自有何局限性？

6. Cl^- 对金属钝化有什么影响？为什么？

7. 阴极保护原理是什么？如何确定阴极保护的基本参数？

8. 用腐蚀极化图分析在阴极控制、阳极控制、混合控制时所需的阴极保护电流的大小，试比较之。

9. Fe 在 0.5mol/L H_2SO_4 溶液中稳态钝化电流密度为 $7\mu A/cm$。计算每分钟有多厚的 Fe 原子层从光滑的电极表面上溶出？

10. Fe 在海水中以 $2.5g/(m^2 \cdot d)$ 的速度腐蚀。假设所有的腐蚀为氧去极化，计算达到完全阴极保护所需要的最小初始电流密度（A/m^2）。

11. 计算 Cu 在 0.1mol/L$CuSO_4$ 中达到完全阴极保护所必须极化到的最小电位（相对于 SCE）。

12. 比较阴极保护与阳极保护的异同。

第六章 金属的局部腐蚀

金属的腐蚀形态可分为均匀腐蚀（uniform corrosion）和局部腐蚀（localized corrosion）两大类，二者均属于电化学腐蚀，腐蚀机理均为腐蚀电池的作用。

均匀腐蚀的电化学过程特点是腐蚀电池的阴阳极微小、数量多、分布均匀，两极的电位差很小，且极易受环境条件的变化而逆转极性，一般肉眼分辨不出阴、阳极，因此腐蚀均匀地发生在整个金属表面。均匀腐蚀又称为全面腐蚀。

局部腐蚀的电池可明显分辨出阴、阳极，两极电位差较大，此电位差虽受环境变化影响，但很少发生极性逆转。而且阴极面积一般都远大于阳极面积，因此阳极区的腐蚀速度也远大于均匀腐蚀时的腐蚀速度。这类腐蚀在热力设备中存在较为普遍，其危害性远大于均匀腐蚀。全面腐蚀和局部腐蚀的主要区别见表6-1。

表 6-1　　　　　　　　　全面腐蚀和局部腐蚀的比较

项目	全面腐蚀	局部腐蚀
腐蚀形态	腐蚀均匀分布在整个表面	腐蚀破坏集中在某一区域
腐蚀电池	阴、阳极易逆转，两极难以分辨	阴、阳极可以分辨
电极面积	阴、阳极面积相等	阳极面积远小于阴极面积
电位	阳极电位＝阴极电位＝腐蚀电位	阳极电位比阴极电位低
腐蚀产物	可能对金属有保护作用	无保护作用

引起局部腐蚀的腐蚀电池多种多样，按照金属发生局部腐蚀的条件、机理或外表特征，可将常见的局部腐蚀分为电偶腐蚀、点腐蚀、缝隙腐蚀、晶间腐蚀、选择性腐蚀、应力腐蚀、磨损腐蚀、氢损伤等。

第一节 电偶腐蚀

具有不同电位的两种或两种以上金属在电解质溶液中接触时，形成电偶（即宏观腐蚀电池），电位较低（较活泼）的金属为阳极，其腐蚀速度明显增大，而电位较高（较不活泼）的金属为阴极，腐蚀速度减缓，这种现象称为电偶腐蚀，又称为双金属接触腐蚀。

电偶腐蚀是一种最普遍的局部腐蚀类型，例如，黄铜部件和纯铜部件在热水中接触时，会造成黄铜腐蚀加速，发生脱锌现象。如果把黄铜部件接到一个镀锌的钢管上，则连接面附近的镀锌层变为阳极而被腐蚀，接着钢管也将逐渐被破坏，而黄铜却作为阴极被保护。有时，虽然两种金属没有直接接触，但在有些环境下也会发生电偶腐蚀。例如，循环冷却水中的铜部件因腐蚀而脱落下来细小的铜粒，这些铜粒通过扩散沉积到碳钢设备表面，形成微电偶腐蚀电池，可引起碳钢的严重腐蚀。实际中这样的例子很多，因此了解电偶腐蚀形成机理并掌握其控制途径非常重要。

一、电偶腐蚀的形成机理

设有两种腐蚀电位不同的金属 M_1 和 M_2，在偶接之前的自腐蚀电位分别为 E_1 和 E_2，且 $E_1 < E_2$。如果把它们分别放入酸性介质中，两种金属便各自发生氢去极化腐蚀，具有各自的腐蚀电流 i_1 和 i_2。电极反应为

金属 $\qquad\qquad\qquad\qquad M_1 M_1 \longrightarrow M_1^{n+} + ne \qquad\qquad\qquad (i_{a,1})$

$$2H^+ + 2e \longrightarrow H_2 \qquad\qquad\qquad (i_{c,1})$$

金属 $\qquad\qquad\qquad\qquad M_2 M_2 \longrightarrow M_2^{n+} + ne \qquad\qquad\qquad (i_{a,2})$

$$2H^+ + 2e \longrightarrow H_2 \qquad\qquad\qquad (i_{c,2})$$

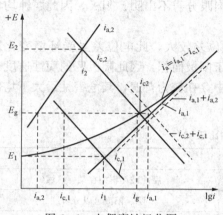

图 6-1　电偶腐蚀极化图

如图 6-1 所示，i_1 和 E_1 是由金属 M_1 的理论阳极极化曲线 $i_{a,1}$ 和阴极极化曲线 $i_{c,1}$ 的交点所决定；i_2 和 E_2 是由金属 M_2 的理论阳极极化曲线 $i_{a,2}$ 和阴极极化曲线 $i_{c,2}$ 交点所决定。曲线 i_a 是 M_1 的实际阳极极化曲线，代表金属 M_1 上的氧化反应速度 $i_{a,1}$ 与原反应速度 $i_{c,1}$ 之差，即 $i_a = i_{a,1} - i_{c,1}$。

当把 M_1 和 M_2 在介质中直接接触时，便构成一个宏观电偶腐蚀电池，电偶电流从 M_2 流向 M_1 并发生两极极化，M_1 为阳极，发生阳极极化；M_2 为阴极，发生阴极极化。两金属偶接后总的混合电位是 E_g，即电偶电位。它是由总的氧化反应曲线 $i_{a,1} + i_{a,2}$ 和总的还原反应曲线 $i_{c,1} + i_{c,2}$ 的交点 S 所决定。

由交点 S 作水平线，与纵轴相交得 E_g，水平线 E_gS 与阳极极化曲线 i_a 的交点可得电偶电流 i_g，E_gS 与 $i_{a,1}$ 和 $i_{c,1}$ 曲线的交点可得 i_{a1} 和 i_{c1}；同样与 $i_{a,2}$ 和 $i_{c,2}$ 曲线的交点可得 i_{a2} 和 i_{c2}。可以看出，两种金属组成腐蚀电偶后，M_1 的腐蚀速度由 i_1 增加到 $i_{a,1}$；M_2 的腐蚀速度却由 i_2 减小到 $i_{a,2}$。这样，阴极性金属因阴极极化其腐蚀速度减小而被保护；而阳极性金属因阳极极化加大了腐蚀速度，这就是电偶腐蚀原理。

由以上分析可知，电偶腐蚀使电位较低的金属腐蚀加速，特别是在两金属交界处的腐蚀最为严重；电位较低金属的加速腐蚀又使电位较高的金属得到保护。工程上根据这一原理来保护金属，称为牺牲阳极保护法。

产生电偶腐蚀的动力是两种金属的腐蚀电位差，因此要估计电偶腐蚀倾向和不同金属的极性，可查取金属或合金的电偶序进行判断。表 6-2 为一些金属和合金在海水中的电偶序。在电偶序中通常只列出金属稳定电位的相对关系，很少列出具体金属的稳定电位，其原因是实际腐蚀介质变化较大。电偶序中相距越远的金属或合金，构成电偶时产生的电位差就越大，越不易相耦合或接触。

需要注意的是，电偶序只能用于判断电偶腐蚀发生的可能性和腐蚀程度的可能性大小，而不能准确判断这种腐蚀是否一定发生，也不能给出准确的腐蚀速度大小，这是因为影响电偶腐蚀的因素较为复杂。

二、影响电偶腐蚀的因素

1. 电偶序

电偶序是根据金属材料在具体腐蚀介质中腐蚀电位大小排列的顺序，显然，金属之间的

电位差越大，腐蚀的可能性和腐蚀速度就越大。但需要注意的是，电偶序不能定量说明实际的腐蚀速度，而且由于金属在不同介质中的腐蚀电位不同，所以相同金属在不同介质中的电偶序并不相同。

表 6 - 2　　　　　　　　　　　一些工业金属和合金在海水中的电偶序

↑ 钝 性 金 属	铂				黄铜
	金				哈氏合金 B（Hastelloy B，60Ni30Mo6Fe1Mn）
	石墨				因科镍合金（Inconel）（活化态）
	钛				镍（活化态）
	银				锡
	哈氏合金 C（Hastelloy C，62Ni17Cr15Mo）				铅
	18 - 8 钼不锈钢（钝态）				18 - 8 钼不锈钢（活化态）
	18 - 8 不锈钢（钝态）				18 - 8 不锈钢（活化态）
	11%～30%Cr 不锈钢（钝态）				13%Cr 不锈钢（活化态）
	因科镍合金（Inconel，80Ni13Cr7Fe）（钝态）				铸铁
	镍（钝态）			活 性 金 属	碳钢或铁
	蒙耐尔合金（Monel，70Ni30Cu）（钝态）				工业纯铝
	铜镍合金（60～90Cu，40～10Ni）				镉
	青铜（Cu - Sn）				工业纯锌
	铜			↓	镁或镁合金

2. 腐蚀介质的影响

（1）介质的成分。如前所述，金属在不同介质中的电偶序不同，因此电偶对的阴、阳极可能发生逆转，腐蚀速度明显改变。例如，Cu - Fe 电偶对在中性 NaCl 溶液中铁为阳极，若介质中含 NH_4^+，则铜变为阳极，铁变为阴极。

（2）介质温度。介质温度不仅影响腐蚀速度，而且有时会改变金属表面膜或腐蚀产物的结构，从而使阴、阳极逆转。例如 Zn - Fe 电偶对在冷水中锌为阳极，但在热水中锌变为阴极被保护。

（3）介质的 pH 值。介质 pH 值的变化可能改变电极反应，引起电位的变化，从而改变电偶对的极性。例如，Mg - Al 电偶对在酸性或弱碱性的 NaCl 溶液中，Mg 作为阳极被加速腐蚀，但随着 Mg 的腐蚀溶解，溶液变为碱性，电偶对极性发生逆转，Mg 因此变为阴极而被保护。

（4）介质的搅拌强度或流动状况。对介质加强搅拌或改善流动状况，可减小或消除浓差极化，可能改变充气条件和金属表面状态，引起电偶极的逆转。例如，不锈钢 - 铜电偶对在充气不良的海水中不锈钢处于活化状态而为阳极，但在充气良好的流动海水中却处于钝化状态成为阴极。

（5）介质的导电性。介质的导电性较差时，电偶电流不易分散到离双金属接触点较远的金属表面上，阳极受到的腐蚀较集中，因此接触区附近较活泼的金属受到的破坏就严重。

3. 阴阳极的面积比

大阴极小阳极的电偶对会造成更严重的腐蚀，因为阴、阳极的电流是相等的，当阳极面积较小时，其腐蚀电流密度大，即腐蚀速度大。如图 6 - 2（a）、（b）所示，将铜铆钉铆接的钢板和钢铆钉铆接的铜板同时放在海水中浸泡一定时间后，发现用铜铆钉铆接钢板属于小阴极大阳极结构，虽然钢板也遭受腐蚀，整个结构破坏的危险性较小；而用钢铆钉铆接铜板属于大阴极小阳极结构，钢铆钉遭受严重腐蚀，这是很危险的。由图 6-2（c）可知，随着阴极面积对阳极面积的比值的增加，阳极的腐蚀速度增加。

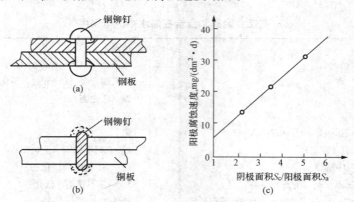

图 6-2　阴、阳极面积比对电偶腐蚀速度的影响
（a）钢板腐蚀不严重；（b）钢铆钉在铜板上严重腐蚀；
（c）阳极腐蚀速度和银、阳极面积比关系

三、电偶腐蚀的控制

根据以上讨论，可采取以下一种或几种方法联合防止或减轻电偶腐蚀：

（1）力求避免双金属相接触，或在选材时尽可能选择电偶序中位置相近的金属材料搭配。对于没有现成电偶序的特殊腐蚀介质，应进行必要的可行性试验。

（2）切忌组成大阴极小阳极的危险结构。

（3）施工时可在不同金属之间的连接处或接触面采取绝缘措施，如法兰盘连接处用绝缘材料或垫圈等，避免不同金属直接接触。

（4）采用适当的涂层或金属镀层进行保护。需要注意的是，在使用涂层时需谨慎，必须把涂料涂覆在阴极材料上，以显著减小阴极面积。如果只涂覆在阳极性金属上，由于涂层的多孔性或局部脱落，必然会产生严重的大阴极小阳极的危险结构。

（5）在介质中添加缓蚀剂或连上更活泼的金属进行阴极保护。

（6）设计设备时，应考虑阳极部件易于更换，或加大阳极尺寸以延长寿命。

第二节　缝　隙　腐　蚀

电解质溶液中，当金属之间或金属与非金属之间接触时，在相接处会形成狭小的缝隙，缝隙处金属常常会发生强烈的局部腐蚀，这种腐蚀形态称为缝隙腐蚀。缝隙腐蚀常与孔穴、搭接缝、垫片底面、沉积物、螺帽、铆钉等处存在少量不易流动的溶液有关，因此有人称之为沉积物腐蚀。

缝隙腐蚀由于发生在缝隙内，使在缝隙内的金属表面产生深坑、蚀孔或变粗糙，不易被发现，比较隐蔽，危害性较大。

一、缝隙腐蚀机理

缝隙腐蚀的产生机理较复杂，过去一直用浓差电池理论进行解释，认为是由于缝隙内外氧的浓度不同，形成氧浓差腐蚀电池，使缝隙内金属和缝隙外暴露的金属分别成为阳极区和阴极区，由此产生缝隙腐蚀。随着对缝隙腐蚀研究的不断深入，人们认识到，虽然缝隙腐蚀时存在氧浓差，但这只是腐蚀的起因，不是主要原因，而闭塞电池引起的酸化自催化作用是造成加速缝隙腐蚀的根本所在。

为了说明缝隙腐蚀的机理，假想把两个由铆钉连接在一起的铁制法兰浸在充空气的海水中，海水的 pH≈7。这时金属法兰受到电化学腐蚀，反应式为

阳极反应 $$Fe \longrightarrow Fe^{2+} + 2e$$

阴极反应 $$O_2 + 2H_2O + 4e \longrightarrow 4OH^-$$

上述腐蚀反应在初始阶段是均匀地发生在整个法兰表面，每生成一个 Fe^{2+}，产生两个电子，随即被氧吸收，金属与溶液中的电荷守恒，此时缝隙内外的腐蚀速度保持相等。

当腐蚀进行一段时间后，到后期阶段，由于缝隙内对流不畅，使得缝隙内溶液的溶解氧得不到补充，于是形成闭塞电池，还原反应在供氧较充分的缝隙外部进行，而缝隙内部却集中发生氧化反应。这样，虽然缝隙内氧的阴极还原反应已停止，但铁的阳极溶解继续进行，于是会产生过多的正电荷（Fe^{2+}），吸引缝隙外的 Cl^-，使 Cl^- 迁移进入保持电中性。此时 OH^- 也会迁移进来，但其迁移速度不及 Cl^-，迁移的量也少得多，这样缝隙内的金属氯化物浓度增加。

除碱金属（钾、钠）以外，其他金属盐类（包括氯化物和硫酸盐）在水中会发生水解反应，生成 H^+ 使缝隙内溶液酸化，pH 值下降，促进缝隙内铁的进一步腐蚀。以 $FeCl_2$ 水解为例，反应式为

$$FeCl_2 + 2H_2O \longrightarrow Fe(OH)_2 + 2H^+ + 2Cl^-$$

$$Fe \longrightarrow Fe^{2+} + 2e$$

Fe^{2+} 浓度的增加会促进 Cl^- 向缝隙内迁移，形成的 $FeCl_2$ 水解，缝隙内的溶液又会进一步酸化而加速腐蚀。如此恶性循环，自催化，通常在含氯化物的介质中较严重。这与上述的机理相吻合。图 6-3 所示为缝隙腐蚀的初期阶段和后期阶段。

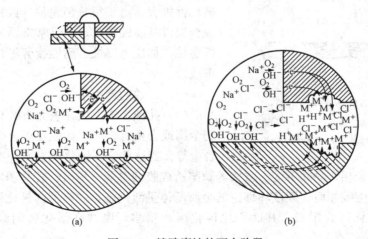

图 6-3 缝隙腐蚀的两个阶段
(a) 前期阶段；(b) 后期阶段

缝隙腐蚀常常伴有一个很长的孕育期，有时需要半年或一年以上腐蚀才开始，腐蚀一旦开始，就不断地加速发展。

二、影响因素

1. 缝隙的宽度

研究表明，能引起缝隙腐蚀的敏感缝隙一般为 0.025～0.1mm，太窄的缝隙不利于腐蚀介质的侵入和存留，太宽的缝隙不致引起明显的氧浓差。

2. 金属的性质

表面有耐蚀性氧化膜或钝化膜的金属与合金对缝隙腐蚀较为敏感。

3. 介质的性质

介质中有 Cl^- 时，易发生缝隙腐蚀。

三、控制缝隙腐蚀的途径

设计中应尽可能避免缝隙。如果不可避免，应科学设计缝隙的几何尺寸，控制缝隙腐蚀。要合理使用垫片，力求采用不吸湿的材料（如聚四氟乙烯）。长期停用时应取下湿的垫片和填料。可采用电化学方法（如阴极保护法）或在结合处涂刷带缓蚀剂的油漆进行防护。如对钢可使用加有 $PbCrO_4$ 的油漆，对铜可使用加有 $ZnCrO_4$ 的油漆。适当加大介质流动速度也有利于避免或减轻缝隙腐蚀。

此外，可采用耐缝隙腐蚀的材料。一般 Cr、Mo 含量高的合金，以及 Cu‐Ni、Cu‐Sn、Cu‐Zn 等合金具有较好的抗缝隙腐蚀性能。

第三节　孔　　蚀

在金属表面的局部区域产生并向深处发展的孔、坑状腐蚀叫孔蚀或点蚀。蚀孔的直径可大可小，深度不一，有的蚀孔可孤立存在，有的密布于金属表面，有的使金属表面变得粗糙。其形貌如图 6‐4 所示。

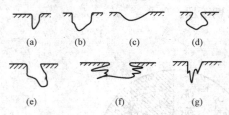

图 6‐4　各种点蚀的形貌
(a) 窄深；(b) 椭圆形；(c) 宽浅；
(d)、(e) 在表面下面；(f) 水平形；(g) 垂直形

孔蚀是一种极端的局部腐蚀形态，隐蔽性强、破坏性极大。由于很难预先估计或检测，往往会造成金属设备腐蚀穿孔，而且常常诱发其他形式的局部腐蚀，如应力腐蚀、腐蚀疲劳等，导致灾难性的事故。

一、孔蚀的产生条件

（1）孔蚀多半发生在表面有钝化膜或有保护膜的金属或合金材料上，如铝及铝合金、不锈钢、钛合金等。当这些金属钝化膜表面存在机械裂缝、擦伤、夹杂物或合金相、晶间沉淀、空穴等缺陷造成膜的厚薄不均时，容易诱发局部破坏。当表面膜上某点发生破坏后，膜破坏部位的金属基体呈活化态，并与周围钝化膜形成活化‐钝化腐蚀电池，活化区为阳极，其面积比钝化区小得多，腐蚀在活化区向纵深发展，形成孔蚀。

此外，在镀层（如钢上镀铬、镀镍、镀锡、镀铜等）的孔隙处会引起底部钢件的点蚀。因为这些镀层上某点发生破坏时，破坏区下的金属基体与镀层末破坏区形成电偶腐蚀电池，这种大阴极小阳极格局使腐蚀向深处发展，以致形成小孔。

（2）孔蚀发生在有特殊离子的腐蚀介质中，即有氧化剂（如氧）并同时有活性阴离子存

在的介质中。例如不锈钢在含 Cl^- 的腐蚀介质中特别敏感。在阳极极化条件下，如果介质中含有 Cl^-，不锈钢很易发生孔蚀，而且随着 Cl^- 浓度增加孔蚀会加速。其他阴离子如 Br^-、$S_2O_3^{2-}$、I^-，以及过氯酸盐、硫酸盐等也可诱发孔蚀。因此，活性阴离子的存在是孔蚀发生的必要原因。

（3）孔蚀的发生需要在某一临界电位以上，该电位称为孔蚀电位（或击穿电位）。图 6-5 所示为由动电位测量的可钝化金属的阳极极化曲线。可以看出，只有在金属表面局部地区的电位达到或超过孔蚀电位 E_b 时，阳极电流密度显著增大，钝化膜被破坏，才发生孔蚀。如果将极化曲线在确定的电流密度值 i_e 进行回扫，这时正反阳极极化曲线相交于 P 点，P 点所对应的电位 E_{rp} 称为再钝化电位或孔蚀保护电位。当合金电位大于 E_b 值，孔蚀迅速发生、发展。当处于 $E_b \sim E_{rp}$ 之间时，不再产生新的孔蚀，但已产生的孔蚀会继续发展长大。当小于 E_{rp} 值时，金属处于钝化，孔蚀不发生。所以 E_b 值越高，表征材料耐孔蚀性能就越好，E_b 值和 E_{rp} 值越接近，说明钝化膜的修复能力就越强。

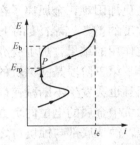

图 6-5　动电位扫描测量可钝化金属典型"环状"阳极极化曲线

二、孔蚀机理

研究表明，蚀孔常常产生在金属表面膜不完整、表面有夹杂物或晶体有缺陷处，在这些点附近，金属的阳极溶解快，形成相当于缝隙作用的腐蚀坑，蚀孔内外存在氧浓差电池，使已产生的蚀孔不断发展。孔蚀的发生和发展过程一般可分为三个阶段。

第一阶段是孔蚀坑的发生阶段。研究表明，孔蚀的发生与金属表面钝化膜的局部区域在达到给定条件下的临界电位后阳极氧化膜要击穿有关。当介质中有活性阴离子（如 Cl^-）时，它们优先吸附在钝化膜的缺陷处，并和钝化膜中的阳离子结合成可溶性氯化物。在钝化金属表面形成第一批活性溶解点，这些点称为蚀核。蚀核生长到孔径等于 $20 \sim 30 \mu m$、宏观可见时才称为蚀孔。

钝化膜的破裂通常与金相组织上某种畸变或钝化膜成分上的某种变化有关。例如，晶界上有碳化物沉积物，钝化膜有硫化物夹杂以及位错露头，异种原子嵌入晶格等都可能成为钝化膜破裂的原因。

第二阶段是孔蚀坑的生长阶段。在表面膜被破坏的部位，金属呈活化状态成为阳极，而未受破坏处仍处于钝态成为阴极。于是在蚀孔内外构成一个活化－钝化电池，它具有大阴极小阳极的特点，阳极电流密度很大，蚀孔遭受腐蚀，而孔外钝化金属表面受到阴极保护。

以不锈钢在充气的含 Cl^- 离子介质中的腐蚀为例，蚀孔内主要发生阳极溶解，形成 Fe^{2+} 和 Cr^{3+}、Ni^{2+} 等离子。蚀坑外的主要反应为

$$O_2 + 2H_2O + 4e \longrightarrow 4OH^-$$

不锈钢在充气的含 Cl^- 介质中的孔蚀示意如图 6-6 所示。

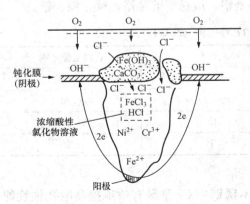

图 6-6　不锈钢在充气的含 Cl^- 介质中的孔蚀示意

氧在钝化的阴极区被还原，在阳极区 $Fe \longrightarrow Fe^{2+}$，在 Fe^{2+} 扩散通过锈层时被溶解氧氧化，最后在锈层上不断生成 $Fe(OH)_3$。它以蘑菇状罩在蚀坑口，形成一个多孔的壳。随着腐蚀的进行，蚀坑外表面介质的 pH 值逐渐升高，水中的可溶性盐如 $Ca(HCO_3)_2$ 将转化为 $CaCO_3$ 沉淀。结果垢层和锈层一起堆积在蚀坑口形成闭塞电池。由此造成蚀孔内外物质交换更加困难，金属离子在蚀孔内的积累产生过多的正电荷，导致水解引起蚀孔内溶液出现高浓度的 H^+，高浓度的 H^+ 和 Cl^- 又会加速金属腐蚀速度，这就是孔蚀的自催化作用。自催化作用的结果，加上受介质重力的影响使蚀孔不断向深处发展，严重的可把金属断面蚀穿。

第三阶段是孔蚀坑的再钝化。在孔蚀发展过程中，不仅有自催化作用不断加速的倾向，而且也会发生不断减速最终停止发展的现象，这就是孔蚀的再钝化。孔蚀坑的再钝化条件是蚀坑中金属的电位向负方向移动，离开孔蚀电位，重新进入钝化区。因为随着蚀坑向深处发展，蚀坑底部与蚀坑口之间溶液的欧姆压降增大，使蚀坑内外金属的电位相差几十毫伏以上，给再钝化创造了条件。当孔底金属的电位降至再钝化电位时，可实现孔蚀的再钝化。

三、孔蚀与缝隙腐蚀的比较

孔蚀和缝隙腐蚀虽然有很多相似之处，但它们存在着以下差异：

（1）二者的形成过程不同。缝隙腐蚀发生在已存在的缝隙中，缝隙的闭塞效应形成闭塞电池，加速腐蚀发生在腐蚀早期；孔蚀则起源于金属表面的腐蚀，在腐蚀过程中逐渐形成闭塞电池，加速腐蚀发生相对较晚。

（2）缝隙腐蚀几乎可发生在所有的介质中和所有金属上，而孔蚀一般仅发生在含有活性阴离子的介质中，且多与易钝化金属或合金有关。

此外，缝隙腐蚀较广而浅，而孔蚀较窄而深。

四、孔蚀的影响因素

影响孔蚀的因素很多，但概括起来说有两个方面，一是金属和合金材料性质的影响，二是溶液自身特性的影响。

（一）金属和合金材料的性质

1. 金属本身的性质

金属本身对孔蚀倾向有重要影响，具有自钝化特性的金属或合金，一般对孔蚀的敏感性较高，钝化能力越强就越敏感。表 6-3 为几种金属和合金在氯化物介质中耐孔蚀的性能。在 25℃下，0.1mol/L NaCl 溶液中最易发生孔蚀的是铝，最稳定的是铬、钛、镍、锆。

表 6-3　　　　　　　　0.1mol/L NaCl 溶液中各金属的孔蚀电位（25℃）

金属	孔蚀电位（V）	金属	孔蚀电位（V）
Al	−0.40	30%Cr-Fe	0.62
Ni	0.28	12%Cr-Fe	0.20
Zn	0.46	Cr	1.00
18-8 不锈钢	0.26	Ti	1.20

2. 合金元素的影响

不锈钢中的合金成分对抗腐蚀性有较大影响，不锈钢中 Cr 是最有效地提高耐孔蚀性能的合金元素。随着 Cr 含量的增加，孔蚀电位向正方向移动。在 Cr 含量一定时，增加 Ni 含量，也能起到减轻孔蚀的作用。

低含碳量（0.002%）的合金钢对孔蚀有较高的抗蚀性，电子束重熔的超低 C 和 N 的 Mo 不锈钢具有最高的耐孔蚀性能。

金属的化合物夹杂物如硫化物（包括 MnS）可以成为孔蚀核，氧化物夹杂物可使钢的孔蚀电位负向移动，使钢的抗蚀性下降。

3. 金属的表面状态和表面处理

一般情况下，光滑清洁的金属表面不易发生孔蚀，经冷加工的粗糙表面或加工后残留在金属表面上的焊渣、其他渣屑等都易引起孔蚀。热处理也会影响抗蚀性，不锈钢和铝合金在某些温度下进行回火或退火等热处理，能生成沉淀相，从而增加孔蚀倾向。奥氏体不锈钢经 980℃固熔淬火后有最大的抗蚀性，在 650℃回火后却显著降低了其抗蚀性。

（二）介质的性质

1. 介质中各种离子的作用

金属的孔蚀多发生在含 Cl^- 的溶液中，Br^- 也有同样的作用。F^- 不引起孔蚀，但它使钝化金属或合金表面的均匀溶解速度加快。介质中的 Fe^{3+} 和 Cu^{2+} 可以作为氧化剂进行还原反应，从而促进孔蚀。介质中某些含氧阴离子（如 OH^-、NO_3^-、SO_4^{2-} 等）对点蚀有一定的抑制作用，其原因可能是在竞争吸附中，它们在金属表面排斥 Cl^-，从而阻碍孔蚀的发展。

2. 溶液 pH 值的影响

由于 OH^- 对孔蚀有一定的抑制作用，在碱性介质中金属不易发生孔蚀，而且金属的孔蚀电位随溶液 pH 值升高而升高。

3. 介质的温度

一般情况下，介质的温度升高时，金属的孔蚀电位降低，孔蚀加速。但当温度升高到一定程度时，由于介质中溶解氧含量下降，孔蚀坑的数目虽然急剧增多，但蚀坑的平均深度和最大深度变化不大甚至下降。例如，在 NaCl 溶液中不锈钢于 90℃时达到最大的孔蚀速度，温度继续升高，孔蚀速度反而下降。

4. 介质的流速

加大介质流速对孔蚀有抑制作用。流速的增大一方面促使溶解氧向金属表面扩散，使钝化膜易于形成；另一方面可减少金属表面沉积物数量，消除闭塞电池的自催化作用，使孔蚀受到抑制。但如果流速过大出现湍流时，钝化膜经不起冲刷破坏，会出现冲刷腐蚀和磨损腐蚀。

五、孔蚀的控制

1. 选择耐孔蚀的材料

加入抗孔蚀的合金元素，降低有害元素的影响是控制孔蚀的根本措施。例如，在不锈钢中提高钼和铬的含量可获得优良的抗孔蚀性能，即高钼和高铬配合效果显著。但需注意，对这些钢必须进行正确的热处理。降低刚中的含碳量，使之低于 0.03%。降低硫化物杂质，可明显提高抗孔蚀能力。

2. 改善介质条件

降低或去除介质中 Cl^- 等活性阴离子及 Fe^{3+}、Cu^{2+}、Hg^{2+} 等有害阳离子，提高介质的 pH 值，降低介质温度均有利于抑制腐蚀倾向。

3. 电化学保护

通过实施阴极保护把金属材料的电位降至临界孔蚀电位以下，或采用阳极保护把金属电位移到钝化区均可起到防止孔蚀的作用。

4. 加入缓蚀剂

选择适宜的缓蚀剂，增加钝化膜的稳定性或钝化膜的修复能力，有利于预防和控制孔蚀的发生。常用的缓蚀剂有硝酸盐、铬酸盐、硫酸盐和碱性物质等。但这些缓蚀剂多对环境有害，使用时必须防止对环境造成污染。

第四节　晶　间　腐　蚀

金属是由许多晶粒组成的，晶粒与晶粒之间叫晶间或晶界。在特定的腐蚀介质中，当金属材料沿晶界或临近区域产生强烈腐蚀，而晶粒的腐蚀相对较小时，称这种局部腐蚀形态为晶间腐蚀或晶界腐蚀。

金属发生晶间腐蚀以后，其外貌可能没有明显的变化，但是金属原有的物理、机械性质几乎完全丧失。因此晶间腐蚀是一种危险的局部腐蚀，会造成设备突发性破坏。许多金属或合金的晶间比晶粒活泼，可形成晶间腐蚀。这种腐蚀常常发生在不锈钢、铝铜合金、镍合金等设备的焊口附近，或这些合金在一定温度下加热一定时间后，也容易产生晶间腐蚀。

一、腐蚀机理

根据现代腐蚀理论，金属或合金在某些环境介质中发生晶间腐蚀的因素有两点：①金属或合金本身存在晶核、晶界化学成分的差异，其电化学特性也随之不同，因而具有晶间腐蚀的倾向；②腐蚀介质可以将晶核和晶界之间的电化学性质的差异显示出来，当晶界的溶解电流速度大大高于晶粒本身的溶解电流速度时，便产生了晶间腐蚀。

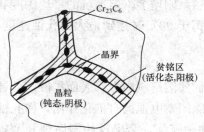

图 6 - 7　奥氏体不锈钢晶间腐蚀电池

晶间腐蚀的机理主要是贫化理论。贫化理论认为，由于晶间析出新相，造成晶界区某一成分贫乏，使晶界区和晶粒本体之间产生电位差，在腐蚀介质中晶界区成为阳极，晶粒本体成为阴极，晶界区金属被不断腐蚀。贫化理论可以很好地解释奥氏体不锈钢的晶间腐蚀。图 6 - 7 所示为这一腐蚀过程的贫化理论模型。

奥氏体不锈钢若回火加热到 $450 \sim 880 ℃$，特别是在 $650 \sim 700 ℃$，晶界上会析出富铬的 $Cr_{23}C_6$ 相，生成 $Cr_{23}C_6$ 相所需的 Cr 和碳是由晶内向晶界扩散来补充，由于 Cr 的扩散速度较慢，在形成 $Cr_{23}C_6$ 相的同时，在晶界附近区域 Cr 含量明显下降，出现贫铬区。此区域的 Cr 含量大大低于钝化所需的临界浓度（12%），严重时 Cr 含量可接近零。结果，以活化态的晶界贫铬区为阳极，钝化态的晶粒本体为阴极构成活化 - 钝化电池，晶界处开始腐蚀溶解。而且晶界区的面积一般远小于晶粒的面积，造成大阴极小阳极的格局，作为阳极的晶界区发生加速腐蚀，并沿着晶界向纵深发展，直到完全破坏晶粒间的结合。

由于在晶粒和晶界之间 Cr 的浓度相差较大，而碳的浓度相差小，随着回火时间的延长，Cr 的扩散速度将超过碳的扩散速度，最终使晶粒和晶界之间 Cr 的浓度趋于均匀化。这样又会使晶间的耐腐蚀性重新上升，晶间腐蚀敏感性减小。

　　图 6-8 所示为材料的晶间敏感性与回火温度的
关系，其中画线部分为晶间腐蚀敏感区。图 6-9 所
示为晶界结构变化与回火时间的关系。图中 1 为淬
火区，晶界相当纯净；2 为退火时已有局部弥散的
碳化物析出；3、4 为危险区沿晶界出现的几乎连续
的网状碳化物；5 为延长加热时间后，出现碳化物
的凝聚，晶间腐蚀倾向又会降低。

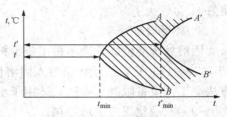

图 6-8　钢晶界腐蚀倾向与回火
温度和时间关系的 C 形曲线

t_{min}—t℃时出现晶间腐蚀的最短对间；

t'_{min}—t'℃时消除晶间腐蚀的最短时间

二、晶间腐蚀的影响因素

　　不同金属材料、不同热处理方法的金属材料发
生晶间腐蚀的机理不同，其影响因素也不同。总之，
影响因素包括金属化学成分、热处理工艺、腐蚀介
质等。现以不锈钢为例对各种影响晶间腐蚀的因素进行分析。

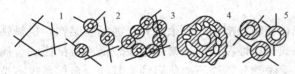

图 6-9　碳化物形貌分析示意

1. 金属的化学成分

　　为提高不锈钢的机械工艺性能、机械
性能、耐蚀性，常需添加一些化学元素，
这些元素对晶间腐蚀的影响各不相同。

　　碳对不锈钢的晶间腐蚀有较大影响。
随着含碳量增加，不锈钢发生晶间腐蚀的可能性和腐蚀速度都会增大。为提高不锈钢耐晶间
腐蚀的能力，要尽可能降低其含碳量。奥氏体不锈钢发生晶间腐蚀的临界碳浓度为 0.02%。

　　铬能提高不锈钢耐晶间腐蚀的稳定性，铬的含量较高时钢中允许的含碳量可适当提高。
有人认为钢中的含铬量从 18% 提高到 22% 时，含碳量从 0.02% 增大到 0.06% 也不会发生晶
间腐蚀。

　　镍会增大不锈钢对晶间腐蚀的敏感性。含镍量的提高会导致出现晶间腐蚀的时间缩短。
钛、铌、钽等为容易生成碳化物的元素，加入不锈钢后可生成稳定的碳化物，阻止 $Cr_{23}C_6$
在晶界大量析出，从而能起到减轻或防止晶间腐蚀的作用。

2. 腐蚀介质的影响

　　腐蚀介质的种类与组成不仅决定是否引起晶间腐蚀，而且也影响晶间腐蚀的程度。通常
不锈钢在酸性介质中遭受的晶间腐蚀较为严重。若硫酸或硝酸中含有氧化性阳离子，如
Cu^{2+}、Hg^{2+}、Cr^{6+} 等都会加速晶界阳极溶解的速度，即加速晶间腐蚀。

　　此外，热处理工艺也影响晶间腐蚀，热处理工艺中应避免在晶间腐蚀敏感区操作。

三、晶间腐蚀的控制

　　综上可知，防止晶间腐蚀的主要途径一是改变合金的化学成分；二是改变热处理工艺。

1. 降低合金中的含碳量

　　这是防止不锈钢晶间腐蚀的重要措施，一般认为含碳量低于 0.03% 即可避免晶间腐蚀，
这种不锈钢称为超低碳不锈钢。

2. 添加稳定化合金元素

　　通常在冶炼时加入一定量的铌和钛（为钢中碳含量的 5～10 倍），它们与碳的亲和力很
强，可与钢中碳生成稳定不易分解的 TiC 和 NbC 化合物，减少（Fe、Cr）$_{23}C_6$ 的析出，消
除晶间贫铬的现象。如果在加入稳定化的合金元素以后，再把部件加热到 900℃，效果

更好。

3. 高温固溶处理

固溶处理能使碳化物不析出或少析出，防止晶间腐蚀。具体的工艺是将不锈钢部件加热到 $1050 \sim 1150℃$，使碳化铬溶入固溶体，然后快速冷却。这样可得到更均匀的合金。这种方法受工艺设备限制，一般只适用于小型设备。需要指出的是，固溶处理后的不锈钢不宜在 $400 \sim 900℃$ 敏化温度区域加热。

4. 采用双相钢

双相钢是抗晶间腐蚀性能较好的优良钢种。在奥氏体中含有 $10\% \sim 20\%$ 铁素体的钢称为奥氏体 - 铁素体双相钢。铁素体在钢中大多沿晶界形成，含铬量又较高，因此在敏化温度范围内加热不会产生严重贫铬现象。

第五节　选　择　性　腐　蚀

合金在某些腐蚀介质中，一部分元素或相被腐蚀浸出，剩余部分呈海绵状结构，机械强度几乎完全丧失，这种腐蚀称为选择性腐蚀或选择性浸出。通常是电位较低、较活泼的金属或相优先被溶解。最典型的选择性腐蚀是黄铜脱锌和铸铁石墨化腐蚀。其他合金体系也有选择性腐蚀，如铝黄铜在酸中的脱铝、硅青铜的脱硅、Co - W - Cr 合金的脱钴等。

一、黄铜脱锌

1. 特征

黄铜是由铜和锌组成的合金（普通黄铜含铜为 70%，含锌 30%）。加锌可增加铜的强度、耐冲击性能。但随着锌含量的增加，脱锌腐蚀及应力腐蚀断裂变得严重，如图 6 - 10 所示。

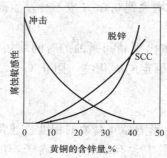

图 6 - 10　黄铜中锌含量与不同腐蚀形态敏感性关系

所谓黄铜脱锌即在水溶液中锌被溶解而留下多孔的铜。黄铜脱锌有两种形式，一种是均匀或层状脱锌；另一种是局部脱锌（塞状脱锌或栓状脱锌）。

以凝汽器黄铜管的脱锌为例，局部脱锌是在水侧产生直径约 2mm 的圆形腐蚀斑点，其上面是灰白色或淡绿色腐蚀产物，其下面是红色圆环状腐蚀痕迹或斑点，腐蚀的结果是沿环状斑点向金属基体内部发展，在该部位选择性溶解，留下丧失合金强度的金属铜。腐蚀发展到一定程度时，圆环中的金属呈瓶塞状脱落。

黄铜管的层状腐蚀表现为黄铜表面上的锌均匀脱落，由于失去锌，黄铜由金黄色变为金红色，严重时成层剥离。锌含量较高的黄铜在酸性介质中易发生均匀或层状脱锌。

2. 脱锌机理

多数学者认可的机理包括三个步骤：①黄铜首先溶解；②Zn^{2+} 留在溶液中；③Cu^+ 镀回基体上成为金属铜，如图 6 - 11 所示，其电极反应为

阳极反应　　　　　　$Zn \longrightarrow Zn^{2+} + 2e, Cu \longrightarrow Cu^+ + e$

阴极反应　　　　　　$O_2 + 2H_2O + 4e \longrightarrow 4OH^-$

上述反应溶解下来的 Zn^{2+} 留在溶液中，而 Cu^+ 迅速与溶液中 Cl^- 作用，生成 Cu_2Cl_2，

随后 Cu_2Cl_2 分解。分离出的 Cu^{2+} 又迅速靠近溶解点的合金表面进行阴极还原，析出铜，反应式为

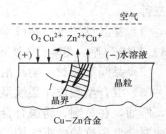

$$Cu_2Cl_2 \longrightarrow Cu + CuCl_2$$

$$Cu^{2+} + 2e \longrightarrow Cu$$

图 6-11　黄铜脱锌腐蚀过程示意

结果使黄铜出现多孔、类似化学镀铜的组织，黄铜遭受脱锌破坏。

腐蚀的阴极反应是介质中溶解氧的还原，如果无氧存在，水会还原成 H_2 和 OH^-。因此，脱锌也可以在无氧的情况下发生，有氧存在时会增大腐蚀速度。

3. 脱锌腐蚀的防止

（1）降低介质的腐蚀性。例如，除氧、调节 pH 值、添加缓蚀剂等。

（2）使用敏感性低的合金。例如，锌含量（15%Zn）的黄铜几乎不脱锌，但不耐冲击腐蚀，或在黄铜中添加少量砷（0.001%～0.02%）、锡或铝，可显著减轻黄铜的脱锌。

（3）进行阴极保护。

二、铸铁的石墨化

铸铁在腐蚀性较弱的环境（如土壤或水）中，铁基体受到选择性腐蚀后，外观像石墨，这种腐蚀称为铸铁的石墨化。

灰口铸铁最容易发生石墨化腐蚀，灰口铸铁的铁基体被腐蚀后，剩下石墨网状体，以石墨为阴极，铁为阳极构成高效原电池。腐蚀结果是形成以铁锈、孔隙、石墨网状体为主的海绵状多孔体，铸铁失去强度和金属性能，严重时可用小刀切削。

石墨化腐蚀过程缓慢，埋在土壤中的铸铁最易发生这类腐蚀。如果铸铁处于强腐蚀环境中，整个表面会被腐蚀，且会有均匀腐蚀，这种情况下一般不发生石墨化腐蚀。

球墨铸铁的石墨不呈网状结构，因此不发生石墨化腐蚀。白口铁没有游离碳，也不发生石墨化腐蚀。

第六节　应力腐蚀破裂

金属在特定的腐蚀环境和固定拉应力的联合作用下发生的脆性开裂破坏称为应力腐蚀破（断）裂（stress corrosion cracking，SCC）。

应力腐蚀破裂是一种极为隐蔽的局部腐蚀现象，其破坏常常无先兆，但发展速度极快，可达孔蚀发展速度的数百万倍，是各种腐蚀形态中危害最大的一种。据不完全统计，在不锈钢设备和构件的腐蚀损坏事故中，应力腐蚀破裂约占 50%。例如，碳钢在碱液中、奥氏体不锈钢在氯化物水溶液中、铅在醋酸铅溶液中、蒙乃尔合金在氢氟酸中，当有拉应力作用时，都可能产生应力腐蚀破裂。金属发生应力腐蚀，短则在几小时，长则几年内破裂。一般都是先出现微小裂纹，然后迅速扩展直至破裂，造成设备泄漏或受压设备发生爆炸。

一、应力腐蚀破裂的特征

应力腐蚀裂纹的外观是脆性机械断裂。裂纹只出现在金属的局部区域，而不是发生在与腐蚀介质接触的整个界面。裂纹一般较窄，裂纹走向与所受的主应力垂直。

裂纹在各种因素的影响下呈现不同的形态，在显微镜下可观察到穿晶型、晶间型与混合

型三种。

（1）穿晶型裂纹。裂纹穿过晶粒而延伸，腐蚀断口往往具有"泥状花样""河流花样""扇型花样"等。图 6-12 所示为从显微镜下观察到的典型"泥状花样"应力腐蚀断口。

（2）晶间型裂纹。裂纹沿晶界而延伸。

（3）混合型裂纹。裂纹既有穿过晶粒又有沿着晶界而延伸的，它常常发生在同一合金中，例如，在黄铜、铬镍合金、高镍合金中都能观察到这种混合型的裂纹。图 6-13 所示为这种混合型裂纹的微观结构。

 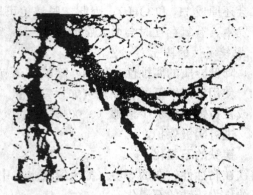

图 6-12　穿晶型应力腐蚀断口的　　　　　图 6-13　混合型晶间腐蚀裂纹的微观结构
　　　　　典型微观形貌（泥状花样）

裂纹的形式与合金的组成、组织结构、介质的性质、应力的大小、方向等有关。铜合金、镍合金、钢的裂纹多半呈晶间型；奥氏体不锈钢、镁合金多半呈穿晶型；钛合金多半是混合型。对同一种金属，当介质条件有所改变时，裂纹形式也可能改变。例如，铜锌合金在铵盐溶液中，当 pH 值由 7 增加到 11 时，裂纹可从晶间型转变为穿晶型。

二、产生应力腐蚀破裂的条件

1. 存在一定的拉应力

此拉应力可以是由于冷加工、焊接等引起的，也可以是在使用中外加的，或是由于吸附某些腐蚀产物后产生的，但都必须是拉伸应力，压应力反而可以减轻应力腐蚀破裂。

2. 金属材料本身对应力腐蚀较敏感

金属材料对应力腐蚀敏感性与其晶粒大小、晶粒取向、形态、相结构、各种缺陷、加工状态等有关。一般合金和含有杂质的金属比纯度高的金属对应力腐蚀敏感，更容易产生应力腐蚀破裂。

3. 引起金属材料发生应力腐蚀破裂的介质

并不是任何介质都能使金属发生应力腐蚀，一种金属材料只会在特定的介质中才发生应力腐蚀破裂。例如，不锈钢在含 Cl^- 的介质中，碳钢在含 OH^- 的溶液中、黄铜在氨溶液中易发生腐蚀断裂。表 6-4 是常见的金属和合金与产生应力腐蚀的介质之间的对应关系。

三、应力腐蚀破裂机理

金属应力腐蚀破裂的机理较为复杂，影响因素多，目前虽已提出近十几种不同的理论，但尚无统一解释，而且似乎也不可能有一个适合于所有金属-环境体系的理论。在此主要介绍应力腐蚀破裂的三种机理：快速溶解理论、膜破裂理论、电化学阳极溶解理论。

表 6 - 4　　　　　　　　　　引起合金产生应力腐蚀破裂的某些介质

金属材料	腐蚀介质
低碳钢和低合金钢	NaOH 溶液、硝酸盐溶液、含 H_2S 和 HCl 溶液、沸腾浓 $MgCl_2$ 溶液、海水、海洋大气和工业气体
不锈钢	氯化物水溶液、沸腾 NaOH 溶液、高温高压含氧高纯水、海水、海洋大气、H_2S 水溶液
镍基合金	热浓 NaOH 溶液、HF 蒸气和溶液
铜合金	氨蒸气和溶液、汞盐溶液、SO_2 大气、水蒸气
铝合金	熔融 NaCl、NaCl 溶液、海洋大气、湿工业气体、水蒸气
钛合金	发烟硝酸、甲醇、甲醇蒸气、NaCl 溶液（大于 290℃）、HCl（10%，35℃）、H_2SO_4（7%～6%）、湿 Cl_2（288、346、427℃）、N_2O（含 O_2，不含 NO，24～74℃）

1. 快速溶解理论

该理论认为，金属材料在应力和腐蚀的协同作用下，在局部位置发生微裂纹。如图 6 - 14 所示，金属外表面（c）为阴极区，裂纹前沿为阳极区，构成大阴极小阳极的应力腐蚀电池。

裂纹的侧面 A 由于有一定保护膜的存在，溶解速度较小，而裂纹尖端 A^* 受局部应力集中的作用，很可能发生迅速形变屈服。形变过程中金属晶体的位错连续到达前沿表面，产生数量较多的活性点，使裂纹前沿具有较大的溶解速度，裂纹尖端处的电流密度高于 $0.5A/cm^2$，而裂纹两侧电流密度仅为 $10^{-5}A/cm^2$，二者相差 10^{-4} 倍。

图 6 - 14　应力腐蚀的快速溶解机理示意

Hoar 等认为，裂纹产生的原因是金属表面存在的晶界、亚晶界、露头的位错群、滑移带上位错堆积区；淬火、冷加工造成的局部应变区；异种杂质原子造成的畸变区以及所谓堆垛层错区等。这些区域在一定条件下都可能构成裂纹的形成源，优先产生阳极溶解，并向纵深发展。

2. 表面膜破裂理论

该理论认为，腐蚀介质中的合金表面一般都覆盖一层保护膜。在应力或腐蚀性离子的作用下，表面膜局部破裂，暴露的基体金属与其余表面膜构成小阳极大阴极的腐蚀电池，发生阳极快速溶解。同时，基体金属又具有自修复表面膜的能力，可以在膜破裂处重新形成钝化膜。但在应力或腐蚀介质的作用下，钝化膜会重新破裂。这一过程反复进行，最终导致应力腐蚀破裂的发生。

沿晶型的应力腐蚀破裂是由于晶界处缺陷以及杂质富集，膜在应力和腐蚀介质作用下易受损破裂造成的；穿晶型的应力腐蚀是在应力作用下金属基体内部发生位错而沿滑移面移动，形成滑移阶梯，当滑移阶梯大而表面膜又不能随滑移阶梯的形成发生相应变形时，表面膜被破坏。

应力的存在起到撕破保护膜的作用。金属表面保护膜的撕裂，使表面这些点很快被腐蚀，从而引发了裂纹。裂纹的出现，使应力高度集中，一旦裂纹的尖端重新生成保护膜，又会被拉破，尖端就加速溶解。应力与腐蚀的交替作用，使裂纹不断向深处扩展，最后导致金属断面的断裂。

3. 电化学阳极溶解理论

该理论认为，在已存在阳极溶解的活化通道上，腐蚀优先进行，并且在应力作用下使通道张开，协同加速金属的破坏。如果金属表面已形成裂纹或蚀坑，则裂纹和蚀坑内部形成闭塞电池，并且裂纹内部和金属表面形成大阴极小阳极的浓差电池，加速裂纹尖端的快速溶解腐蚀。在电化学反应中，活性阴离子（如 Cl^-）不断被传递进入裂纹内部，使电解质溶液浓缩且由于水解而被酸化。这种闭塞电池作用也是一个自催化的腐蚀过程，在应力作用下使裂纹不断扩展，直至破裂。

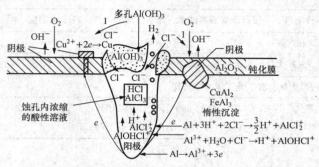

图 6-15 铝表面生成蚀孔或裂纹源的闭塞电池自催化机理

图 6-15 所示为铝合金电化学溶解机理。铝合金在大气或含微量氧的水溶液中生成氧化膜，由于应力作用或活性阴离子（如卤素离子）作用使局部氧化膜破坏，形成蚀坑或裂纹源。其腐蚀电池反应为

阳极反应 $\qquad\qquad Al \longrightarrow Al^{3+} + 3e$

阴极反应 $\qquad O_2 + 2H_2O + 4e \longrightarrow 4OH^-$

Al^{3+} 和 OH^- 生成絮状的 $Al(OH)_3$ 沉积在裂纹处，堆积形成闭塞电池。随着闭塞区氧的耗尽，$AlCl_3$ 水解、酸化，实验测定其 pH 值为 3.2～3.4，与理论计算值基本一致。如此自催化腐蚀环境，加速应力腐蚀破裂的发生。

关于裂纹的扩展，一般认为可用沿晶界选择性溶解机理进行解释。也有人认为是由于位错与沉淀相互作用的结果，在晶界集中较大的应力，导致沿晶界断裂。

四、影响应力腐蚀破裂的因素

影响应力腐蚀破裂因素较多，包括金属的应力状态、介质条件、合金成分及组织结构等。

（一）应力因素

发生应力腐蚀破裂的应力主要来自材料的加工和使用过程，包括工作应力（设备和部件在工作条件下承受的外加载荷）、残余应力（生产过程中在材料内部产生的应力）、热应力（由于温度变化引起的残余应力）以及结构应力（安装时引起的应力）四种类型。其中单纯的工作应力并不危险，因为设计时一般都留有较大余量，而残余应力则是无法估量和测量的。据统计，由于残余应力造成的应力腐蚀断裂占总应力腐蚀事故的 80％以上。

（二）环境因素

介质环境对腐蚀的影响相当复杂，如介质的选择性及介质浓度、温度、pH 值、界面电位状况等都不同程度的影响合金应力腐蚀的敏感性。

1. 介质的选择性及介质浓度

应力腐蚀的一种特征现象是介质的选择性，只有在特定的合金 - 环境体系中才能产生 SCC。例如，黄铜 - 氨溶液、奥氏体不锈钢 - Cl^- 溶液体系中，氯化物浓度对 SCC 有很大影响。不锈钢在沸腾 $MgCl_2$ 溶液中有两个敏感浓度，分别为 42％和 45％。浓度过高，反而使断裂时间延长，这可能与 Cl^- 水合程度有关。

2. 温度及 pH 值

不同合金-环境介质体系发生应力腐蚀破裂所需的温度条件不同。例如，碳钢在 30％ NaOH 中最易发生碱脆，但必须高于 60～65℃ 温度下才断裂，而镁合金在氯化钠溶液中通常在室温下便产生 SCC。一般温度越高，SCC 就越容易发生，但温度如果过高，由于产生全面腐蚀，反而会抑制应力腐蚀破裂的发生。

对不同体系，pH 值的影响有所不同。对高浓度氯化物溶液，pH 值的增大，可减小应力腐蚀的敏感性，pH 值越低，应力腐蚀敏感性就越强，但当溶液 pH 值低于 2 时，金属又不易发生应力腐蚀破裂。

3. 界面电位的影响

实验表明，只有在一定的电位范围内才会发生应力腐蚀破裂。发生应力腐蚀破裂有三个敏感电位区，如图 6-16 所示。图中 1、2、3 分别为活化-阴极保护电位过渡区、活化-钝化电位过渡区、钝化-过钝化电位过渡区。如果合金-环境体系的腐蚀电位落在这些区域，则合金的表面膜活性点容易发生活化或过钝化溶解，形成裂纹源。如果腐蚀电位落在其他区域，则可能出现点蚀、钝化或均匀腐蚀。

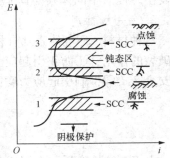

图 6-16　发生 SCC 的三个电位区

（三）合金成分和结构因素

合金成分和结构直接影响其力学性能、化学和电化学性能，因此与应力腐蚀破裂有密切关系。奥氏体不锈钢中，Ni、Cr、Ti、Mo、C、Si、Co 等元素均对应力腐蚀破裂的产生有重要影响。

对 Ni 含量在 10％的不锈钢，当 Cr 含量为 5％～12％时，不发生应力腐蚀破裂。而 Cr 含量从 12％提高到 25％时，应力腐蚀敏感性急剧上升。

18-8 不锈钢含 0.12％碳时，SCC 的敏感性最高，进一步增加含碳量则敏感性降低，一般认为，含碳量达到 0.2％以上，合金具有免疫性。

在不锈钢中加入 Si、Co 有利于提高抗 SCC 性能。含有 N、P、As、Sb、Bi 是有害的，会降低不锈钢抗 SCC 性能。

五、应力腐蚀破裂的控制

由上述分析可知，应力腐蚀破裂与应力状态、环境介质、材料等因素有关。因此，消除和控制这些因素的不利影响，是控制应力腐蚀破裂的有效途径。

1. 合理选材

针对不同的介质选择抗应力腐蚀破裂的材料。例如，碳钢在海水、盐水中耐应力腐蚀破裂，可用来作为热交换器的材料。在高温高压的水中，用双相不锈钢代替奥氏体不锈钢，不但抗应力腐蚀，而且具有抗孔蚀、缝隙腐蚀的性能。在不锈钢中加入适量的 Ni、Al、Si，有利于抗应力腐蚀。

2. 减弱介质的侵蚀性

介质对不同的腐蚀体系有不同影响。奥氏体不锈钢在中性氯化物溶液中容易发生应力腐蚀，但是只要介质中的含氧量低于 1mg/L 就不会发生，因此，可以通过除去介质中的溶解氧和氧化剂，以控制应力腐蚀。

在不同的腐蚀体系中，引起应力腐蚀所需的温度不同。引起金属产生应力腐蚀的最低温度称为破裂的临界温度。可以把温度降低到这个温度以下来控制应力腐蚀。

3. 降低或消除应力

只有材料中有一定的应力值（临界应力）才会产生应力腐蚀破裂。通过减小材料的载荷，进行退火以消除材料的残余应力，或把部件的尺寸加大等方法，使材料所受的应力降低到临界应力以下，可以防止应力腐蚀的发生。

采用机械方法可消除内应力。在受应力的合金表面进行喷丸、喷砂、锤敲等处理，使表面层处于压应力状态，以提高抗应力腐蚀性能。

4. 采用阴极保护

可利用阴极保护法对设备实施阴极保护，避免进入三个 SCC 敏感电位区，可防止 SCC 的发生。但对不同体系要具体分析。

5. 使用缓蚀剂

每种材料 - 环境体系都有相对应的缓蚀剂。缓蚀剂通过三种不同的途径起到抑制应力腐蚀破裂的作用：①防止引起应力腐蚀破裂的物质生成；②使金属的电位由应力腐蚀敏感区移到安全区；③抑制引起应力腐蚀破裂的化学反应。

第七节　磨　损　腐　蚀

由于腐蚀性介质与金属表面做相对运动引起的金属加速破坏或腐蚀称为磨损腐蚀。这种腐蚀由机械磨损与腐蚀介质的联合作用引起，其外观特征是受磨损腐蚀的表面出现沟槽、沟纹或呈山谷状，并常带有方向性，如图 6 - 17 所示。

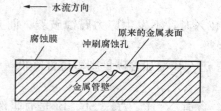

图 6 - 17　受到磨损腐蚀的冷凝器管纵断面

大多数金属和合金，在一些气体、水溶液、有机溶剂或液体金属等腐蚀介质中都会受到磨损腐蚀。铜、铅、锡等更容易发生磨损腐蚀。其中处于运动流体中的设备如管道系统、离心机、推进器、叶轮、换热器、蒸汽管道等最易遭受磨损腐蚀。所有影响腐蚀的因素都影响磨损腐蚀，磨损腐蚀的速度比单纯的腐蚀快。

一、磨损腐蚀的形式

1. 湍流腐蚀

流体按流速大小可分为层流和湍流。层流的流速较慢，流体质点迹线有条不紊。湍流的流速较快，流体质点互相混杂，流速和压强常有不规则的涨落。

流动的介质在金属设备的某些特别部位，因流速急剧增大形成湍流，所引起的磨损腐蚀称为湍流腐蚀。遭到湍流腐蚀的金属表面呈现沟槽和深谷状波纹，腐蚀形成的沟槽与深谷的内表面光滑无腐蚀产物。

湍流腐蚀大多发生在泵、搅拌器、离心机、各种管道的弯曲部分。例如，在凝汽器进口管附近，由管径大转到管径小过渡区会产生湍流腐蚀；泵的叶轮、蒸汽轮机的叶片，由于构件形状不规则也造成湍流腐蚀；流体在管内遇到凸出物、缝隙、沉积物时可能造成湍流腐蚀。湍流不仅加快腐蚀剂的供应，而且附加一个流动介质对金属表面的切应力，使腐蚀产物一旦形成就剥离并被冲走。如果流体中有气泡或悬浮固体颗粒，会加强这种作用，使磨损腐蚀加剧。

2. 冲刷腐蚀

高速流体直接不断地冲击金属表面所造成的磨损腐蚀称为冲刷腐蚀。例如，在高速流体突然变向的弯管处发生这种腐蚀，其管壁比其他部位会更快地减薄，以至穿孔。

3. 空泡腐蚀

更高速的液流与金属构件相对运动时，在金属表面的局部区域产生涡流，在金属表面上伴随有气泡的迅速生成和压缩崩溃，产生冲击波，不断破坏表面膜，从而产生的磨损腐蚀称为空泡腐蚀或孔穴腐蚀。例如，水轮机叶片和轮船螺旋桨的背面及泵叶轮上所发生的腐蚀，核电厂一回路主泵的腐蚀。如图 6-18 所示，空泡腐蚀有以下几个步骤：①金属保护膜上形成气泡；②气泡破灭，保护膜损坏；③露出的新鲜表面遭受腐蚀，重新成膜；④在同处又形成气泡；⑤气泡破灭，膜又损坏；⑥暴露区又被

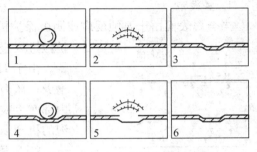

图 6-18　空泡腐蚀各步骤示意

腐蚀，重新形成新膜。上述步骤反复进行，形成深坑。空泡腐蚀是力学和电化学共同作用的结果。

二、控制途径

1. 选择耐磨损腐蚀的材料

选择耐磨损腐蚀的材料是解决磨损腐蚀的常用方法。一般硬度高、耐腐蚀和表面膜性能好的合金有利于抗磨损腐蚀。

2. 改进设计

改进设计是指改变设备形状或几何结构，力求避免产生涡流和湍流。例如，热交换器的流体入口管端可以把湍流的死区扩大，使湍流不至于形成；也可以设计为流线型，以利于减小冲刷磨损腐蚀。在受冲刷的部位，适当加大壁厚。设备中的折流板或冲击板应易于更换。设备的进口管如果伸出管板外十多厘米，可以使管子的寿命成倍增长。降低表面粗糙度也是有益的。

3. 采用涂料和衬里

选用有弹性的、耐蚀耐磨的涂料。如橡胶衬里材料、塑料衬里、采用耐磨蚀的金属覆盖层可延长设备、管道和搅拌桨的使用寿命。凝汽器铜管冷却水进口也常采用尼龙或塑料套圈，或涂环氧树脂进行保护。此外，尽可能降低温度，除去介质中的氧，采用缓蚀剂。

4. 阴极保护

在海水中使用的热交换器上施加阴极保护，在泵中使用锌塞作牺牲阳极以保护泵。阴极保护可使金属表面上产生氢气泡，以阻挡空泡腐蚀所产生的冲击波。

第八节　氢　损　伤

金属由于有氢的存在或与氢反应引起材料性能变差的现象，总称氢损伤。只有原子态氢

［H］能引起氢损伤，这是因为原子态氢是唯一能扩散进入金属的物质，分子态氢则不能扩散进入金属。金属中氢的来源有：腐蚀过程、阴极保护反应、电镀以及其他过程等。S^{2-}、磷化物、砷化物等能降低氢原子结合成氢分子的速度，因此如果有这类物质存在，金属表面会有较多的氢原子，易于发生氢损伤。

一、氢损伤机理

氢损伤包括氢鼓泡、氢脆、脱碳、氢腐蚀四种类型，后两者是在高温气体氢气氛环境中引起的氢损伤。下面主要介绍氢鼓泡和氢脆。

1. 氢鼓泡

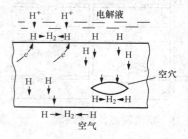

图 6 - 19　氢鼓泡机理示意

当金属表面由于腐蚀反应或阴极保护析出氢时，部分氢未结合成 H_2 分子，而是 H 形态扩散进入金属内部，在到达金属内部的空穴时结合为 H_2 分子。由于 H_2 不能在金属中扩散，由此导致空穴内 H_2 浓度增大，压力随之上升，平衡压力可达 10^4 MPa，使金属材料内部产生鼓泡以致破裂，称为氢鼓泡。图 6 - 19 所示为氢鼓泡的机理示意。

2. 氢脆

在某些介质中，由于腐蚀或其他原因而产生的 H 渗入金属内部，使金属的韧性和抗拉强度下降而脆化的现象称为氢脆。

氢脆也是由于 H 进入金属引起的。造成金属脆化的原因是金属与溶解的氢反应生成脆性氢化物，机理尚不清楚。脆裂主要发生在晶界。铁素体钢与马氏体钢在硫化物介质中特别容易发生氢脆，因为硫的存在会妨碍以原子态进入金属的氢的析出反应。氢脆是个可逆过程。因充氢而脆化的金属材料，当设法使氢离去后，金属的韧性又会恢复。

应力腐蚀破裂与氢脆的区别办法是施加电流。当外加电流使试样阳极极化会加速破裂时为应力腐蚀破裂，因为应力腐蚀是受阳极溶解过程所控制；当外加加速析氢反应的阴极电流会加速试样的破裂时则为氢脆。

二、影响氢损伤的因素

影响氢损伤的因素复杂，不同合金 - 环境体系中的影响因素各不相同。

1. 氢含量的影响

通常情况下，金属材料中氢的含量越低，氢损伤的敏感性就越小。氢气中如果有 O_2、CO_2、CO 等气体共存时，由于钢表面吸附这些气体的能力比氢强，可以大大抑制氢损伤的发生。

2. 温度对氢脆的影响

一般最易发生氢脆的温度范围为 $-30 \sim +30$℃。如果温度再升高，由于氢的扩散速度加快，金属中的含氢量下降，氢脆的敏感性降低；当温度高于 65℃时，一般不产生氢脆；如果温度过低，氢在金属中的扩散速度大大降低，也会使氢脆的敏感性降低。

3. 溶液 pH 值的影响

随着 pH 值的降低，断裂时间会缩短。因此，一般在酸性环境中容易发生氢损伤。

4. 合金成分的影响

合金成分和热处理方式都会影响氢损伤的敏感性。例如，合金中加入 Cr、Ti、B、V、

Nb 等碳化物的形成元素，能细化晶粒，提高钢的韧性。加入 Cr、Al、Mo 等元素，可在金属表面形成致密的保护膜。这些对降低氢损伤的敏感性是有利的。

三、氢损伤的控制

1. 防止氢鼓泡的途径

（1）减少材料中的缺陷，以提高抗氢鼓泡的能力。

（2）采用氢扩散率低的合金材料，例如镍钢和镍基合金。

（3）除去介质中有害成分，如阻止 H 转变为 H_2 的含磷离子、硫化物、氢化物和砷化物等。使 H 变为 H_2 逸出，减少 H 向金属内部渗透。

（4）添加缓蚀剂。选用可以减小 H^+ 还原速度的缓蚀剂，主要用于封闭循环系统。使用涂料与衬里，例如，采用有机涂料、无机涂料和衬里来控制钢容器的氢鼓泡，也可以用其他金属衬里。这些涂料和衬里材料必须能阻止氢的渗透，且又抗介质的腐蚀。常用于钢容器的内衬材料有镍、奥氏体不锈钢、橡胶、塑料等。

2. 防止氢脆的途径

（1）添加缓蚀剂。减小介质对金属的腐蚀速度。例如，在锅炉酸洗时，由于基体受腐蚀，产生大量的 H，易引起氢脆，加入缓蚀剂后，基体腐蚀速度大大减小，吸附的 H 也会随之减少，可防止氢脆的发生。

（2）添加抗氢脆的合金成分。合金中加入 Ni、Mo、Cr、Ti、B、V、Nb、Al 等元素，可不同程度地减小氢脆的敏感性。

（3）降低金属的含氢量。可以通过改进冶炼技术，如采用真空冶炼、真空脱气、真空浇注等冶金新工艺提高材质，避免氢带入；将钢材烘烤可以脱氢，在较低的温度下烘烤钢材可以使脆化的钢恢复韧性；在酸洗时加入缓蚀剂，腐蚀量与析氢量都会减少，钢吸收的氢也随之减少。

此外，改变电镀工艺条件也可减少氢的产生量。焊接时采用低氢焊条，并保护焊接环境的干燥，可以防止由水和水蒸气引入氢。

思 考 题 与 习 题

1. 何谓电偶腐蚀？影响电偶腐蚀的主要因素是什么？

2. 点蚀产生的条件和诱发因素是什么？说明点蚀机理及防止措施。

3. 说明缝隙腐蚀的机理和影响因素。缝隙腐蚀和点蚀比较有何异同？

4. 什么是晶间腐蚀？其腐蚀机理是什么？

5. 哪些金属材料易发生选择性腐蚀？说明黄铜脱锌的机理和防止方法。

6. 什么叫石墨化腐蚀？这种腐蚀有什么特点？

7. 应力腐蚀破裂有何特征？防止措施有哪些？

8. 金属中的氢来源于哪里？在金属中以何种形式存在？

9. 氢脆和氢损伤有哪些类型？产生条件是什么？

第七章 金属的高温腐蚀

金属的高温腐蚀是指金属材料在高温条件下与周围环境介质所发生的界面反应过程。由于高温下无水溶液电解质的作用，所以金属的高温腐蚀不服从电化学原理。它以界面的化学反应为特征。金属的高温腐蚀可表示为

$$Me（金属）+X（介质）\longrightarrow MeX（腐蚀产物）$$

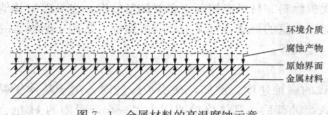

环境介质
腐蚀产物
原始界面
金属材料

图 7-1 金属材料的高温腐蚀示意

金属材料的高温腐蚀过程如图7-1所示。

高温腐蚀在电力、石油、化工等行业的高温生产过程中是较为常见的腐蚀形式。如锅炉烟气侧易发生高温腐蚀，严重时还可造成管道爆破。高温腐蚀给金属材料的生产和使用带来严重的破坏后果。因此，研究高温腐蚀的特征和防护措施是很重要的。

第一节 高温腐蚀的类型

金属在高温环境下，材料的行为非常复杂，表7-1为一些设备在腐蚀环境中的典型腐蚀现象，由此可知高温腐蚀环境是复杂多变的。

表 7-1 高温腐蚀环境与腐蚀现象

设备或工艺	腐蚀环境	腐蚀现象	使用的主要材料、表面处理
发电机叶片	金属温度～1050K，燃烧气氛、钒的化合物、硫酸钠溶渣附着，离心力，热应力等负荷	在复杂气氛下高温氧化，高温硫化，钒的浸蚀、磨蚀等	镍基耐热合金铬、铝等金属覆盖层
蒸汽涡轮叶片	高温高压水蒸气（H_2O）～840K，24.6MPa	高温高压水引起的氧化；磨蚀	铁素体系的不锈钢
过热器管（火焰侧）	金属温度～880K，烟气在锅炉内局部处是还原气氛，有钒的化合物、硫酸钠溶渣附着	在复杂气氛中高温氧化，高温硫化，钒的浸蚀、渗碳、磨蚀等	铬-钼钢、奥氏体不锈钢
过热器管（蒸汽侧）	蒸汽温度～840K，压力～25MPa，温度470K以下，硫酸凝结	水蒸气氧化，硫酸露点腐蚀	低合钢
汽车排气用的热反应器触煤转换	温度～1370K；燃气（铅、磷、硫、氯、溴等化合物）；冷热交变、振动温度～1120K	复杂气氛下高温氧化、氧化铅的存在加速腐蚀 复杂气氛下高温氧化	奥氏体和铁素体不锈钢、表面覆盖铬铝等金属 奥氏体和铁素体不锈钢

续表

设备或工艺		腐蚀环境	腐蚀现象	使用的主要材料、表面处理
燃烧垃圾炉（锅炉过热器管）		燃烧室温度 1020～1220K，烟气（少量 CO_2、HCl、Cl_2 明显增多，局部具有还原气氛）	复杂气氛下高温氧化，由于 HCl、Cl_2 会加速氧化，由碱融盐引起的热腐蚀、磨蚀等	铬、钼钢表面覆盖铬金属
原子能炉用热交换器	轻水冷却	温度 530～570K，水及水蒸气	由高温水引起的应力腐蚀	奥氏体不锈钢，镍基合金
	液态金属冷却	温度 670～970K，液态钠	脱碳，碱腐蚀	奥氏体不锈钢
	氦冷却	温度 1020～1270K，不纯氦	内氧化，脱碳	铁、镍耐热合金、镍基耐热合金
	煤液化、汽化	液化温度～720K，汽化温度～1300K，气氛为氢、水蒸气、CO、H_2S、固体微粒	高温硫化，腐蚀等	铬-钼钢，不锈钢

环境的差异对金属界面腐蚀机理、腐蚀产物及反应速度有明显的影响。为了掌握各种环境对金属的腐蚀规律，更好地认识高温腐蚀行为，通常按环境介质的状态将高温腐蚀分为三类：①高温气体腐蚀，它是在高温干燥的气体分子环境中金属材料与环境气体在界面化学反应的直接结果，如干腐蚀、化学腐蚀、高温硫化、高温氧化等均属于此类，这类腐蚀的特点是腐蚀产物的性质和结构控制腐蚀过程。②高温液态介质腐蚀，通常指热腐蚀，在这类腐蚀中既有化学腐蚀又有电化学腐蚀，既有界面反应，又有液态物质对固态表面的溶解。③高温固态介质腐蚀，这类腐蚀既有固态灰分与盐颗粒对金属材料的腐蚀，又有这些颗粒对金属表面的机械磨损，称为磨蚀或冲蚀。实际的高温腐蚀过程常常是三种类型的混合。表 7-2 所示为金属材料的高温腐蚀分类。

表 7-2　　　　　　　　　　金属材料的高温腐蚀分类

类别	腐蚀介质
气态介质腐蚀 化学腐蚀 燃气腐蚀	单质气体分子：O_2、H_2、N_2、F_2、Cl_2
	非金属化合物气态分子：H_2O、CO_2、SO_2、H_2S、CO、CH_4、HCl、HF、NH_3
	金属氧化物气态分子：MoO_3、V_2O_5
	金属盐气态分子：NaCl、Na_2SO_4
液态介质腐蚀 热腐蚀	低熔点金属氧化物：V_2O_5
	液态金属：Pb、Bi、Hg、Sn
	液态融盐：硝酸盐、硫酸盐、氯化物、碱
固态介质腐蚀 磨蚀（冲蚀）	金属与非金属
	固态粒子：C、S、Al
	氧化物灰分：V_2O_5
	盐颗粒：NaCl

第二节　金属的高温腐蚀理论

对金属的高温腐蚀研究大多是以纯金属在空气中的氧化行为为重点，对其机理的阐述也最完整。因此，本节将通过纯金属高温氧化说明金属的高温腐蚀理论。金属氧化热力学则是研究金属发生氧化的可能性、方向性和氧化物生成的稳定性的规律。金属氧化动力学的研究为确定金属氧化反应进行的可能性和条件，提供了大量的理论和实验数据，并解释了金属氧化过程的速度问题。

一、金属高温氧化的热力学判据

金属氧化的热力学可能性是指金属氧化反应是否自发进行，或者能够发生氧化反应的条件、方向以及进行的难易程度。在给定的条件下，金属与氧相互作用是否自发进行？可用以下方法判断。

1. 用反应自由能变化 ΔG 来判断

由热力学可知，任何自发反应体系的自由能必然降低，而熵增加。由于金属氧化反应大多数是在恒温恒压条件下进行的，因而一般用在一定温度条件下系统的吉布斯（Gibbs）自由能的变化值 ΔG 作为金属氧化的热力学可能性的判据。

对于高温氧化反应

$$M+O_2 \Longleftrightarrow MO_2 \tag{7-1}$$

根据范特荷夫（Van't Hoff）等温方程式

$$\Delta G = -RT\ln K_p + RT\ln Q_p = \Delta G^0 + Rt\ln Q_p \tag{7-2}$$

式中　ΔG——系统自由能变化值，kJ/mol；

　　R——气体常数，8.314J/（k·mol）；

　　K_p——热力学平衡常数；

　　Q_p——压力熵；

　　ΔG^0——一定温度下的标准生成自由能变化值，kJ/mol。

对于金属氧化反应式（7-1），其自由能变化为

$$\Delta G = -RT\ln \frac{\alpha_{MO_2}}{\alpha_M P_{O_2}} + RT\ln \frac{\alpha'_{MO_2}}{\alpha'_M P'_{O_2}} \tag{7-3}$$

根据热力学规定，固相纯物质的活度均为1，即 α_M、α_{MO_2}、α'_M、α'_{MO_2} 活度都等于1，而氧为气体，其活度用氧的分压表示。由式（7-3）可得

$$\Delta G = -RT\ln \frac{1}{p_{O_2}} + RT\ln \frac{1}{p'_{O_2}} \tag{7-4}$$

$$= RT\ln p_{O_2} - RT\ln p'_{O_2}$$

式中　p_{O_2}——给定温度下金属氧化物的分解压（指金属氧化反应平衡时氧的分压 $p_{O_2} = p_{MO_2}$）；

　　p'_{O_2}——气相（或空气）中氧的分压。

由式（7-4）可知：

当 $p'_{O_2} > p_{O_2}$ 时，$\Delta G < 0$，反应向生成氧化物 MO_2 方向进行，金属被氧化，金属氧化过程能自发进行；

当 p'_{O_2} ＝时，$\Delta G = 0$，金属氧化与氧化物分解达到动态平衡；

当 $p'_{O_2} < p_{O_2}$ 时，$\Delta G > 0$，反应向氧化物 MO_2 分解方向进行，分解成金属和氧，金属氧化过程不能自发进行。

显然，只要求出温度 T 时反应的标准自由能变化 ΔG^0 值，就能求出该温度下氧化物的分解压 P_{O_2}，将其与气相中氧的分压作比较，就可判断出该金属氧化物的稳定性或反应的方向性。

2. $\Delta G^0 - T$ 平衡图

1944 年，伊利格哈姆（Ellingham）编制了一些氧化物的 $\Delta G^0 - T$ 平衡图。1948 年，理查森和杰弗斯（J. H. Jeffes）在 $\Delta G^0 - T$ 平衡图上附加平衡氧压 p_{O_2} 和 p_{co}/p_{co_2}、p_{H_2}/p_{H_2O} 的辅助坐标，绘制成理查森和杰弗斯的 $\Delta G^0 - T$ 平衡图，它由 $\Delta G^0 - T$、$\Delta G^0 - p_{O_2}$、$\Delta G^0 - p_{co}/p_{co_2}$、$\Delta G^0 - p_{H_2}/p_{H_2O}$ 四个坐标叠加而成。以此判断氧化物在标准状态下的稳定性，预示某金属氧化的可能性。在 $\Delta G^0 - T$ 平衡图左边画一垂直线，垂直线的 O、H、C 原点分别表示与 p_{O_2}、p_{H_2}/p_{H_2O}、p_{co}/p_{co_2} 有关的起点，使用时很简便。

由 $\Delta G^0 - T$、$\Delta G^0 - p_{O_2}$ 两个坐标组成的 $\Delta G^0 - T$ 平衡图如图 7-2 所示。由图 7-2 可以直接找出任一温度下各种金属氧化物的标准自由能 ΔG^0，ΔG^0 负值的绝对值越大，则这一金属的氧化物越稳定，即这一金属夺取氧的能力越强。在图 7-2 中加入平衡氧压的辅助坐标后，可直接从该坐标上读出给定温度下金属氧化物的平衡氧压，即该氧化物的分解压。

从平衡氧压（p_{O_2}）的辅助坐标可以直接读出给定温度下金属氧化物的平衡分压（即氧化物分解压），方法是从最左上角的"0"点出发，与所涉及的反应线在给定温度的交点相连作直线，并且延长到图上最右边（或下边）的氧压辅助坐标轴上，即可直接读出氧的分压。如果反应涉及 CO 和 CO_2 或 H_2 和 H_2O 时，可分别从 C 点和 H 点与所涉及的反应线在给定温度的交点相连作直线，并延伸到相应的 CO/CO_2 或 H_2/H_2O 辅助坐标，即可读出相应的 CO/CO_2 或 H_2/H_2O 的比值。

例如，判断 Cu_2O 在 900℃ 的空气中是否会分解？在 900℃ 时被 CO 和 H_2 还原的条件如何？从图 7-2 中所示的"0"点通过 $4Cu + O_2 \longrightarrow 2Cu_2O$ 反应线与温度为 900℃ 的交点画直线，并延长直线与氧压辅助坐标交于 $p_{O_2} = 1.013 \times 10^{-3.2} Pa$，当大气中氧的分压 $p'_{O_2} > p_{O_2}$ 时，上述反应会自发向右进行。由于大气中氧的分压 $p'_{O_2} = 2.1278 \times 10^4 Pa$，远大于该温度下 Cu_2O 的分解压（$p_{O_2} = 1.013 \times 10^{-3.2} Pa$），所以 Cu_2O 不会分解。

另外，应用 $\Delta G^0 - T$ 图，也可预示一种金属还原另一种金属氧化物的可能性。

二、金属高温氧化历程

金属氧化是一个复杂的过程。它取决于金属材料、环境因素和形成氧化膜的性质。那么，氧或其他气体是如何与表面金属反应形成一层连续的氧化膜而把金属与环境隔开的呢？Fromhold 提出模型图如图 7-3 所示，较全面地说明了氧化过程的各个环节。

一旦形成氧化膜，氧化过程的继续进行将取决于下面两个因素：①界面反应速度。该速度包括金属/氧化物及氧化物/气体两个界面上的反应速度。②参加反应物质通过氧化膜的扩散和迁移速度。该速度包括浓差梯度作用下的扩散和电位梯度引起的迁移。

这两个因素控制着金属氧化继续进行的整个过程，即控制着整个过程的氧化速度。

从金属氧化的历程分析可知，当金属与氧初始作用或生成极薄的氧化膜时，起主导作用

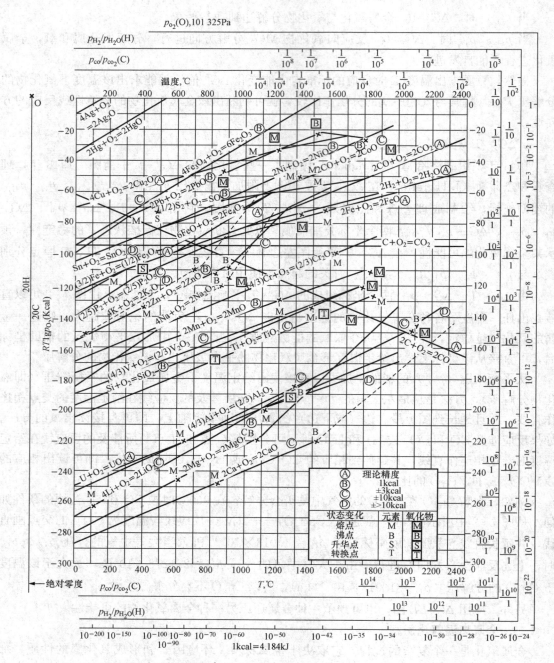

图 7-2　一些氧化物的 ΔG^0-T 图

的是界面反应，即界面反应速度成为控制因素；但随着密实氧化膜长大增厚，则反应物质的扩散速度逐渐起显著作用，以至成为整个氧化过程的控制因素。

金属的氧化历程，按其化学反应、电化学反应和扩散形式有以下过程：

金属氧化初期，首先是氧分子物理吸附在金属表面，进而氧分子分解成原子并与金属发生化学反应，以化学键结合，生成一层单分子氧化物，即氧化膜，其后膜的成长则具有电化学反应过程，如图 7-3 所示。

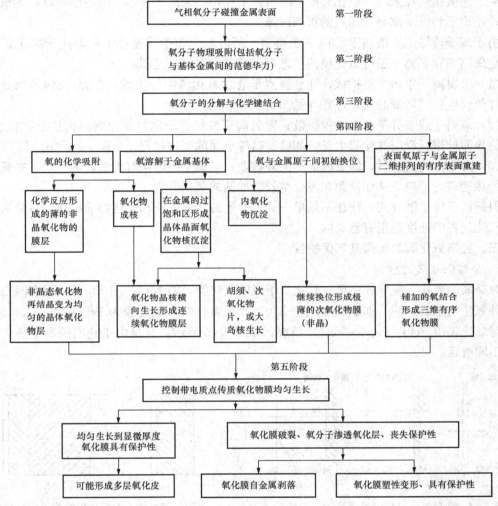

图 7-3　Fromhold 金属氧化过程示意

这种电池中，金属/氧化膜界面作为阳极，反应为

$$M \longrightarrow M^{2+} + 2e$$

氧化膜/气体界面作为阴极，反应为

$$\frac{1}{2}O_2 + 2e \longrightarrow O^{2-}$$

总反应为

$$M + \frac{1}{2}O_2 \longrightarrow MO$$

此时，氧化膜本身是既能电子导电又能离子导电的半导体，其作用如同电池中的外电路和电解质溶液。在电场作用下，电子可以由金属通过膜传递给膜表面的氧，使其结合电子还原变为氧离子，而氧离子和金属离子在膜中又可以进行离子导电，即氧离子往阳极（金属与氧化物膜接界处）迁移，而金属离子往阴极（氧化物膜与气体接界处）迁移，两者在氧化膜某

处，再进行二次化合过程，从而使氧化物膜逐渐增厚。

从上述氧化过程来看，氧化膜同时具有以下作用：①离子导体；②电子导体；③氧还原电极；④离子和电子都必须通过的扩散屏障。

由于离子传导的扩散速度比电子慢得多，所以氧化膜生成速度主要取决于离子扩散速度。金属离子和氧离子通过氧化膜的扩散可以有三种方式（见图7-4）。

（1）金属离子单向向外扩散，即金属离子通过氧化膜向外扩散，在膜/气体界面处进行反应并使膜生长，如铜的氧化过程〔见图7-4（a）〕。

（2）氧离子或氧分子单向向内扩散，即氧离子或氧分子通过氧化膜向内扩散，在金属/氧化物界面处进行反应并使膜生长，如钛、锆等金属的氧化过程〔见图7-4（b）〕。

（3）两个方向的扩散，即金属离子向外扩散，氧离子向内同时扩散，两种离子在氧化膜内某处相遇进行反应，从而使膜在该处生长。如钴的氧化过程〔见图7-4（c）〕。

但是这三种扩散方式，往往不是单一的。上述的界面反应和反应物的扩散，对分析研究金属氧化过程的速度是很有意义的。

三、金属氧化膜的结构及其保护性

1. 金属氧化膜的结构

纯金属的氧化一般形成由单一氧化物组成的氧化膜，如 NiO、Al_2O_3 等，但有时也能形成多种氧化物组成的膜。如铁在空气中 $570℃$ 以下氧化时，氧化膜为 Fe_3O_4 - Fe_2O_3；$570℃$ 以上时氧化膜由 FeO - Fe_3O_4 - Fe_2O_3 组成，如图7-5所示。这是由于它们的高温热力学稳定性不同所致。

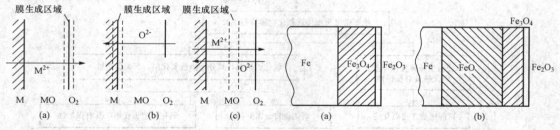

图7-4　金属氧化过程中离子扩散方式与　　　　　图7-5　铁表面氧化膜结构示意
　　　　膜生成位置关系

金属氧化膜有不同的晶体结构，见表7-3。合金氧化时，其氧化膜的组成和结构要比纯金属复杂，见表7-4。纯金属与合金的氧化膜组成结构的差异直接反映在其抗蚀性上。

表7-3　　　　　　　　　　　　一些金属氧化物的晶格结构类型

晶格结构类型	金　属						
	Fe	Cr	Al	Ti	V	Mn	Co
岩盐（立方晶系）	FeO			TiO	VO	MnO	CoO
尖晶石（立方晶系）	Fe_3O_4					Mn_3O_4	Co_3O_4
尖晶石（六方晶系）	γ - Fe_2O_3	γ - Cr_2O_3	γ - Al_2O_3				
刚玉（斜六面体晶系）	α - Fe_2O_3	α - Cr_2O_3	α - Al_2O_3	Ti_2O_3	V_2O_3		

表 7 - 4　　　　　　　　　　　　　　纯金属与合金的锈皮组成比较

纯金属	合金
简单氧化物 FeO，Fe_2O_3	固溶态基体元素氧化物 Fe（Ni、Co）O
尖晶石氧化物 Fe_3O_4（FeO，Fe_2O_3）	尖晶石类氧化物 $FeCr_2O_4$（FeO. Cr_2O_3）
多层氧化物 FeO	多层多相氧化物混合体 NiO
Fe_3O_4	$NiO + NiO \cdot Cr_2O_3$
Fe_2O_3	$Ni - Cr + Al_2O_3$

2. 金属氧化膜的保护性

金属在氧化条件下，其表面可形成一层氧化膜，通常称为氧化皮或锈皮。然而，并非所有金属氧化膜都具有保护性。金属氧化膜保护性能的好坏，取决于膜的厚度、膜的完整性和致密性、膜的组织结构、膜与基体金属的附着性、膜与基体金属的膨胀系数等因素。因此，保护性氧化膜应具备以下条件。

（1）氧化膜的完整性。金属氧化过程中形成的氧化膜是否具有保护性，首先取决于膜的完整性。完整性的必要条件是氧化物的体积 V_{MO} 必须大于氧化所消耗金属的体积 V_M，即

$$(V_{MO}/V_M) > 1 \tag{7-5}$$

只有满足此条件氧化膜才可能把金属表面全部覆盖。此比值称为 P - B 比，以 γ 表示，是 Pilling. N. B 和 Bedworth. R. E 两人于 1923 年提出的，其体积比计算如下：

例如，氧化 lmol 金属原子，则金属体积 V_M 为

$$V_M = \frac{M_m}{\rho}$$

式中　M_m——金属摩尔质量，g；

　　　ρ——金属的密度，g/cm^3。

设 1mol 金属原子生成氧化物的体积为

$$V_{Ox} = \frac{M_{Ox}}{n\rho_{Ox}}$$

式中　M_{Ox}——氧化物摩尔质量，g；

　　　ρ_{Ox}——氧化物的密度，g/cm^3；

　　　n——一个分子氧化物中含有金属原子的个数。

于是氧化物与金属的体积比 γ 为

$$\gamma = \frac{V_{MO}}{V_M} = \frac{M_{Ox}\rho}{nM_m\rho_{Ox}}$$

当 $\gamma > 1$ 时，氧化膜才可能是完整的；当 $\gamma < 1$ 时，氧化膜是不可能完整的，没有保护性。

Pilling 和 Bedwoith 认为，当 $\gamma < 1$ 时，所形成的氧化物不足以盖满金属表面，结果形成多孔疏松状的膜，因而没有保护性；当 $\gamma \gg 1$ 时，氧化物会产生很大的内应力，从而会引起膜层开裂和剥落，抗氧化性也不好。所以，理想体积比应稍大于 1。

表 7 - 5 列出一些金属氧化物的 P - B 比。实践证明，$\gamma > 1$ 时，氧化膜的保护性较好。

（2）氧化膜在介质中稳定。这主要取决于膜的完整性和致密性。

表 7 - 5　　　　　　　　　　　一些金属氧化膜的 P - B 比

氧化物	γ	氧化物	γ	氧化物	γ	氧化物	γ
K_2O	0.45	CdO	1.21	BeO	1.59	Fe_2O_3	2.14
CsO	0.46	Al_2O_3	1.28	PbO	1.60	SiO_2	2.27
Li_2O	0.57	HgO	1.31	ZnO	1.62	Bi_2O_3	2.27
Na_2O	0.58	ThO_2	1.32	Cu_2O	1.68	Ta_2O_3	2.33
SrO	0.65	SnO_2	1.32	FeO	1.77	Sb_2O_5	2.36
CaO	0.65	PbO_2	1.40	MnO	1.79	Nb_2O_5	2.68
BaO	0.67	ZrO_2	1.51	TiO_2	1.95	V_2O_5	3.18
MgO	0.81	NiO	1.52	Co_3O_4	1.99	WO_3	3.35
Ce_2O_3	1.16	Ag_2O	1.59	Cr_2O_3	2.07	MoO_3	3.40

（3）膜与基体金属之间附着性良好，不易剥落。

（4）膜与基体金属的膨胀系数要近似。

（5）膜的组织结构与基体金属的组织结构之间应适应。

（6）膜中的应力要小，以免造成膜的机械损伤。

四、金属氧化的动力学规律

1. 氧化速度的表示方法

金属和合金的氧化速度，常用单位面积上的质量变化 Δm（mg/cm^2）表示。有时也用氧化膜的厚度 y 和系统内氧的分压表示。膜厚与氧化增加质量可用下式换算：

$$y = \frac{\Delta m \cdot M_{Ox}}{M_{O_2} \cdot \rho_{Ox}} \qquad (7-6)$$

式中　y——膜厚；

Δm——单位面积上的氧化增加质量；

M_{Ox}——氧化物摩尔质量；

M_{O_2}——氧的摩尔质量；

ρ_{Ox}——氧化物密度。

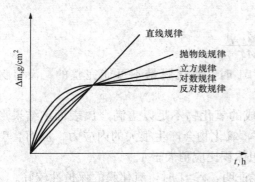

图 7 - 6　金属氧化 Δm - t 曲线五种类型

2. 金属氧化动力学规律

恒温下测定氧化过程中氧化膜增重 Δm 或厚度 y 与氧化时间 t 的关系曲线是研究氧化动力学的基本方法。高温氧化动力学曲线在一定程度上反映了氧化膜对界面反应速度的不同影响。研究表明，金属氧化的动力学曲线遵循以下五种规律，如图 7 - 6 所示。

（1）直线规律如下：

$$y = K_L t \qquad (7-7)$$

式中　K_L——氧化的线性速度常数。

　　金属氧化时，若不生成保护性氧化膜，则氧化速度直接由形成氧化物的化学反应决定。碱金属、碱土金属及 Mo、V、Nb 等金属在高温氧化时均遵循此规律。

　　（2）抛物线规律如下：

$$y^2 = K_p t \tag{7-8}$$

式中　K_p——抛物线（Parabolic）速度常数。

　　多数金属和合金的氧化动力学为抛物线规律。此规律主要表明在较宽的温度范围内氧化时，金属表面上的氧化膜具有保护性。

　　（3）立方规律如下：

$$y^3 = K_c t \tag{7-9}$$

式中　K_c——立方（Cubic）速度常数。

　　铜在 $100 \sim 300$℃时各气压下；锆在 $600 \sim 900$℃，1.013×10^5Pa 氧中的氧化均服从此规律。

　　（4）对数和反对数规律

　　对数规律的关系式为

$$y = K_1 \lg(K_2 t + K_3) \tag{7-10}$$

　　反对数规律为

$$\frac{1}{y} = K_4 - K_5 \lg t \tag{7-11}$$

式中　K_1、K_2、K_3、K_4、K_5——常数。

　　有些金属在室温氧化时服从对数或反对数规律。这两种规律都是在氧化膜相当薄时才出现，这表明氧化过程受到的阻滞远比抛物线关系中的阻力大。

五、影响金属氧化速度的因素

　　1. 温度的影响

　　温度升高会使金属氧化速度显著增大。根据氧化膜的厚度及其保护性能不同，氧化速度取决于界面反应速度或反应物通过膜的扩散速度。

　　随着温度升高，界面反应速度会加快。温度升高也会强化金属与气体介质通过氧化膜的扩散。温度的变化还会导致氧化膜与金属的相变。

　　2. 气体介质的影响

　　不同气体介质对金属和合金的氧化影响有很大差别。混合气氛中的高温腐蚀是很重要的问题。表 7-6 为碳钢和 18-8 不锈钢在混合气氛中的氧化增重。显然，大气中含有 SO_2、H_2O 和 CO_2 显著地加速钢的氧化。但是，在含 H_2O 和 SO_2 或 CO_2 的混合气氛中，碳钢的氧化量比在大气中增加了 $2 \sim 3$ 倍，而 18-8 钢则增加了 $8 \sim 10$ 倍。这可能是不同氧化膜保护性能的差异所致。

　　此外，因氧化膜的类型不同，气体介质中氧的分压对金属氧化的影响不同。

表 7-6　　　　　混合气氛中碳钢和 18-8 不锈钢的氧化增重（900℃，24h）　　　　　mg/cm^2

混合气氛	碳钢	18-8 不锈钢	碳钢/18-8 钢
纯空气	55.2	0.44	138
大气	57.2	0.46	124

续表

混合气氛	碳钢	18-8不锈钢	碳钢/18-8钢
纯空气+2%SO_2	65.2	0.86	76
大气+2%SO_2	65.2	1.13	58
大气+5%SO_2+5%H_2O	152.4	3.58	43
大气+5%CO_2+5%H_2O	100.4	4.58	22
纯空气+5%CO_2	76.9	1.17	65
纯空气+5%H_2O	74.2	3.24	23

六、金属的高温氧化

将金属在高温下同各种气体介质发生氧化反应称为金属的高温氧化，其特征是温度高。金属的高温氧化是多种多样的。

1. 铁的高温氧化

铁在高温时形成的氧化膜（又称氧化皮）有较复杂的结构。铁在 570℃ 以上氧化时，生成的氧化皮由 FeO、Fe_3O_4 和 Fe_2O_3 三层氧化物组成，最外层为 Fe_2O_3。铁在约 1000℃ 时所形成氧化膜各层的厚度分布为：FeO 约占整个氧化膜厚度的 90%，Fe_3O_4 占 9%，Fe_2O_3 占 1%。

FeO 是黑色氧化物，具有岩盐型立方晶体的晶体结构。在 570～575℃ 之间稳定。当它从高温缓慢冷却时，按以下方程式分解：

$$4FeO \longrightarrow Fe+Fe_3O_4$$

通常高温下 FeO 相处于亚稳定状态。FeO 的熔点是 1377℃，低于 Fe 的熔点 (1588℃)。在 FeO 中氧含量总是高于化学当量，即大于 50% 原子。晶体缺陷浓度高离子易扩散，保护性小。

Fe_3O_4（磁性氧化铁）是黑色氧化物，具有尖晶石型立方晶系结构，有良好的保护性。

在氧化性介质中加热时，Fe_3O_4 转变为无磁性的 $\alpha\text{-}Fe_2O_3$。这一过程分两个阶段进行，加热到 220℃ 时，形成过渡性结构 $\gamma\text{-}Fe_2O_3$（棕色氧化物）。这一阶段只是 Fe_3O_4 氧化，Fe^{2+} 变为 Fe^{3+} $\left(2Fe_3O_4+\dfrac{1}{2}O_2 \longrightarrow 3Fe_2O_3\right)$ 的过程，而晶体结构未发生变化，保留了 Fe_3O_4 固有的磁性（具有保护性）。当继续加热到 400～500℃ 时，它失去磁性而形成具有稳定结构的 $\alpha\text{-}Fe_2O_3$ 的晶格。

$\alpha\text{-}Fe_2O_3$ 是红棕色的固体氧化物，具有斜方六面体晶系组织，其保护性比 Fe_3O_4 和 $\gamma\text{-}Fe_2O_3$ 差。它可以存在于较宽的温度范围内，但温度高于 1100℃ 时，它部分地分解，高于 1565℃ 时，它会完全分解。

2. 碳钢的高温氧化

碳钢在空气中或氧中缓慢加热时，温度对碳钢氧化速度的影响如图 7-7 所示。

（1）当在 200℃ 以下加热时，已出现可见的氧化膜 $\gamma\text{-}Fe_2O_3$（或 Fe_3O_4），它们具有良好的保护性，膜成长在强烈的阻滞下进行，氧化过程遵循对数规律。

（2）当温度上升到 250～275℃ 时，在膜的外层出现 $\gamma\text{-}Fe_2O_3$（或 Fe_3O_4）向 $\alpha\text{-}Fe_2O_3$

转变的过程，导致膜继续增厚，氧化速度加大。

（3）当温度高于575℃时，碳钢表面已经生成三层氧化物：FeO、Fe_3O_4 和 α - Fe_2O_3。氧化过程大大加速，并遵循抛物线规律。

（4）当温度升到800～900℃时，氧化过程发生突变，氧化速度显著增加。这主要是由于表面膜的保护性能降低，使氧化速度进一步加快。尤其在温度变化剧烈时（如冷热交替工作时）保护膜由于热应力作用更易产生裂缝和脱落，使氧化速度加快。

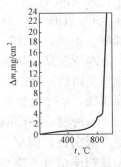

图 7 - 7　温度对碳钢氧化速度的影响

除氧以外，还有许多其他工业气体可以在高温下，对金属有强烈的氧化性，其中最活泼的是水蒸气、CO_2、SO_2、Cl_2、H_2S 等。特别是在800℃时，铁在 SO_2 气体中氧化速度很快，氧化膜被强烈地破坏，而且碳钢在 SO_2 中还会发生晶间腐蚀。

3. 碳钢脱碳

碳钢在高温气体氧化过程中，因钢表面上的渗碳体（Fe_3C）与气体作用导致渗碳体的减少，称为钢的脱碳。如果高温气体介质含有 O_2、H_2O、H_2 等与 Fe_3C 相互作用，则有以下反应：

$$Fe_3C + O_2 \longrightarrow 3Fe + CO_2$$
$$Fe_3C + CO_2 \longrightarrow 3Fe + 2CO$$
$$Fe_3C + H_2O \longrightarrow 3Fe + CO + H_2$$
$$Fe_3C + 2H_2 \longrightarrow 3Fe + CH_4$$

这是一种很严重的氧化现象，因为反应都生成含碳的气体产物，且离开金属表面，致使钢表面层中碳含量减少，甚至完全缺碳。造成钢表面膜的破坏和硬度、疲劳强度等机械性能下降。随着介质中 CO_2、H_2O、H_2 含量升高以及氧化时间延长，脱碳程度增大。若增加气体介质中的 CO、CH_4 将使脱碳作用减小，甚至导致渗碳作用。

4. 铸铁肿胀

在高温条件下，由于氧化性气体能沿着晶界、石墨夹杂物和裂缝渗入到铸铁内部发生氧化作用，所生成的（V_{MO}/V_M）＞1，促进铸铁体积显著增大，这种现象称为铸铁肿胀。肿胀的结果不仅使设备尺寸增加 12％～15％ 以上，而且引起铸件机械强度大大降低。这是一种晶间型的高温氧化，所以有较大的危害性。实践证明，当高温氧化周期性进行，并且加热温度超过铸铁的相变温度时，肿胀会显著增加。

在铸铁中，加入较高含量的硅或镍可以防止肿胀现象。如硅铸铁中硅含量为 5％～10％，镍硅铬铸铁的含量为 18％Ni、6％Si、2％Cr、1.8％C 等。

第三节　锅炉烟气侧的高温腐蚀

锅炉烟气侧长期处于高温环境中，因受烟气和悬浮灰分的作用，会发生不同程度的高温腐蚀，包括高温氧化、硫酸盐高温腐蚀、硫化腐蚀、氯化物高温腐蚀、钒腐蚀等。锅炉受热面管在高温下，烟气侧和蒸汽侧均有发生腐蚀的可能性。烟气对管壁的高温腐蚀，主要是煤中的碱金属在燃烧过程中升华，与烟气中的 SO_3 生成硫酸盐，在 550～710℃ 范围内呈液态黏结附着在管壁上，破坏管壁表面的氧化膜，即发生高温腐蚀。另外，灰中的钒在高温下升华，并生成 V_2O_5，在 $550\sim660℃$ 时凝结在管壁上起催化作用，使烟气中的 SO_2 及 O_2 生成 Na_2SO_4 及原子氧（O），对管壁具有强烈的腐蚀作用。高温腐蚀是反复进行的，它使氧化膜破坏、生成、再破坏，管壁逐渐减薄，最后导致锅炉爆管。

水冷壁高温腐蚀的区域通常发生在燃烧器中心线位置附近，结渣和不结渣的锅炉均有可能发生腐蚀，腐蚀速度一般为 $1.1\ mm/a$。通常管子向火侧的正面腐蚀最快。一旦发生了高温腐蚀，水冷壁管表面保护性氧化膜的生成速度远不及高温腐蚀的速度快。

水冷壁管高温腐蚀有两种外貌特征：①管外壁有较厚的附着物，内部为分层结构，外层为灰白色，内层是黑色物质，结构致密。机械剥落时，外层呈颗粒状或粉状脱落，与黑色物质结合不牢固，内层分离时呈小片状，较脆、有磁性，这种腐蚀较轻；②管外壁有较薄的黑色附着物，厚度约为 $0.5mm$，与管壁结合较松散，可大片自行脱落，质地坚硬，脱落后的管壁上有很薄的黑色物质，与管壁结合牢固，这种腐蚀一般较严重。通过分析知，两种附着物中硫的含量很高，主要是硫化物，硫酸盐含量较少。腐蚀损坏时，管壁分层减薄，腐蚀状况为斑点状。这说明锅炉运行过程中，由于燃煤中的硫及其他有害杂质，在高温下对水冷壁造成腐蚀。同时，煤燃烧时产生的大量灰粉，在锅炉燃烧过程中，猛烈撞击水冷壁，对水冷壁工作面产生切削作用，使水冷壁管受到不同程度的磨损，造成水冷壁的减薄。

同时，锅炉尾部也会遭受低温腐蚀。位于锅炉尾部的省煤器、空气预热器遭受硫酸腐蚀，是因为尾部区域的烟气和管壁温度较低所致。燃料中的硫燃烧生成 SO_2，SO_2 进一步氧化成 SO_3，SO_3 与烟气中的水蒸气生成硫酸蒸气。硫酸蒸气的存在使烟气的露点显著升高。由于空气预热器下部空气的温度较低，此处烟气温度不高，壁温常低于烟气露点。硫酸蒸气会凝结在预热器受热面上，造成硫酸腐蚀，为低温腐蚀。但是当燃料含硫量较高，过量空气系数较大，致使烟气中 SO_3 含量较高，露点较高，且给水温度较低（如高压加热器停用）时，省煤器管也有可能发生低温腐蚀。

一般情况下，烟气的单纯氧化不会引起管壁的严重破坏，这是因为炉管表面在高温下形成一层保护膜。在此讨论其他几种对锅炉管造成危害的高温腐蚀形式。

一、硫化物腐蚀

由硫引起的腐蚀主要有硫化腐蚀和硫酸盐腐蚀。

1. 硫化腐蚀

高温硫化是指在高温下金属与硫反应发生的腐蚀。硫主要来源于燃煤中的 FeS_2。燃煤中的 FeS_2 受热分解出原子态硫 [S]，当管壁附近有一定浓度的 H_2S 和 SO_2 时，也可能生成原子态硫，反应式为

$$FeS_2 \longrightarrow FeS + [S]$$
$$2H_2S + SO_2 \longrightarrow 2H_2O + [S]$$

在还原性气氛中，当管壁温度达到 $623℃$ 时，原子态硫 [S] 与铁作用，反应式为

$$Fe + [S] \longrightarrow FeS$$

结果使管壁受到腐蚀。同时，FeS 在温度较高的条件下和介质中的氧发生如下反应：

$$3FeS + 5O_2 \longrightarrow Fe_3O_4 + 3SO_2$$

产生的 SO_2 又会加速下述的硫酸盐腐蚀。

硫在燃烧过程中生成的 H_2S 会透过疏松的 Fe_2O_3，与较致密的磁性氧化铁 Fe_3O_4 中的

FeO 作用，反应为

$$FeO + H_2S \longrightarrow FeS + H_2O$$

结果使 Fe_3O_4 保护膜受到破坏，引起腐蚀。

金属的硫化和金属的氧化具有相似性。但是在一般情况下，金属硫化腐蚀的反应速度比氧化反应快得多，而且金属硫化的腐蚀产物往往是疏松、多孔、开裂、无保护性的。所以，对大多数金属而言，硫是一种更具腐蚀性、危害更大的氧化剂。

2. 硫酸盐腐蚀

在锅炉水冷壁烟气侧、过热器和再热器的烟气侧都可能发生硫酸盐腐蚀。引起硫酸盐腐蚀的物质是硫酸盐和焦硫酸盐。

（1）锅炉水冷壁管烟气侧的硫酸盐腐蚀。硫酸盐 M_2SO_4（M 表示 Na 或 K）是煤在燃烧过程中产生的 Na_2O 和 K_2O 与烟气中的 SO_3 反应的产物。锅炉水冷壁管温度达 $310 \sim 420℃$ 时，管壁因氧化形成 Fe_2O_3 层。而燃料燃烧时升华出来的 Na_2O 和 K_2O 与烟气中的 SO_3 反应生成的 M_2SO_4，在水冷壁温度范围内有黏结性，呈淡白色，可捕捉灰粒黏结成灰层。这样，管壁灰表面温度升高，外面形成渣层，最外层变成流层，烟气中的 SO_3 能够穿过灰渣层，在管壁与灰渣层的界面上与 M_2SO_4、Fe_2O_3 发生如下反应：

$$3M_2SO_4 + Fe_2O_3 + 3SO_3 \longrightarrow 2M_3Fe(SO_4)_3$$

然后，从管壁向内再形成新的 Fe_2O_3 层。如此继续，管壁金属受到腐蚀。

另外，管壁结渣中的 M_2SO_4 与烟气中的 SO_3 反应生成焦硫酸盐 $M_2S_2O_7$，它在 $310 \sim 400℃$ 范围内呈熔融态，腐蚀性很强。它与壁管上的 Fe_2O_3 发生如下反应：

$$3M_2S_2O_7 + Fe_2O_3 \longrightarrow 2M_3Fe(SO_4)_3$$

从而使管壁发生腐蚀。灰渣层的硫酸盐中 $M_2S_2O_7$ 达 5% 时就会使管壁受到严重腐蚀。

（2）过热器和再热器烟气侧硫酸盐腐蚀。过热器和再热器温度较高，这种条件下 $M_3Fe(SO_4)_3$ 易呈熔融态，此时，它可以通过管壁的氧化膜到达金属表面与基体金属反应，即

$$4Fe + 2M_3Fe(SO_4)_3 + O_2 \longrightarrow 3M_2SO_4 + 2Fe_3O_4 + 3SO_2$$

生成的 SO_2 被氧化成 SO_3，SO_3 又会加速腐蚀。

$M_3Fe(SO_4)_3$ 腐蚀性强且熔点低，若温度高于 $550℃$ 时就呈稳定的液态，从而使管壁金属流失。上述腐蚀过程循环进行，使管壁不断受到腐蚀。过热器、再热器及其部件在壁温高于 $550℃$ 时烟气侧腐蚀主要由于上述原因所致。

二、氯化物腐蚀

燃料中的氯在燃烧过程中以 NaCl 形式被释放出来，而 NaCl 易与 H_2O、SO_2、SO_3 反应生成硫酸盐和 HCl 气体。这是由于 NaCl 可以在水冷壁管上凝结，并且在继续硫酸盐化的同时生成 HCl。故积灰层中的 HCl 浓度比烟气中要大得多，从而导致管壁 Fe_2O_3 氧化膜破坏，反应为

$$Fe_2O_3 + 6HCl \longrightarrow 2FeCl_3 + 3H_2O$$

在 CO 或 H_2 的气氛中这种腐蚀更为严重。

三、钒腐蚀

劣质燃料中常含有钒，含钒燃料燃烧时生成 V_2O_5，其熔点为 $670℃$，在较低温度下就会以熔融态存在，它属酸性氧化物，可以破坏金属表面氧化膜，加速金属腐蚀。此外，熔融

的 V_2O_5 会溶解金属表面氧化膜，V_2O_5 会穿过氧化膜层与基体金属反应。一般钢和铁基合金抗钒蚀能力较差，主要原因是会发生如下反应：

$$2Fe_2O_3 + 2V_2O_5 \longrightarrow 4FeVO_4$$

由于生成结构松散的 $FeVO_4$，金属氧化膜被破坏。$FeVO_4$ 与基体铁继续反应，即

$$8FeVO_4 + 7Fe \longrightarrow 5Fe_3O_4 + 4V_2O_3$$

V_2O_5 与铁反应式为

$$4Fe + 3V_2O_5 \longrightarrow 2Fe_2O_3 + 3V_2O_3$$

$$V_2O_3 + O_2 \longrightarrow V_2O_5$$

在铁基合金中加入 Ti、Al、Si 等元素或采用外表面 Al、Si 涂层，可提高抗钒蚀能力。

四、锅炉烟气侧高温腐蚀的控制

1. 水冷壁管高温腐蚀的控制

水冷壁管的高温腐蚀速度一般为 $1.1 \sim 1.5 mm/a$。主要是由于含硫燃料在燃烧工况不良时引起的。为抑制腐蚀的发生，应防止腐蚀条件的形成，具体措施如下：

（1）改善燃烧条件，过量空气系数不宜太小，防止火焰直接接触管壁。采用低氧燃烧技术，降低烟气中的 SO_3 和 V_2O_5 含量，可以减轻腐蚀。但如果过量空气系数太低，又会造成燃烧不完全，所以，过量空气系数应控制在一定范围内。

（2）合理配风及强化锅炉内的湍流混合，避免局部高温和局部还原性气氛。如果配风不良，即使过量空气系数大于1，也会在炉壁附近出现很强的还原性气氛。可通过调整和强化各燃烧器的混合，大大减轻高温腐蚀。

（3）在燃煤中加入石灰石，燃烧过程中产生 CaO，可达到脱硫的目的，从而防止腐蚀。

（4）采用贴壁风技术。贴壁风技术即从二次风箱引出一股少量的二次风，在锅炉水冷壁附近形成一层气膜，改善腐蚀严重区域内水冷壁贴壁烟气成分，阻挡煤粉气流直接冲刷炉管。由于贴壁风温度相对于炉膛烟气温度来说是一股冷风，因此可有效降低水冷壁的腐蚀程度。

（5）采用防腐蚀材料。防腐蚀材料如渗铝管、加防护套炉衬、高温喷涂防护等。渗铝管的金属表面有 Al_2O_3 保护层，管道具有优良的抗高温腐蚀性能。

此外，加强运行管理，防止炉膛火焰偏斜和水冷壁结渣以及由于热流密度分布不均匀引起的水冷壁管内结垢，对避免水冷壁管超温而导致高温腐蚀也会起到重要作用。

2. 过热器和再热器高温腐蚀的控制

对于燃煤锅炉，如果燃料中 K、Na、S 含量较高，就应注意防止过热器和再热器的高温腐蚀。通过控制管壁温度，使 $M_3Fe(SO_4)_3$ 不呈熔融态，可有效防止过热器和再热器的高温腐蚀。目前国内外常用的方法是限制蒸汽参数。对于超高压和亚临界压力机组，趋向于把蒸汽温度定为 $540℃$。在设计布置过热器时，应注意蒸汽出口段不要布置在烟气过热的部位。也可采用镁、铝等氧化物添加剂，提高积结物的熔点，避免炉管受到严重腐蚀。

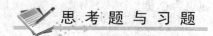

思 考 题 与 习 题

1. 高温腐蚀通常分为哪几种类型？

2. 如何判断高温金属氧化膜的稳定性？

3. 决定金属氧化膜完整性的条件是什么？具有保护性的氧化膜应具备哪些条件？

4. 金属高温氧化的可能历程有哪些？

5. 金属氧化动力学规律有哪几种？

6. 钢的脱碳及铸铁肿胀产生的条件是什么？定量地说明防止方法与原理。

7. 说明锅炉烟气侧发生硫化腐蚀和硫酸盐腐蚀的机理，如何控制？

第八章　热力设备腐蚀概况与特点

我国能源结构中以火力发电为主，火力发电设备约占 72% 以上。随着发电机组参数的提高，锅炉水冷壁、省煤器和过热器管的爆破与泄漏在锅炉故障中所占比例也增加，已超过 60%，其中由于水质问题引起的腐蚀故障占 4% 左右。热力设备对腐蚀失效很敏感，所以，防止热力设备的腐蚀是很重要的。

第一节　热力设备及其接触的介质环境

火力发电热力设备使用净化处理的水在锅炉中变成蒸汽，将蒸汽送入汽轮机使其以 3000r/min 的转速带动发电机发电。做过功的蒸汽经凝汽器冷凝成水在热力系统循环使用。所损失的部分蒸汽和水由水处理设备制取的除盐水加以补充。图 8-1 所示为火力发电厂热力系统汽水流程简图。

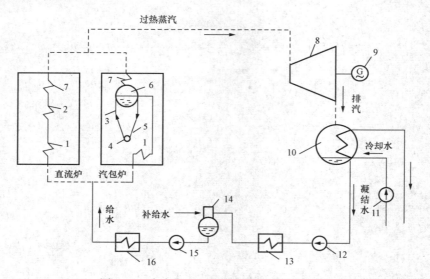

图 8-1　火力发电厂热力系统汽水流程简图

1—省煤器；2—蒸发受热面；3—水冷壁；4—联箱；5—下降管；6—汽包；7—过热器；8—汽轮机；
9—发电机；10—凝汽器；11—冷却水泵；12—凝结水泵；13—低压加热器；
14—除氧器；15—给水泵；16—高压加热器

由图 8-1 可知，热力系统的主要设备有锅炉（省煤器、锅炉本体、过热器、中间再热式机组的再热器）、汽轮机、凝汽器、低压加热器、除氧器、高压加热器及各种输送水和蒸汽的管道和泵等。与热力设备接触的各种水汽有补给水、给水、凝结水、疏水、炉水、饱和蒸汽、过热蒸汽等。

送往锅炉的水经除氧器除氧后经给水泵升压，再经高压加热器加热，通过省煤器进入锅炉，在锅炉中受热产生的蒸汽经过热器提高温度后送往汽轮机，以带动发电机转动而产生电力。由汽轮机排出的做功后的蒸汽在凝汽器凝结成水，经凝结水泵送出，并补充一定量的化学除盐水，再经低压加热器加热后，送往除氧器除氧，即为锅炉给水。热力系统中易产生腐蚀的设备是与水或水蒸气接触的锅炉、给水管道、热交换器、凝汽器、汽轮机等。这些设备中的介质都具有较高的温度和压力，常被称作热力设备。

压水反应堆核电厂除二回路的热力设备之外，还有一回路即核反应堆。

热力设备在运行时，不同部位接触的介质特性不同，而且，设备的运行工况变化时，介质的特性也随之变化。

一、热力设备接触的介质环境

1. 水处理系统和补给水管道

该系统接触的介质有生水、除盐水等，介质温度一般低于 50℃，但溶解氧含量高，补给水处理设备如超滤、反渗透、EDI 装置、离子交换设备在运行过程中会接触腐蚀性很强的酸、碱、盐的溶液。因此，为了防止腐蚀和保证补给水水质，该系统内部、特别是离子交换设备的内表面常采取衬胶等措施进行保护。

2. 给水系统

给水系统指除氧器到锅炉之间的设备和管道（包括高压加热器、给水泵、省煤器）。省煤器水侧接触给水，烟气侧接触烟气；高压加热器一侧接触给水，另一侧是加热蒸汽。供给锅炉的水称为给水。给水 pH 值因锅炉压力、类型、加热器材质而异，pH 值范围为 8.0～9.4。给水经除氧器除氧后，溶解氧含量可降到 $7\mu g/L$ 以下。给水温度为 150～240℃，压力一般高于 15MPa。

3. 锅炉

给水通过省煤器管加热后进入锅炉。对于汽包锅炉，给水中的一部分（通常为 1/2）流过蒸汽清洗装置，起到净化蒸汽作用，再流到汽包的水空间，另一部分直接进入汽包的水空间。刚送入锅炉的给水温度略低于炉水（锅炉中保持沸腾的水），沿锅炉下降管由炉膛外部流到底部联箱，并进入上升管（水冷壁）。炉水在水冷壁受热产生部分蒸汽，变成炉水与蒸汽的混合物，称汽水混合物。汽水混合物的密度低于炉水，故沿水冷壁管上升回到汽包中，通过汽水分离装置，将蒸汽与炉水分开。净化后的蒸汽中仅含约 $1/10^4$ 的炉水，分离出的炉水和刚进入锅炉的给水再流入下降管，如此循环，这种循环方式称为自然循环。水冷壁是直接产生蒸汽的部位，炉水温度随锅炉参数不同而异。锅内处理方式不同，炉水水质不同。若采用磷酸盐处理，炉水的 pH 值和含盐量都较高。若采用联氨和氨进行挥发处理，炉水的pH 值和含盐量都较低。直流锅炉内的水冷壁是直接产生蒸汽的部位。

由锅炉汽包中送出的蒸汽称为饱和蒸汽，其温度与炉水温度相同。为提高蒸汽含热量，使其通过过热器和再热器受热，这种蒸汽相应称为过热蒸汽和再热蒸汽。过热器和再热器的内部与高温蒸汽接触，外部与烟气接触。过热蒸汽的温度因锅炉参数不同而异，对于压力为9.8MPa 的高压锅炉为 510～540℃；压力为 13.72MPa 的超高压锅炉为 540～555℃；压力为 16.5MPa 的亚临界压力锅炉为 540～555℃；压力为 25～31MPa 的超超临界压力锅炉为593～650℃。再热蒸汽的温度也因机组参数不同而异。过热蒸汽和再热蒸汽都不含氧，杂质含量低。如果饱和蒸汽携带的盐量较多，过热蒸汽的含盐量也增加，甚至在过热器内积盐。为此，必须保证蒸汽质量。

4. 汽轮机

由锅炉送出的蒸汽进入汽轮机推动转子旋转，并带动发电机发电。高温高压蒸汽在汽轮机中膨胀做功，自身降温降压。为提高蒸汽热量的利用率，从汽轮机抽出不同压力的蒸汽作为各种热源，加热凝结水和给水，而且用作除氧器的热源。对于大型机组，当蒸汽降到中参数后，送回锅炉再热器中加热以提高蒸汽含热量，再送回汽轮机中做功。过热蒸汽进入汽轮机后，其温度和压力逐步降低，过热蒸汽中的杂质也逐步沉积出来。在汽轮机的高、中、低压级中，蒸汽中杂质的成分不同。在汽轮机的最后几级，蒸汽变成湿蒸汽，蒸汽中的盐类和酸性物质，如 H^+、SO_4^{2-}、Cl^-、Cu^{2+} 等都会造成腐蚀。

5. 凝汽器

做过功的低压蒸汽在凝汽器中凝结成水。凝汽器接触的介质成分较复杂，在汽侧凝结水的杂质含量较低，但是当凝汽器发生泄漏时，凝结水的水质恶化，会直接影响锅炉的安全运行。在凝汽器的水侧冷却水的质量较差。

6. 凝结水系统

凝结水系统是指凝汽器至除氧器之间的设备和管道，也称为低压给水系统。凝结水经过低压加热器加热后，送入除氧器除氧，经给水泵升压及高压加热器加热后的给水送往锅炉。凝结水的压力一般低于 1MPa，水温为 40～150℃。凝结水中含盐量、溶解氧含量都很低，水中可能溶有 CO_2，使凝结水的 pH<7，这种情况下，会使系统发生严重腐蚀，使凝结水的含铜量显著增加。

7. 疏水系统

用作热交换器热源的蒸汽做功之后凝结的水称为疏水。根据蒸汽的压力和温度不同，有的送入除氧器，有的作为热源加热其他低温水，有的收集到低位水箱和疏水箱中。疏水的含盐量与凝结水类似，但溶解氧和 CO_2 含量却比凝结水高。因此，疏水系统的腐蚀比凝结水系统严重，疏水的含铁量比凝结水高。

火力发电厂的锅炉与汽轮机有不同的温度与压力规范，表 8-1 为各种锅炉机组的参数。

表 8-1　　　　　　　　　　　　各种锅炉机组参数

锅炉参数		低压	中压	高压	超高压	亚临界压力	超临界压力	超超临界压力
锅炉型式		火管锅炉 水管锅炉 热水锅炉	自然循环	一般为自然循环，少数直流锅炉	一般为自然循环，少数强迫循环，直流锅炉	自然循环、强迫循环、直流锅炉	直流锅炉	直流锅炉
饱和蒸汽	压力（MPa）	≤2.35	3.9	9.8～10.8	15.7	17.6	≥25.0	
	温度（℃）	≤225	250	310～316	343	355	374.2	
过热蒸汽	压力（MPa）	≤2.2	3.5	9.0	13.7	16.5	≥23.0	25～31
	温度（℃）	～350	450	510～540	510～540	530～550	530～550	593～650
蒸发量（t/h）		≤35	65～130	220～430	410～670	850～2050	1050～3000	＞3000
主要用途		工业用汽、采暖	工业用汽、发电	发电为主、工业用汽	发电、偶供热	发电	发电	发电
所配发电机组（MW）		6	12～25	50～100	125～200	250～600	300～1000	1000～1300

二、热力设备所用金属材料

（一）金属材料的基本知识

1. 铁碳合金的相结构

铁素体。碳原子溶入 α-Fe 中形成的间隙固溶体称为铁素体。铁素体有优良的塑性和韧性，但强度和硬度较低。

奥氏体。碳原子溶入 γ-Fe 中形成的间隙固溶体称为奥氏体，是 727℃ 以上的平衡相，高温下具有很好的塑性。

渗碳体。渗碳体铁与碳原子结合形成具有金属性质的复杂间隙化合物。分子式为 Fe_3C，含碳量 6.69%。渗碳体硬度很高但很脆。渗碳体在碳钢中的含量和形态对钢的性能影响很大，在铁碳合金中可呈片状、粒状、网状和板状形态存在。

2. 碳钢

工程上使用的碳钢一般是指含碳量不超过 1.4%，且含 Mn、Si、S、P 等杂质的铁碳合金。按含碳量可分为低碳钢（C≤0.25%）、中碳钢（C＝0.25%～0.6%）、高碳钢（C＞0.6%）。

3. 铸铁

铸铁是含碳量为 2.11%～6.69% 的铁碳合金，工程上常用铸铁的含碳量为 2.5%～4.0%。Mn、Si、S、P 的含量也比碳钢大。

灰口铸铁由于断口呈暗灰色，故得此名。灰口铸铁占铸铁总量的 80%。其牌号用符号 HT＋数字表示，数字代表铸铁的最低抗拉强度值。

4. 耐热钢

具有热稳定性和热强性的钢称为耐热钢。耐热钢根据金相组织可分为以下四类：

（1）珠光体耐热钢。此类耐热钢中加入的合金元素主要为 Cr、Mo、V，其总含量一般为 5% 以下。Cr-Mo 系及 Cr-Mo-V 系珠光体耐热钢，在热力设备中应用最广泛。

（2）马氏体耐热钢。钢中加入含量较高的能使等温转变曲线右移的合金元素，钢在空冷时就可转变为马氏体组织，这类钢称为马氏体钢。应用最早的马氏体耐热钢是 Cr13 型钢，为了提高其热强性，常在这类钢的基础上添加 Mo、W、V、B 等合金元素。

（3）铁素体耐热钢。钢中加入相当多的 Cr、Al、Si 等缩小奥氏体区域的合金元素，使钢具有单相的铁素体组织，称为铁素体耐热钢。常用的有 1Cr25Si2、1Cr25Ti 等。

（4）奥氏体耐热钢。钢中加入的合金元素，不仅使等温转变曲线右移，而且使 Ms 线（在奥氏体等温转变曲线中，奥氏体开始转变成马氏体的温度线）降低至室温以下，钢在空冷后的组织仍然是奥氏体，这种钢称为奥氏体钢。这类钢的热强性很高，且塑性、韧性好。

我国合金钢的牌号用数字和元素符号表示：两位数字＋元素符号＋数字，前面的两位数字表示钢中平均含碳量的万分数；元素符号指所含的合金元素；元素符号后的数字表示该元素的百分含量。合金元素在钢中的含量小于 1% 或 1.5% 时，钢号中只标明元素符号，不标数字。例如，20Cr3MoWV，表示钢中含碳量为 0.2%，含 Cr 量为 3%，Mo、W、V 元素的含量均小于 1.5%。

在某些情况下，对于高合金特殊性能钢，钢号中不标出含碳量，而直接标出所含的合金元素及其含量，例如 Cr25Ti。

5．铜合金

（1）黄铜。黄铜是铜、锌为主的铜合金，根据化学成分不同可分为普通黄铜和特殊黄铜。

普通黄铜是铜和锌的二元合金。其牌号是用 H＋数字表示，其中数字表示铜含量。例如 H70。

特殊黄铜是在铜锌合金中加入其他元素（Al、Mn、Sn、Si、Pb 等）的铜合金。牌号为 H＋添加元素的元素符号＋数字，前两位数字表示铜的百分含量，后面的数字表示添加元素的百分含量。例如 HAl67‐2.5。

（2）青铜。铜合金中主要的添加元素不是 Zn，而是 Sn、Al、Si、Pb 等元素，这种铜合金称为青铜，包括锡青铜、铝青铜、硅青铜、铅青铜等。

6．钛及其合金

钛具有密度小、强度高的特点，钛的耐蚀性能好。钛合金的主要添加元素有 Al、Cr、Mn、Fe、Mo、V 等，加入后可显著提高钛合金的强度。

（二）热力设备所用金属材料

在我国，除核电设备使用昂贵的耐蚀金属材料外，火电设备所采用的金属材料主要是碳钢，有的部件采用合金钢，加热器和凝汽器管材主要采用铜合金，钛管用于凝汽器管也日渐增多。

1．锅炉的材质

蒸汽温度在 450℃以下的低压锅炉钢管主要采用 20A 碳钢；蒸汽温度在 450℃以上的中、高压锅炉，除下降管、上升管（水冷壁）、省煤器管用 20A 碳钢外，其他管子多采用合金钢，如低合金珠光体耐热钢、马氏体耐热钢和奥氏体耐热钢，其中以低合金珠光体耐热钢为主。

由于蒸汽在过热器和再热器中升温及蒸汽导热能力较差，过热器管和再热器管的金属温度比锅炉上升管和省煤器管的温度高，所用的材料多为抗氧化性能良好的低合金热强钢。

过热器分成多段（如过热蒸汽流量 670t/h，压力 13.7MPa，温度 540℃的过热器分五段）。壁温为 500～550℃的过热器管，采用 15CrMo；壁温为 550～580℃的过热器管，采用 12CrMoV；壁温为 600～620℃的过热器管，采用 12Cr2MoWVB 和 12Cr3MoVSiTiB 材质。为了保证机组安全运行，国内外 600MW 以下的机组蒸汽参数，一般控制温度低于 550℃，压力低于 23.52MPa。

2．汽轮机及其辅助设备的材质

汽轮机的主要部件是转子和汽缸，转子上装有叶轮、叶片，汽缸内有隔板和静叶。叶片多使用 1Cr13 不锈钢，这种材质强度高且耐蚀性好，能承受高温高压蒸汽的高速冲击。为了防止末级叶片发生水滴冲蚀，此处焊斯太立合金。温度较高的汽缸前部使用 20CrMoV 钢，温度低于 260℃的后部使用铸钢。

通常将凝汽器、热交换器、除氧器及给水系统的泵、阀门等均称汽轮机辅助设备。

凝汽器的汽侧由于蒸汽的凝结保持高度真空。不能被凝结的气体（空气）的积累，会使真空度降低，影响汽轮机效率。因此，使用蒸汽或水力喷射器，把不凝结气体抽走，在这个抽出不凝结气体的区域中，富集了腐蚀性气体，可引起冷凝管腐蚀。凝汽器管板多采用碳钢，凝汽器管采用铜合金或钛管。

　　给水管道均为碳钢材质，泵叶轮与阀体常使用各种耐蚀材料。低压加热器使用铜合金，高压加热器使用钢管。

　　热力除氧器在除氧过程中也会受到腐蚀。喷雾填料型除氧器的喷嘴为 18－8 不锈钢，本体与水箱是碳钢涂防腐涂料。淋水盘型除氧器的淋水盘使用不锈钢。

第二节 超临界、超超临界参数机组的材质与特点

一、超临界、超超临界参数机组水汽系统

　　我国超临界参数机组已成为目前的主力机组，具有明显的节能和环保效益。超超临界参数机组与超临界参数机组相比，热效率提高 1.2％，水汽系统更加复杂。图 8-2 所示为 1000MW 超临界参数直流机组的水汽系统图。介质流程为：补给水处理设备→凝汽器补水箱→凝汽器→凝结水泵→凝结水净化装置→低压加热器→除氧器→给水泵→高压加热器→省煤器→水冷壁→汽水分离器→过热器→汽轮机高压缸→低温再热器→高温再热器→汽轮机中压缸→汽轮机低压缸→凝汽器。

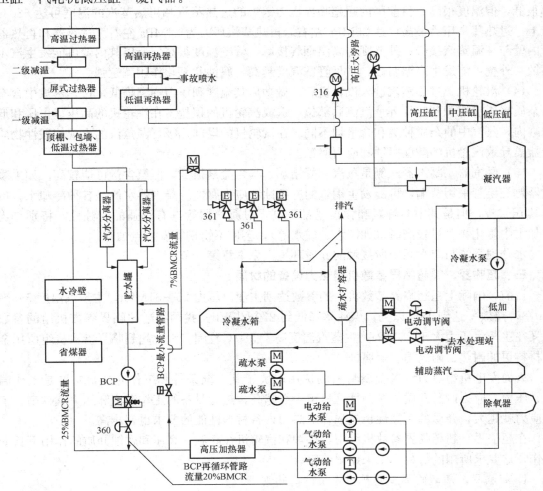

图 8-2　1000MW 超超临界参数直流机组的水汽系统图

二、超临界、超超临界参数机组水汽系统的介质特点

在超临界、超超临界参数机组水汽系统中，热力设备接触的各种水和蒸汽包括未经处理的生水、补给水、凝结水、疏水、给水、炉水、饱和蒸汽、过热蒸汽、再热蒸汽等。其腐蚀性与溶解氧含量、pH 值、离子的种类和含量，以及温度和压力等因素有关。不同热力设备接触介质的特点如下：

（1）凝结水 - 给水系统。该系统包括从凝结水泵至省煤器的设备及管道，其内壁接触的介质是凝结水或给水，高、低压加热器管外壁接触的介质是加热蒸汽。在该系统中，水温随流程逐渐升高，省煤器进口给水温度可达 280℃左右。凝结水和给水的含盐量都很低，但水中可能含有溶解氧和二氧化碳而引起腐蚀。

（2）水冷壁。水冷壁是锅炉中直接产生蒸汽的部位，给水进入蒸发区后将逐渐蒸发，使水与饱和蒸汽并存，甚至可能完全汽化。由于水冷壁炉管承受很高的热负荷，给水带入的杂质在蒸发区有被局部浓缩的可能，从而引起炉管内壁的结垢和腐蚀。另外，水冷壁外壁与高温烟气接触，可能发生高温腐蚀。

（3）过热器和再热器。超临界、超超临界压力直流锅炉的过热蒸汽和再热蒸汽的含盐量都很低，但温度很高。目前国内超超临界压力锅炉的过热蒸汽和再热蒸汽的温度可达 580℃以上，过热蒸汽压力最高可达 25MPa 左右，再热蒸汽压力为 24MPa 左右。过热器和再热器管内壁与高温蒸汽接触，外壁则与高温烟气接触，管壁温度很高，所以其内壁可能发生汽水腐蚀，外壁可能发生高温腐蚀，并且管壁温度越高，腐蚀和氧化作用就越强。

（4）汽轮机。过热蒸汽进入汽轮机后，做功后其温度和压力逐渐降低，过热蒸汽中含有的杂质将逐步沉积到叶片等蒸汽流通部位，造成汽轮机的积盐。在汽轮机的高压、中压和低压缸内，蒸汽中的杂质种类和含量均不同。在汽轮机的尾部几级，湿蒸汽的出现使酸性物质及盐类导致汽轮机的酸性腐蚀和应力腐蚀。

（5）凝汽器。凝汽器汽侧是蒸汽和凝结水，其含盐量很低，但氨含量可能较高。如果凝汽器热交换管采用黄铜，可能发生铜管的氨腐蚀和应力腐蚀。凝汽器水侧是各种冷却水，虽然其 pH＞7，但是其中溶解氧和含盐量都较高，对凝汽器管具有较强的腐蚀性。特别是当冷却水中氯化物含量较高时（如海水、咸水等），会使不锈钢管发生点蚀等。

水处理系统与疏水系统所接触的介质环境，见本章第一节。

三、超临界、超超临界参数机组热力设备的材质

目前，国际上超超临界参数机组的参数达到主蒸汽压力 25～31MPa，主蒸汽温度 566～610℃，热效率达到 48％以上，煤耗率降低到 270g/kWh。我国将超超临界参数机组的参数定义在主蒸汽压力大于 25MPa，主蒸汽温度高于 580℃范围。因此超超临界参数机组所用金属材料更加耐热、耐高温、耐腐蚀。

火力发电机组热力设备金属材料的选用取决于其工况条件和工作介质，主要是工作温度、压力、应力以及介质的腐蚀性。机组参数越高，热力设备的工作温度和压力就越高，工作应力就越大，介质的腐蚀性也越强，对热力设备材料性能的要求也就越高。

在超临界、超超临界参数机组中，锅炉和汽轮机在高温、高压和腐蚀介质的作用下长期工作，这要求所用的材料大量采用耐热钢。

1. 超临界、超超临界参数机组常用的耐热钢

耐热钢的化学成分及热处理方法不同，其金相组织结构也有所不同。超临界参数以上机

组常用的耐热钢主要有以下三类：

（1）珠光体耐热钢。在此类钢中常含有少量的铬、钼、钒等合金元素，且合金元素的总含量一般在 5％以下，所以又称为低合金耐热钢。超临界参数以上机组采用的珠光体耐热钢主要是 Cr-Mo 系、Cr-Mo-V 系和多元复合合金化的低合金耐热钢。

常用的 Cr-Mo 钢有 SA-213T2（0.5％Cr，0.5％Mo）、SA-213T12 和 15CrMo（1％Cr，0.5％Mo）、2.25Cr-1Mo（2.25％Cr，1％Mo）等。

15CrMo 钢的最高使用温度为 550℃，2.25Cr-1Mo 钢的最高使用温度可达 580℃。在 Cr-Mo 钢的基础上，添加少量钒（0.15～0.3％），得到 Cr-Mo-V 钢，如 12Cr1MoV，其最高使用温度达 580℃。我国研制的 12Cr2MoWVTiB 钢和 12Cr3MoVSiTiB（Π11）多元复合合金化的低合金耐热钢，使用温度高达 600～620℃。

当锅炉蒸汽温度达到 570℃时，高温过热器管的壁温可达 620℃以上。此时，低合金耐热钢已无法满足要求，必须采用马氏体耐热钢或奥氏体耐热钢。

（2）马氏体耐热钢。这类耐热钢中铬的含量一般在 9％～13％。超临界参数机组使用的马氏体耐热钢主要是 9％Cr 和 12％Cr 这两个系列。

在 9％Cr 系列中，美国的 SA-213T91/SA-335P91（9Cr-1Mo-V-Nb）钢在全世界广泛应用。日本在 T91/P91 基础上，以 W 取代部分 Mo 而得到一新钢种 9Cr-0.5Mo-1.8W-V-Nb，即 NF616（SA-213T92/SA-335P92）。9％Cr 系列马氏体钢的最高使用温度可达 650℃。

在 12％Cr 系列中，HCM12A（SA-213T22/SA-335P122）是一新钢种，蠕变强度进一步提高，在 600℃时许用应力比 T91 提高约 25％，韧性提高。这种钢特别适用于 620℃以下的厚壁部件。

（3）奥氏体耐热钢。这类耐热钢的主要合金元素为 Cr、Ni、Mn。其中，应用最多的钢种是铬镍含量为 18-8。

在超临界参数机组中，过热器管壁温超过 650℃后，常用 SA-213 TP304H 和 SA-213 TP347H 奥氏体耐热钢，这两种钢分别类同于我国的 1Cr18Ni9 和 1Cr9Ni11Nb。此外，一些新型的奥氏体耐热钢，如 TP347HFG、Super304H（18Cr-9Ni-3Cu-Nb-N）等也有所应用。Super304H 在高温下的蠕变断裂强度高，可用于 700～750℃以下的过热器和再热器部件。

2. 锅炉钢管材料

直流锅炉在高温下工作的部件主要是省煤器、水冷壁、过热器和再热器等受热面管，以及蒸汽管道和集汽联箱等。这些设备在高温、高压和腐蚀介质的作用下长期工作，要求其金属材料应具有足够的持久强度和蠕变强度，优良的抗氧化性能和耐腐蚀性能，足够的组织稳定性，以及良好的焊接加工工艺性能。

（1）省煤器。省煤器位于烟气温度较低的尾部竖井烟道中，且省煤器管内给水的温度只有 300℃左右。因此，省煤器管一般不需要用耐热钢，而常用优质碳钢，如 SA-106C、SA-210C 以及 20 钢。

（2）水冷壁。在超临界参数机组水冷壁管中，水温可达临界温度（374℃），在靠近水冷壁出口的管排中水可能被全部汽化，并且管壁的热负荷很高。因此，必须采用低合金耐热钢，如 SA-213T2、T12、T22 以及我国的 15CrMo、12Cr1MoV 等。其中，T2，T12 多用于温度较低的管排上，如位于炉膛下部的螺旋管圈水冷壁；在温度较高的部位，常用

15CrMo、T22、甚至 T23 材料。

（3）过热器和再热器。过热器与再热器在锅炉中承受的温度和压力最高，管内壁与高温、高压蒸汽接触，管外壁与高温烟气接触，所以对管材的要求最高。在超临界参数机组中，除了低温再热器管（进口温度 320℃左右）可部分用 SA - 210C 等碳钢外，过热器和再热器管必须使用低合金珠光体耐热钢、马氏体耐热钢、甚至奥氏体耐热钢。可选用的耐热钢管材主要有 15CrMo、T22、12Cr1MoV、T23、T91、T92、T122、TP304H、HTP347H、TP347HFG、Super304H 等。

（4）蒸汽管道。超临界参数机组主蒸汽管道采用强度较高的 P91、P92、P122 等材料。对于中压再热蒸汽管道，尽管蒸汽温度依然很高，但蒸汽压力只有 4MPa 左右，可用 P22 管材。

3. 汽轮机主要部件的材料

（1）叶片材料。高、中压缸前几级叶片接触的蒸汽温度在 538℃以上，要求叶片材料具有良好的高温力学性能；而低压缸叶片可能处于湿蒸汽中，最后几级叶片甚至会受到蒸汽中水滴的冲刷，要求叶片材料具有较高的耐蚀性。在 566℃/566℃ 参数的超临界参数汽轮机中，汽温在 538℃以上时，可用 1Cr10Co3MoWVNbN（MTB10A）、1Cr10NiMoW2VNbN 和 2Cr11NiMoVNbN 等；汽温在 538℃以下时，可用 2Cr12NiMo1W1V、1Cr12Mo 和 0Cr17Ni4Cu4Nb 等。

（2）转子材料。转子材料的强度主要取决于工作温度，566℃/566℃ 参数超临界参数汽轮机高、中压转子多用 30Cr1Mo1V 等 Cr - Mo - V 低合金钢或 12％Cr 型转子钢。

4. 我国已运行超超临界参数机组所用钢材

超超临界参数机组由于蒸汽温度的提高，对材料的耐腐蚀性要求可能会超过对蠕变持久强度的要求，铁素体耐热钢在高温时的耐腐蚀性能应特别引起注意。如果耐腐蚀性不够，即使蠕变持久强度足够，也要考虑采用耐腐蚀性更好的奥氏体钢或表面进行特殊处理以提高耐腐蚀性能。材料在高温下长期运行会发生蠕变、疲劳、腐蚀和组织变化，导致材料性能随时间变化，引起材料性能恶化通常需要很长时间。目前 620℃ 的超超临界参数机组材料已经研制成功，而超超临界参数商用机组的参数仍维持在 600～610℃。

水冷壁管材主要决定于所选用的水冷壁出口温度，由于锅炉水冷壁出口温度较低（434℃），因此仍采用低铬的 SA - 213T12 管。

锅炉的主蒸汽温度和再热蒸汽温度达 603℃，过热器和再热器管的壁温可达 640～650℃，此时管内壁的蒸汽氧化和外壁的烟气高温腐蚀不能忽视。必须采用热强性高、抗蒸汽氧化和烟气侧高温腐蚀的高铬奥氏体钢。

超超临界参数机组用 P122 钢，与 P92 和 E911 相比，具有更高的抗蒸汽氧化性能、抗高温腐蚀性能以及较稳定的高温强度。主蒸汽延伸段和末级过热器集箱使用 P122 钢，可防止管子内壁发生应力腐蚀或晶间腐蚀。

第三节　热力设备腐蚀的特点

1. 氧腐蚀

氧腐蚀是介质中的溶解氧引起的一种电化学腐蚀，是热力设备常见的腐蚀形式。热力设备在运行和停用时，都可能发生氧腐蚀。运行时的氧腐蚀主要发生在水温较高的给水系统，以及溶解氧含量较高的疏水系统和发电机的内冷水系统。停用时的氧腐蚀通常在较低温度下发生。如果不进行适当的停用保护，整个机组水汽系统的各个部位都可能发生严重的氧腐蚀，这种腐蚀又称为停用腐蚀。

2. 酸性腐蚀

酸性腐蚀是介质中的氢离子引起的一种析氢腐蚀。热力设备可能发生的酸性腐蚀主要有：炉外水处理系统的酸性腐蚀、凝结水系统和疏水系统的游离 CO_2 腐蚀、汽轮机低压缸内的酸性腐蚀、水冷壁管的酸性腐蚀等。

3. 汽水腐蚀

当过热蒸汽温度超过 450℃时，蒸汽可与碳钢中的铁发生化学反应

$$3Fe + 4H_2O \longrightarrow Fe_3O_4 + 4H_2$$

生成 Fe_3O_4 而使管壁减薄，这种化学腐蚀称为汽水腐蚀。汽水腐蚀一般发生在过热器或再热器管中，可能是均匀腐蚀，也可能是局部腐蚀。均匀腐蚀通常发生在金属温度超过允许温度的部位，并在金属过热部位形成密实的氧化皮。局部腐蚀以溃疡、沟痕和裂纹等形式出现。溃疡状汽水腐蚀常发生在金属交替接触蒸汽和水的部位，这些部位金属温度的变化经常大于或等于 70℃，这样会加速保护膜的局部破裂，蒸汽反复地与裸露的局部金属表面接触，从而加快局部腐蚀速度，溃疡处常为 Fe_3O_4 所覆盖。防止汽水腐蚀的主要措施就是选用合适的耐热钢以及通过控制蒸汽温度防止金属过热。

4. 应力腐蚀

金属构件在腐蚀介质和机械应力的共同作用下产生腐蚀裂纹或断裂，称为应力腐蚀，这是一类极其危险的局部腐蚀。根据金属在应力腐蚀过程中所受应力的不同，应力腐蚀又分为应力腐蚀破裂和腐蚀疲劳。

应力腐蚀破裂（SCC）是金属在特定腐蚀介质和拉应力的共同作用下发生的一种应力腐蚀。例如，奥氏体不锈钢在含氯离子的水溶液中、碳钢在碱性溶液中、铜或铜合金在含氨的水溶液中都可能发生 SCC。

腐蚀疲劳不需要特定的腐蚀介质，只需交变应力与腐蚀介质的共同作用，大多数金属都可能发生腐蚀疲劳。应力腐蚀在热力设备水汽系统中广泛存在，如水冷壁炉管，过热器、再热器、高压除氧器、主蒸汽管道、给水管道、汽轮机叶片和叶轮，以及凝汽器管，在不同情况下都可能发生应力腐蚀破裂或腐蚀疲劳。

5. 氢脆

金属在使用过程中，可能有原子氢沿着金属的晶界扩散进入钢材内部，使金属材料的塑性和断裂强度显著降低，并可能在应力的作用下发生脆性破裂或断裂，这种腐蚀破坏称为氢脆或氢损伤。在金属发生酸性腐蚀或进行酸洗时都可能有原子氢产生。在高温下，钢中的原子氢可与 Fe_3C 发生反应生成甲烷气体，即

$$Fe_3C + 4H \longrightarrow 3Fe + CH_4 \uparrow$$

该反应使钢发生脱碳。对于热力设备，在锅炉酸洗或锅炉发生酸性腐蚀时，碳钢炉管存在发生氢脆的可能。

6. 磨损腐蚀

磨损腐蚀是在腐蚀性介质与金属表面之间进行相对运动时，由于介质的电化学作用和机

械磨损作用共同引起的一种局部腐蚀。例如，凝汽器管水侧、特别是入口端，因受液体湍流或水中悬浮物的作用而发生的冲刷腐蚀就是一种典型的磨损腐蚀，其腐蚀部位常具有明显的流体冲刷痕迹特征。在 AVT 水工况下，给水系统、特别是省煤器管道中的紊流区（弯头、三通、变径处）常因湍流的冲击而发生加速腐蚀，这种腐蚀称为流动加速腐蚀（flow accelerated corrosion，FAC）。

另外，在高速旋转的给水泵或核电厂一回路主泵叶轮表面的液体中不断有蒸汽泡形成和破灭。汽泡破灭时产生的冲击波会破坏金属表面的保护膜，从而加快金属的腐蚀，这种磨损腐蚀称为空泡腐蚀或空蚀。

7. 点蚀

点蚀的特点是腐蚀主要集中在金属表面某些活性点上，并向金属内部纵深发展，通常蚀孔深度显著地大于其孔径，严重时可使设备穿孔。不锈钢在含有一定浓度 Cl⁻ 的溶液中常呈现这种破坏形式。热力设备中的点蚀主要发生在不锈钢部件上。

例如，凝汽器不锈钢管水侧管壁与含 Cl⁻ 的冷却水接触，在一定条件下可能导致不锈钢管发生点蚀；汽轮机停运时保护不当，不锈钢叶片有可能发生点蚀，这些腐蚀点又可能在运行时诱发叶片发生腐蚀疲劳。

8. 缝隙腐蚀

金属表面上由于存在异物或结构上的原因形成缝隙导致缝隙内金属的局部腐蚀，称为缝隙腐蚀。在热力设备中，凝汽器管和管板间形成的缝隙，以及腐蚀产物、泥沙、污物、微生物等沉积或附着在金属表面所形成的缝隙等，在含 Cl⁻ 的腐蚀介质中都可能导致严重的缝隙腐蚀。

9. 晶间腐蚀

腐蚀首先在晶粒边界上发生，并沿着晶界向纵深处发展。这时，虽然从金属外观看不出有明显的变化，但其机械性能已大为降低。通常，晶界腐蚀发生在 304 系列等奥氏体不锈钢部件上的可能性较大。

10. 电偶腐蚀

由于两种不同金属在腐蚀介质中互相接触，导致电极电位较低的金属在接触部位附近发生局部。例如，在凝汽器的碳钢管板与不锈钢（或铜等）管连接部位，由于在腐蚀介质中碳钢的电极电位较低，而发生电偶腐蚀。

11. 锅炉烟气侧的高温腐蚀

指锅炉水冷壁炉管、过热器管、再热器管的烟气侧，以及在锅炉炉膛中的悬吊件表面发生的腐蚀，包括由烟气引起的高温氧化和由燃料燃烧产物引起的熔盐腐蚀，后者比较严重。

12. 锅炉尾部受热面的低温腐蚀

由于烟气中的 SO_3 和烟气中的水分反应生成 H_2SO_4，而使锅炉尾部烟道的空气预热器烟气侧发生腐蚀。防止锅炉尾部受热面的低温腐蚀应在合理选材的基础上，采取提高受热面壁温、低氧燃烧等措施。

此外，热力设备的腐蚀除具有金属腐蚀的一般特点外，还有一些特殊的地方。热负荷对热力设备的腐蚀过程影响较大。例如，水冷壁管、过热器管和省煤器管的腐蚀，大多集中在热负荷较高的部位，如炉管的向火侧。另外，机组的运行工况对热力设备腐蚀的影响较大。例如，生水水质和水处理设备运行状态的变化、给水处理方式的改变、热力设备运行状况的变化等都将引起水、汽品质的改变。因此，腐蚀的类型和程度也发生变化。

为了防止热力设备发生腐蚀，应尽量减小介质的侵蚀性。随着锅炉机组参数不断提高，对水质的要求也更加严格，例如，超临界参数以上的锅炉水质与纯水接近，采取一定措施防止腐蚀更加重要。

电厂的化学人员负责锅炉补给水处理与水汽质量监督，并设专职人员负责热力设备的防腐蚀，如在锅炉机组检修中检查设备的腐蚀情况，评定腐蚀程度，分析研究腐蚀原因，以调整防腐蚀措施和控制腐蚀对策。

思 考 题 与 习 题

1. 热力系统中不同设备接触的相应水质、蒸汽有哪几种？
2. 火力发电厂热力设备常用耐热钢有哪几种？铜合金有哪几种？
3. 简述超超临界参数机组水汽系统的介质特点。
4. 简述热力设备的腐蚀特点。

第九章　热力设备的氧腐蚀和酸性腐蚀

锅炉给水系统和疏水系统的介质是较为纯净的水和蒸汽，但其中往往含有一定量的溶解氧和游离 CO_2。溶解氧和游离 CO_2 是引起热力设备腐蚀的主要因素。尤其是当凝汽器真空度较低且气密性较差时，凝结水中含氧量较高，而疏水的 pH 值一般较低，此时腐蚀更为严重。一般来说，热力设备在运行期间的氧腐蚀主要发生在给水系统，酸腐蚀主要发生在凝结水系统。热力设备在停用期间整个系统都有可能发生氧腐蚀。

第一节　热力设备的氧腐蚀

热力设备在运行和停、备用期间，会发生各种形态的腐蚀。氧腐蚀是其中常见的一种腐蚀形式，主要以锅炉在运行和停用期间的氧腐蚀为主。氧腐蚀不仅直接造成设备的损坏，而且腐蚀产物还会在锅炉受热面上沉积，造成更严重的后果。

对于发电厂的热力系统，采用化学除盐水作为工作介质。化学除盐水由天然水制取，水中的溶解氧呈饱和状态。另外，由于凝汽器具有高度真空，从截门、轴封等处可能漏入空气。尽管通过对锅炉给水进行除氧，有效控制了氧腐蚀，但随着锅炉参数的不断提高，对给水中氧含量的要求越来越严格。

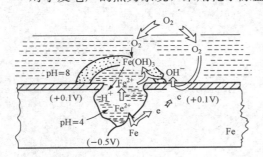

图 9-1　碳钢在充气 NaCl 溶液中氧腐蚀机理示意

一、氧腐蚀机理

热力设备运行时氧腐蚀的机理与碳钢在充气 NaCl 溶液中的腐蚀机理相似，如图 9-1 所示。

由于碳钢表面电化学不均匀性，形成微电池，反应如下：

阳极反应 $\qquad\qquad\qquad Fe \longrightarrow Fe^{2+} + 2e$

阴极反应 $\qquad\qquad\qquad O_2 + 2H_2O + 4e \longrightarrow 4OH^-$

Fe^{2+} 与 OH^- 反应如下：

$$Fe^{2+} + 2OH^- \longrightarrow Fe(OH)_2$$

$$4Fe(OH)_2 + 2H_2O + O_2 \longrightarrow 4Fe(OH)_3$$

$Fe(OH)_3$ 覆盖在蚀坑口，O_2 更不易进入蚀坑内。蚀坑中的 Fe^{2+} 水解：

$$Fe^{2+} + 2H_2O \longrightarrow Fe(OH)_2 + 2H^+$$

产生的 H^+ 使蚀坑内溶液的 pH 值降低。显然，在化学因素（pH 值）和电化学因素（电位）的联合作用下，使蚀坑内腐蚀不断加剧，蚀坑进一步扩展，形成闭塞电池。在这里溶解氧起阴极去极化作用，是引起腐蚀的因素，这种腐蚀称为氧去极化腐蚀，简称氧腐蚀。

热力设备在运行时，尽管水中溶解氧的含量很低，但同样具备闭塞电池腐蚀的条件。主要有如下三点：

（1）形成腐蚀电池。由于热力设备金属表面的电化学不均匀性，形成腐蚀电池，阳极反应为铁的离子化，生成的 Fe^{2+} 水解使溶液 pH 值降低，阴极反应为 O_2 的还原。

（2）形成闭塞电池。因腐蚀所生成的氧化物不能形成保护膜，覆盖在蚀坑口的氧化物会阻碍 O_2 的扩散，腐蚀产物下面的氧在反应中耗尽后得不到及时补充，形成闭塞区。

（3）闭塞区内蚀坑扩展。腐蚀生成的 Fe^{2+} 水解产生 H^+，为了保持溶液的电中性，蚀坑外溶液中的 Cl^- 通过腐蚀产物电迁移进入闭塞区，使闭塞区内裸露的金属犹如处于盐酸溶液中，加速金属溶解，O_2 在腐蚀产物外面的蚀坑周围还原，此处成为阴极保护区。

二、运行设备的氧腐蚀

热力设备在运行中，发生氧腐蚀的条件通常是水中溶解氧含量较低，水的温度较高，pH 值较高，水为流动状态。运行设备发生氧腐蚀主要是由于除氧设备存在制造或运行管理方面的缺陷，使给水中溶解氧含量超标所致。

1. 氧腐蚀部位与特征

氧腐蚀通常发生在补给水管道及设备、疏水系统的管道及设备、给水管道和省煤器。凝结水系统也可能发生氧腐蚀，但腐蚀程度较轻。

锅炉和除氧器正常运行时，给水中氧的含量很低，而且在省煤器中就已耗尽，锅炉本体不会发生氧腐蚀。当除氧器运行不正常或新安装的除氧器尚未调整好时，水中溶解氧可能会进入锅炉本体，使汽包和下降管遭受到氧腐蚀。因溶解氧不会进入水冷壁管内，所以水冷壁管不会发生氧腐蚀。氧对省煤器的腐蚀大多发生在低温段，所以锅炉运行时省煤器入口的氧腐蚀一般较严重。尽管锅炉给水中氧含量比较低，但由于给水温度较高，省煤器及锅炉温度高，所以腐蚀的后果较严重。

热力设备使用的材料以钢铁为主。钢铁受到水中溶解氧腐蚀时，表面会形成许多小型鼓包，其直径为 $1 \sim 30mm$ 不等，这种腐蚀特征称为溃疡腐蚀。鼓包表面颜色有的呈黄褐色，有的呈砖红色或黑褐色，产物颜色与温度有关。鼓包次层是黑色粉末状物质，清除腐蚀产物后，可以看到大小不等的腐蚀坑。

通常，热力设备金属表面的腐蚀产物为砖红色或黑褐色的 Fe_2O_3 和 Fe_3O_4。这是由于热力设备工作温度高，在此条件下 $Fe(OH)_2$ 不稳定，发生如下反应：

$$Fe(OH)_2 + 2Fe(OH)_3 \longrightarrow Fe_3O_4 + 4H_2O$$

$$2Fe(OH)_3 \longrightarrow Fe_2O_3 + 3H_2O$$

如果除氧不彻底，在给水管道和省煤器入口常会发现这种腐蚀产物。在给水管道中的鼓包颜色由黄褐色到砖红色，在省煤器中的鼓包颜色大多是砖红色。各种铁腐蚀产物的特征见表 9 - 1。

表 9 - 1　　　　　　　　　　各种铁腐蚀产物的特征

组成	颜色	磁性	密度	热稳定性
$Fe(OH)_2$[①]	白	顺磁性	3.40	在100℃时分解为 Fe_3O_4 和 H_2
FeO	黑	顺磁性	$5.40 \sim 5.73$	在 $1371 \sim 1424$℃时熔化，在低于570℃时分解为 Fe 和 Fe_3O_4
Fe_3O_4	黑	铁磁性	5.20	在1597℃时熔化

续表

组成	颜色	磁性	密度	热稳定性
α - FeOOH	黄	顺磁性	4.20	约200℃时失水成 α - Fe_2O_3
β - FeOOH	淡褐	—	—	约230℃时失水成 α - Fe_2O_3
γ - FeOOH	橙	顺磁性	3.97	约200C时转变为 α - Fe_2O_3
γ - Fe_2O_3	褐	铁磁性	4.88	>250℃时转变为 α - Fe_2O_3
α - Fe_2O_3	由砖红至黑	顺磁性	5.25	在0.098MPa、1457℃时分解为 Fe_3O_4

① Fe (OH)$_2$ 在有氧的环境中不稳定，室温下根据不同的条件转变为 γ - FeOOH，α - FeOOH 或 Fe_3O_4。

溃疡腐蚀点上各层腐蚀产物颜色不同，是由于产物的化学组成不同。表面层的黄褐色到砖红色产物是各种形态的氧化铁，次层黑色粉末为 Fe_3O_4，有时在腐蚀部位的金属表面上还有一层黑色的 FeO。腐蚀产物都具有磁性，这是由于多种腐蚀产物结合在一起，由其中的 Fe_3O_4 和 γ - Fe_2O_3 的磁性所致。

2. 氧腐蚀引起运行设备失效

氧腐蚀引起的运行设备失效多表现为省煤器管的腐蚀损坏甚至穿孔、给水泵和给水管道的腐蚀损坏。给水管的腐蚀比省煤器管严重，省煤器管进口段比出口段严重。给水系统和省煤器管被氧腐蚀后，管壁不断减薄，最后发生穿孔泄漏。腐蚀产物随水流进入锅炉后在水冷壁管内生成氧化铁垢，又会引起垢下腐蚀。

三、运行设备氧腐蚀的控制

如前所述，氧作为阴极去极化剂导致腐蚀。为了防止热力设备在运行中发生氧腐蚀，主要方法是控制给水中氧的含量，使给水中氧的含量减小到最低水平或适当水平。

对于中、低压锅炉，给水除氧主要使用热力除氧器。对于高参数汽包锅炉，给水除氧采用以热力除氧为主，化学除氧为辅助的方法，这是防止运行锅炉氧腐蚀的可靠方法。然而，对于超临界以上的直流锅炉，给水采用热力除氧后再加氧的方法，使金属表面生成钝化膜，以达到防止氧腐蚀的目的。

（一）热力除氧

补给水中氧的含量是饱和的，凝结水、疏水也可能含有氧，这些水作为锅炉的给水，必须进行除氧处理。通过热力除氧后，给水中溶解氧含量可降低到 $7\mu g/L$ 以下。

1. 热力除氧原理

由亨利定律可知，任何气体在水中的溶解度与该气体在汽水界面上的分压成正比。根据亨利定律，在敞口设备中用蒸汽将水加热，随着水温升高，溶于水中的各种气体（O_2、CO_2 等）在水中的溶解度下降。这是因为水在加热过程中，汽水界面上的水蒸气分压升高，其他气体的分压相对降低。当水温达到沸点时，汽水界面上水蒸气压力和外界压力相等，其他气体的分压为零。所以，溶解在水中的所有气体将会全部解吸出来。

除氧器内的总压力等于各种气体分压之和，即

$$p_T = p_{ws} + p_{O_2} + p_{CO_2} + \sum p_{OT} \qquad (9-1)$$

式中　p_T——除氧器的运行压力，MPa；

　　　p_{ws}——除氧器内水蒸气的分压，MPa；

　　　p_{O_2}——除氧器内氧气的分压，MPa；

p_{CO_2}——除氧器内 CO_2 的分压，MPa；

$\sum p_{OT}$——除氧器内其他气体的分压之和，MPa。

热力除氧器不仅能除去水中的溶解氧、大部分游离 CO_2，同时，还可除去部分结合态 CO_2。这是因为除去了 CO_2 气体，使下列反应平衡右移：

$$2HCO_3^- \Longleftrightarrow CO_3^{2-} + CO_2\uparrow + H_2O$$

从而使部分 HCO_3^- 分解。温度越高，沸腾时间越长，HCO_3^- 分解率就越高。

2. 热力除氧器

热力除氧器除氧是使水与加热蒸汽作混合式加热，达到除氧器工作压力下相应的沸点，氧从水中解吸出来并随过量的加热蒸汽排出除氧器。

根据结构形式及水与加热蒸汽的混合方式不同，热力除氧器可分为淋水盘型、喷雾填料型和膜型除氧器。根据工作压力不同，又可分为真空式、大气式和高压式不同参数的除氧器。除氧器的参数要配合锅炉机组的参数。中参数锅炉可使用大气式除氧器，由 7MPa 到超临界参数锅炉使用高压式除氧器。大气式除氧器多为淋水盘型，高压式除氧器多为喷雾填料型。

通常大气式除氧器可使水中氧的含量降低到 $15\mu g/L$ 以下；高压式除氧器能使水中氧的含量降低到 $7\mu g/L$ 以下。

目前，我国火力发电厂通常使用淋水盘型除氧器和喷雾填料型除氧器。膜型除氧器除氧效率较高，应用日益广泛。

（1）淋水盘型除氧器。这种除氧器使用筛状多孔淋水盘将水分散成细小的水流，通常设 5～7 层淋水盘，水穿过筛盘的孔眼，被淋成细小雾滴落下，如图 9-2 所示。加热蒸汽从除氧头下部引入，穿过淋水层向上流动。当水和蒸汽接触时就完成了水的加热和除氧过程。从水中解吸出来的氧及其他气体随着一些多余的蒸汽自上部排汽阀排走，除氧后的水流入下部储水箱。

淋水盘型除氧器的工作温度为 102～106℃，工作压力为 100kPa 左右。理论上，水经过热力除氧后，其中的溶解氧可以完全除尽，但实际达不到。为了达到深度除氧，经过淋水盘除氧后的水汇集到除氧头下部的鼓泡装置中，在此通过蒸汽使水再度保持沸腾状态，以进一步除去水中的残留氧。此外，由于水在储水箱中长时间剧烈沸腾，还可以促进 HCO_3^- 分解。淋水盘型除氧器对于运行工况变化适应性较差，且除氧效率较低。

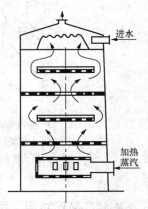

图 9-2　淋水盘型除氧器工作原理

（2）喷雾填料型除氧器。喷雾填料型除氧器如图 9-3 所示。这种除氧器的除氧头中充填不锈钢制的填料，填料形状有 Ω 形、圆环形等。水通过喷嘴喷成雾状，在喷嘴上面设有上进汽管，引入加热蒸汽，通过蒸汽和水雾混合，完成水的加热和初步除氧过程。在热源充足、水的雾化程度较好的情况下，在雾化区内能很快把水加热至相应压力下的沸点，能除去水中 90% 的溶解氧。经过除氧的水淋洒到填料上，使水在填料表面形成水膜，表面张力减小，残余部分溶解氧扩散至蒸汽中再度除氧。这样，在除氧器出口水中的溶解氧含量可降低到 $7\mu g/L$ 以下。

这种除氧器具有除氧效果好，在负荷变化时除氧器仍能保持稳定的运行工况，但要使除

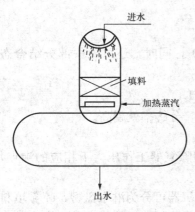

图 9-3　喷雾型除氧器工作原理

氧器保持良好的效果，运行中负荷应维持在额定值的 50% 以上，工作压力不小于 0.08MPa。

（3）喷雾淋水盘型除氧器。国内外大型火电机组配套的除氧器一般用喷雾淋水盘型除氧器，如图 9-4 所示。除氧器进水室由一个弓形不锈钢罩板与两端的两块挡板焊在筒体上构成，弓形罩板上沿除氧器长度方向均布若干个恒速喷嘴及排放其他气体用的排气套管。喷雾除氧段空间由上层布水槽钢、中层淋水盘箱、下层栅架组成。除氧器两端各有进汽管。

除氧器采用喷雾除氧和淋水盘式深度除氧两段除氧结构。在喷雾除氧段，凝结水从入口进入水室，凝结水以一定流速从喷嘴中喷出，形成圆锥形水膜，逆向流动的过热蒸汽与水膜充分接触，迅速把凝结水加热到除氧器压力下的饱和温度，凝结水中绝大部分非冷凝气体均在喷雾除氧段被除去。然后，穿过喷雾除氧段的水喷洒在淋水盘箱上的布水槽钢中，使水均匀地分配给淋水盘箱。淋水盘箱为多层一排排的小槽钢上下交错布置，水从上层槽钢两侧分别流入下层槽钢中层层交错地流下去，使水在淋水盘中有足够的停留时间与过热蒸汽接触，热交换面积达到最大。流经淋水盘箱的水不断在沸腾，水中残余的非冷凝气体在淋水盘箱中被进一步除去，使水中含氧量降低到 $5\mu g/L$，所以，该段为深度除氧段。在喷雾除氧段和深度除氧段被除去的非冷凝气体均通过除氧器上部的排气管排出。

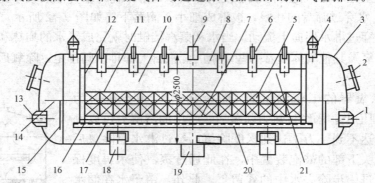

图 9-4　喷雾淋水盘型除氧器示意

1、13—进汽管；2—搬物孔；3—除氧器本体；4—安全阀；5—淋水盘箱；6—排气管；
7—搁淋水盘箱的栅架；8—进水室；9—进水管；10—喷雾除氧段空间；11—布水槽钢；
12—内部人孔门；14—钢板平台；15—布汽孔板；16—搁栅架工字梁；17—基面角钢；
18—蒸汽连通管；19—除氧器出水管；20—深度除氧段；21—弹簧喷嘴

某 1000MW 机组采用 CY-3150/285 型卧式除氧器，额定出力为 2975/3150（t/h），加热蒸汽温度 363.7℃，除氧器压力范围为 0.147～1.136MPa。

3. 热力除氧器的运行与管理

除氧器的除氧效果主要取决于运行工况。

（1）热力方面。运行经验表明，若水温低于沸点 1℃，则除氧器出水含氧量会增大到约 0.1mg/L。因此热力除氧的首要条件是必须把凝结水加热到饱和温度。在这个前提下，除氧器的参数越高，除氧效率就越高。提高除氧器的运行参数，不仅可使水中含氧量降至 $7\mu g/L$ 以下，而且还可除去水中大部分 CO_2。

如果除氧器的加热蒸汽量不足，或加热蒸汽的参数较低，或进入除氧器的水温低，凝结水量过大时，加热蒸汽不能将水加热到沸点。此时，除氧器内压力和温度会降低，由于蒸汽凝结，还可能将除氧器外部的空气吸入除氧器内部。当加热蒸汽量与参数一定时，凝结水的流量与温度是主要的，水温较高流量不太大，除氧器的热负荷较低，易达到理想的除氧工况。

（2）除氧器水流量与加热蒸汽流量。当水流量过低时，在除氧器内不易形成细小雾滴而使淋下的水流较粗，同时由于蒸汽流量也相对减少，蒸汽对水的分散击碎作用降低，使汽、水传热接触面积减小，影响除氧效率。加热蒸汽除提供凝结水达到饱和温度所需的热量外，还应有一定的余量，以便在通过除氧头向外排汽时，把从水中解吸出来的氧带走，降低除氧器中氧气的分压力。

（3）进水含氧量与排汽量。补给水中的含氧量可达 $7\sim8mg/L$，温度低于 $40℃$。当除氧器突然有大量补给水流入时，可能影响除氧效果。因此，补给水应连续均匀地加入。

对于凝汽式电厂，补水率常低于 5%，可把补给水引入凝汽器，利用凝汽器的高度真空和接近 100% 的水蒸汽分压，进行初步除氧。热电厂的补水率常超过 20%，应使用初级除氧器对补给水进行加热和预除氧后，再送入主除氧器。

除氧器的排汽量对除氧效率有显著影响，除氧器保持正常通风，对降低氧的分压很重要。排汽管停止冒汽或向外喷水，说明除氧器发生异常或失去除氧能力。当除氧器在额定参数下运行但出水含氧量不合格时，首先应考虑开大排气阀。

此外，在管理方面，除氧器的参数与水位是主要的运行监控参量。使除氧器在规定的温度、压力下运行，是最基本的除氧条件。保持除氧水箱必要的水位，可避免锅炉缺水。

（二）化学除氧

经过热力除氧后的水中仍含有一定量溶解氧，不能满足运行热力设备防止氧腐蚀的要求。高参数锅炉往往通过化学除氧作为深度除氧的手段，以弥补热力除氧的不足。

由于高参数锅炉对水和蒸汽质量要求都很严格，所用除氧剂必须具备与氧反应速度快、用量少、除氧剂本身及其分解产物对炉水和蒸汽质量无影响等特点。联氨是最理想的除氧剂。近年来，还有的使用催化联氨和丙酮肟做除氧剂。对中、低压锅炉可采用 Na_2SO_3 做除氧剂。

1. 联氨除氧

联氨又称肼，分子式为 N_2H_4，常温下为无色、具有强吸湿性的可燃液体，易溶于水，在大气压力 $0.1MPa$ 下，沸点为 $113.5℃$，凝固点为 $1.4℃$；在 $25℃$ 时，密度为 $1.004g/cm^3$；凝固时体积缩小。

在联氨分子中由于 N 原子的孤对电子可以与 H 结合而显碱性，联氨是二元弱碱。它可以与水以任意比例混合，结合形成稳定的水合联氨（$N_2H_4 \cdot H_2O$）。水合联氨是无色液体，沸点为 $119.5℃$，凝固点低于 $-40℃$，易溶于水。

联氨易挥发，在溶液中联氨浓度越大，挥发性就越强，当空气中联氨蒸汽的含量达到 4.7%（V/V）时，遇火发生爆燃。联氨具有刺激性，所以空气中联氨蒸汽浓度不允许超过 $1mg/cm^3$。对于联氨溶液，当联氨含量超过 80% 时遇火易爆炸，但当联氨溶液中的

$N_2H_4 \cdot H_2O$ 含量低至 40% 时不易燃烧。因此，常用的联氨是含量为 40% 的水合联氨。

对给水进行联氨除氧始于 20 世纪 40 年代德国，我国从 20 世纪 50 年代末开始采用。由于联氨除氧不会增加炉水中固形物，所以，不仅用作汽包锅炉而且也用作直流锅炉给水的除氧剂。

联氨是较强的还原剂，在 100℃ 以上时，可很快将氧还原，反应为

$$N_2H_4 + O_2 \longrightarrow N_2 + 2H_2O$$

在碱性环境中，联氨的还原性更强。由于联氨和氧反应降低了水中氧的含量，使阴极反应速度减小，相应也减小了阳极反应速度。

根据运行经验，联氨和水中溶解氧的反应速度与温度、pH 值、联氨浓度、催化剂等因素有关。为了保证良好的除氧效果，联氨除氧的合理条件为：水温在 150℃ 以上，pH＝9.0～11.0 的碱性介质，适当的联氨过剩量。

对于高参数机组，从高压除氧器出来的给水温度一般在 150℃ 以上，给水 pH 值按规定调节到 8.8～9.3，联氨除氧所需的条件可以得到满足。由试验可知，给水温度在 150～215℃ 之间，即由高压除氧器出口到省煤器，水中残留的溶解氧可被消除。

联氨不仅可以除氧，而且可以还原给水系统中的腐蚀产物 Fe_2O_3 和 CuO。联氨与 Fe_2O_3 的反应为

$$6Fe_2O_3 + N_2H_4 \longrightarrow 4Fe_3O_4 + N_2 + 2H_2O$$
$$2Fe_3O_4 + N_2H_4 \longrightarrow 6FeO + N_2 + 2H_2O$$
$$2FeO + N_2H_4 \longrightarrow 2Fe + N_2 + 2H_2O$$

联氨与 CuO 的反应为

$$4CuO + N_2H_4 \longrightarrow 2Cu_2O + N_2 + 2H_2O$$
$$2Cu_2O + N_2H_4 \longrightarrow 4Cu + N_2 + 2H_2O$$

因此，联氨可以防止锅内生成铁垢和铜垢。

联氨的水溶液呈弱碱性，它在水中按下式电离：

$$N_2H_4 + H_2O \rightleftharpoons N_2H_5^+ + OH^-$$

电离常数 $K_1 = 0.5 \times 10^{-7}$（25℃）；

$$N_2H_5^+ + H_2O \rightleftharpoons N_2H_6^{2+} + OH^-$$

电离常数 $K_2 = 8.9 \times 10^{-16}$（25℃）。

过剩的联氨可以热分解产生氨，有利于提高水汽系统中水的 pH 值，反应为

$$3N_2H_4 \longrightarrow N_2 + 4NH_3$$

有的认为联氨热分解反应为

$$3N_2H_4 \longrightarrow 2N_2 + 3H_2 + 2NH_3$$

在没有催化剂的情况下，联氨的分解速度取决于温度和 pH 值。温度越高，分解速度就越快。在 50℃ 以下时分解速度很慢；温度达 113.5℃ 时，分解速度每天约为 0.01%～0.1%；在温度为 250℃ 时，分解速度高达每分钟 10%。在省煤器中（210～300℃）联氨分解近 50%，在锅炉中分解近 90%，而在 500℃ 以上的过热蒸汽中基本测不出联氨。联氨的分解速度随 pH 值增加而减小。所以，高参数锅炉进行联氨处理时，即使联氨量过剩，也会很快分解，不会带到蒸汽中。

联氨的热分解速度比它与氧、Fe_2O_3 和 CuO 的反应速度小得多。比如在 300℃ 和 pH＝8

时，联氨完全分解需要 10min，而它与氧的反应仅需几秒钟即可完成。所以，剩余的联氨在温度超过 300℃时才发生迅速分解。

用联氨除氧，通常配成 40%的水合联氨溶液。确定联氨加药量时考虑三点：①除去给水中溶解氧所需的量；②与系统中 Fe_2O_3 和 CuO 反应所需的量；③保证反应完全及防止偶然漏氧时所需的过剩量。由于这些药量不易计算，故通常是通过控制省煤器入口给水中联氨的含量来确定联氨的加药量。运行经验表明，当用联氨除氧时，给水中联氨含量控制为 $20\sim50\mu g/L$。在用联氨除氧的最初阶段，或是锅炉停用未加良好保护时，不仅给水中的氧、铁和铜的氧化物消耗联氨，而且给水系统金属表面的氧化物也消耗联氨，所以，省煤器入口的给水中检测不出联氨。为了加快反应速度，联氨的起始加药量应大些，可为 $100\mu g/L$。当用联氨处理到约经 2 个月后，这些氧化物与联氨的反应基本完成，省煤器入口的给水中才会检测到联氨，此后应逐渐减少加药量，可降低到 $50\mu g/L$。

此外，若给水中含有亚硝酸盐，还应考虑它所消耗的联氨量，反应为

$$2NaNO_2+N_2H_4 \longrightarrow 2NaOH+N_2O+N_2+H_2O$$

联氨的加药点在除氧器出口的给水管道上，通过给水泵的搅动，利于药液与给水充分混合。在除氧器运行正常的情况下，给水中溶解氧含量低于 $10\mu g/L$，联氨与氧的反应较慢，而从除氧器出口至省煤器入口的距离较短，联氨与氧反应的时间较短，所以，省煤器入口给水中的溶解氧含量降低不明显。为了延长联氨与氧的反应时间，提高除氧效果，也可将联氨加到除氧器的储水箱中。但该法有两点不足：①消耗联氨，因在除氧器储水箱中还在继续深度除氧，加入联氨不能发挥其深度除氧的作用，且会增加联氨用量；②联氨和水在除氧器储水箱中不易混合均匀。

对于生产返回水较多的热电厂，给水中有机物的含量常常较高，而有机物会降低联氨与氧的反应速度，所以将联氨加到除氧器的水箱中是有利的。另外，还可以在凝结水泵出口加联氨，不仅可提高除氧效果，还可减轻低压加热器管的腐蚀。

通常将工业水合联氨溶液（40%）配制成稀溶液（如 0.1%），用加药泵送至给水系统。联氨加药系统如图 9-5 所示。加药系统基本上是密闭的，操作人员不会直接与联氨接触。联氨挥发到空气中的量也极微。

由于联氨易挥发、易燃、有毒，操作人员在使用过程中应注意防护。如不慎将联氨洒到皮肤上，应立即用乙醇或肥皂清洗，之后再用水冲洗。

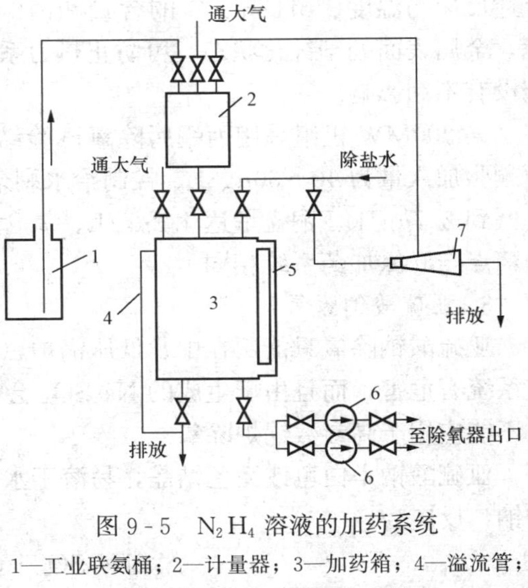

图 9-5　N_2H_4 溶液的加药系统
1—工业联氨桶；2—计量器；3—加药箱；4—溢流管；5—液位计；6—加药泵；7—喷射器

目前，在国外应用较为普遍的是添加了 1%～2%催化剂的联氨，称为催化联氨或活性联氨。根据联氨中所添加催化剂的不同，其商品名称各异，如 AMERZINE（美国）、LEVOXIN（英国）等。由于催化剂能够大大加快联氨与氧的反应速度，尤其是水温较低时，催化联氨的除氧效果比联氨的除氧效果好得多，催

化联氨与联氨除氧效果比较如图 9-6 所示。

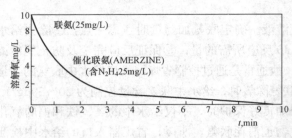

图 9-6　催化联氨与联氨除氧效果比较
（实验条件：除盐水温 60℃，pH＝10）

2. 丙酮肟除氧

高参数发电机组要求除氧剂对水中溶解氧有较强的还原作用，除氧剂与氧的反应产物不应影响汽水品质，除氧剂无毒。尽管联氨可以有效去除水中的溶解氧，并可将氧化铁、氧化铜还原成铁和铜，从而降低热力系统铁垢和铜垢的生成速度。但因联氨易挥发、易燃、有毒，使用时存在一定危险性。使用毒性小、用量少、较安全的丙酮肟除氧，在国内大机组试验中，取得良好效果。

丙酮肟又称为二甲基酮肟（dimethylketoxime），分子式 $(CH_3)_2C{=}NOH$，国外商品名称为 MEKO，为白色棱晶或粉末状，有芳香性气味，在空气中易挥发，易溶于水和醇、醚等有机溶剂，沸点为 134.8℃，具有强还原性，可将氧、氧化铁、氧化铜还原，同时它又是金属钝化剂。除氧能力与联氨相当，但毒性仅为纯品联氨的 1/40。丙酮肟将氧还原的反应为

$$2(CH_3)_2C{=}NOH+O_2 \longrightarrow 2(CH_3)_2C{=}O+N_2O+H_2O$$

作为钝化剂时，丙酮肟与铁、铜氧化物的反应为

$$2(CH_3)_2C{=}NOH+6Fe_2O_3 \longrightarrow 2(CH_3)_2C{=}O+4Fe_3O_4+N_2O+H_2O$$

$$2(CH_3)_2C{=}NOH+4CuO \longrightarrow 2(CH_3)_2C{=}O+2Cu_2O+N_2O+H_2O$$

上述反应与温度、pH 值、氧的含量和丙酮肟加入量有关。丙酮肟使给水系统形成还原环境，金属表面处于钝化状态，可防止热力系统的氧腐蚀。由于反应产物是挥发性物质，对系统没有不利影响。

某 200MW 机组采用丙酮肟除氧试验结果表明：当水中残留氧含量不超过 $20\mu g/L$ 时，丙酮肟加入量为 $40\sim60\mu g/L$。控制给水剩余丙酮肟含量为 $10\sim40\mu g/L$，可使给水中铁含量降低到 $2.7\mu g/L$、铜含量达 $4.3\mu g/L$、氧含量达 $5\sim7\mu g/L$。用丙酮肟除氧时，加药系统及加药点与联氨加药系统相同。

3. 亚硫酸钠除氧

亚硫酸钠除氧只能用在中、低压锅炉，因为亚硫酸钠在高温条件下分解产生的气体对水汽系统有危害，而且由于生成的 Na_2SO_4 会使炉水总的溶解固形物增加，影响蒸汽品质，所以不能应用于高参数锅炉除氧。

亚硫酸钠是白色或无色结晶，易溶于水，密度为 $1.56g/cm^3$，与水中溶解氧反应生成硫酸钠，反应为

$$2Na_2SO_3+O_2 \longrightarrow 2Na_2SO_4$$

可见，用亚硫酸钠除氧会增加水中含盐量。

亚硫酸钠与氧的反应速度与温度、氧的浓度、亚硫酸钠的过剩量、pH 值等因素有关。温度越高，反应速度就越快，除氧效果就越好。当亚硫酸钠的过剩量为 $25\%\sim30\%$ 时，反应速度大大提高。水的 pH 值升高，反应速度降低，在中性水溶液中，反应速度最快。当水中含有 Cu^{2+}、Co^{2+}、Mn^{2+} 及碱土金属离子时，反应速度加快。水中含有机物时，反应速度

明显降低。通常将亚硫酸钠配成 2%～10% 的溶液，用活塞泵加到给水泵前的管道中。为防止亚硫酸钠与空气中的氧反应，使用的加药系统和溶药箱必须密封。

用亚硫酸钠除氧，主要问题是它的分解。亚硫酸钠在温度高于 285℃时的水溶液中，可能发生的反应为

$$4Na_2SO_3 \longrightarrow 3Na_2SO_4 + Na_2S$$

$$Na_2S + 2H_2O \longrightarrow 2NaOH + H_2S$$

$$Na_2SO_3 + H_2O \longrightarrow 2NaOH + SO_2$$

一般认为，亚硫酸钠用于中低压锅炉的除氧是安全的。在锅炉压力不超过 6.86MPa，炉水中亚硫酸钠浓度不超过 10mg/L 时，使用亚硫酸钠处理是安全的。对于高参数锅炉，或当亚硫酸钠浓度高时，亚硫酸钠可能分解产生有害物质，当分解产物 SO_2 和 H_2S 等被蒸汽带入汽轮机时，就会腐蚀汽轮机叶片，也会腐蚀凝汽器、加热器铜管和凝结水管道。

对各种参数锅炉氧腐蚀的分析结果表明，高参数锅炉常由于启动初期除氧器不能同步投入，锅炉给水中含氧量为饱和态，直到汽轮发电机组正常运行后，有凝结水回收进入给水系统，除氧器有了稳定的汽轮机抽汽作为热源时，给水含氧量才能逐渐合格。当给水温度低于 100℃时，因联氨除氧起不到应有的作用，除氧器难以正常运行。

据资料报道，催化联氨可用于高参数锅炉启动阶段除氧。催化联氨能在常温下与氧发生反应，当锅炉启动时即加入催化联氨。虽然除氧器由于没有加热蒸汽不能投入，或抽汽压力低、达不到饱和温度，但是，加入催化联氨后可使给水中的含氧量很低，从而防止系统的氧腐蚀。而中参数锅炉大多采用启停方式进行调峰，亚硫酸钠用于调峰运行的中压锅炉辅助除氧。

4. 其他除氧剂除氧

为了防止热力设备的氧腐蚀，人们在寻求性能更优、效果更好的化学除氧剂方面做了大量工作。国内外已开发出碳酰肼、异抗坏血酸、羟胺类化合物等作为除氧剂。

(1) 碳酰肼。它是联氨和 CO_2 的衍生物，分子式为 $(N_2H_3)_2CO$，在水中碳酰肼与氧的反应

$$(N_2H_3)_2CO + 2O_2 \longrightarrow 2N_2 + 3H_2O + CO_2$$

$$(N_2H_3)_2CO + H_2O \longrightarrow 2N_2H_4 + CO_2$$

$$N_2H_4 + O_2 \longrightarrow 2H_2O + N_2$$

碳酰肼与水中 Fe_2O_3 和 CuO 的反应

$$(N_2H_3)_2CO + 12Fe_2O_3 \longrightarrow 8Fe_3O_4 + 3H_2O + 2N_2 + CO_2$$

$$(N_2H_3)_2CO + 8CuO \longrightarrow 4Cu_2O + 3H_2O + 2N_2 + CO_2$$

可见，碳酰肼除氧及还原 Fe_2O_3 和 CuO 的反应与联氨相似，其反应速度也比联氨与氧的反应速度快，但会增加系统中的 CO_2 含量。若与中和胺合用，则可抵消这种影响。

(2) 异抗坏血酸钠和羟胺类化合物。异抗坏血酸钠是一种强还原剂，分子式为 $C_6H_7NaO_6 \cdot H_2O$，白色结晶，具有除氧作用和钝化作用。它与溶解氧的反应速度比联氨快得多。

羟胺类化合物中用作除氧剂的有二乙基羟胺，为一种强还原剂，与氧的反应速度比联氨快，而热分解速度比联氨慢。

第二节　热力设备的酸性腐蚀

热力设备的酸性腐蚀是由于游离 CO_2 引起的腐蚀。CO_2 在水中主要以溶解气体分子的形式存在，少部分与水作用形成 H_2CO_3，通常将二者的总和称为游离二氧化碳（CO_2 + H_2CO_3）。地表水中游离 CO_2 主要来源于有机物的分解、水生物的呼吸作用及空气。地表水中游离 CO_2 含量一般小于 10mg / L。对热力系统而言，游离 CO_2 腐蚀通常发生在水质较纯而缺乏缓冲性的凝结水系统。

一、酸性腐蚀机理

CO_2 溶于水，水呈酸性反应，即

$$CO_2 + H_2O \rightleftharpoons HCO_3^- + H^+, \qquad HCO_3^- \rightleftharpoons CO_3^{2-} + H^+$$

这样，会使溶液 pH 值降低，pH < 5.5 时，钢铁的腐蚀速度急剧增加。由于水中 H^+ 含量增多，就会加速氢去极化腐蚀。所以，游离 CO_2 腐蚀就是水中含有的酸性物质引起的氢去极化腐蚀。在腐蚀电池中，阴极反应为 H^+ 的还原，阳极反应为金属的溶解，即

阳极反应　　　　　　　　　　$Fe \longrightarrow Fe^{2+} + 2e$
阴极反应　　　　　　　　　　$2H^+ + 2e \longrightarrow H_2$

尽管 CO_2 溶于水呈弱酸性，但当它溶于很纯的水中时，会显著地降低水的 pH 值。纯水中 CO_2 含量与 pH 值的关系如图 9 - 7 所示。

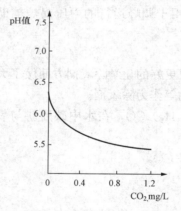

理论上，在无氧情况下，钢铁的酸性腐蚀由 H 原子释放过程的速度控制。研究表明，H 原子从 CO_2 水溶液中释放出来，同时有两个不同的途径。一是水中的 CO_2 分子与水分子结合生成 H_2CO_3 分子，它电离后产生的 H^+ 扩散到金属表面还原；二是水中的 CO_2 分子向金属表面扩散并吸附在金属表面上，随后与水分子结合生成吸附的 H_2CO_3 分子，直接还原释放出 H_2。

由此可见，由于碳酸是弱酸，其水溶液中存在弱酸的电离平衡。这样，因腐蚀过程进行而在金属表面被消耗的 H^+，可通过碳酸的继续电离不断得到补充，在水中的游离 CO_2 未消耗完之前，水溶液的 pH 值维持不变，腐蚀过程继续进行。另外，水中游离 CO_2 能同时通过吸附在金属表面直接还原，从而加速了阴极过程，促使铁的阳极溶解速度增大。这与完

图 9 - 7　纯水中 CO_2 浓度
与 pH 值的关系（80℃）

全电离的强酸溶液相比，腐蚀速度会大得多。

游离 CO_2 腐蚀受温度影响较大，当温度升高时，碳酸电离度增大，会大大促进腐蚀。由于热力系统是一个密闭系统，温度升高时，压力也相应升高，CO_2 在水中的溶解度随其本身的分压增大而增加。介质流速对 CO_2 腐蚀也有影响，流速加快，腐蚀速度增大，但当流速增大到流动状况成紊流时，腐蚀速度就不再随流速变化而有大的变化。

二、酸性腐蚀的原因

热力设备发生酸性腐蚀的主要原因是游离 CO_2。热力设备水汽系统中游离 CO_2 的来源有以下几方面。

1. 锅炉补给水中的碳酸盐分解

锅炉补给水中所含碳酸盐的种类不同,所含碳酸盐种类随水处理方法不同而异。软化水中含有一定量的 HCO_3^- 和 CO_3^{2-};蒸馏水中含有少量的 HCO_3^- 和 CO_2;在化学除盐水中,碳酸盐不可能被彻底除去;水中游离 CO_2 还可能由大气溶入,水质越纯,溶入 CO_2 对 pH 值的影响就越大。此外,凝汽器有泄漏时,漏入凝结水中的冷却水带入的碳酸盐主要是 HCO_3^-。

这些碳酸盐进入给水系统后,在除氧器中,HCO_3^- 会热分解一部分,CO_3^{2-} 也有一部分在高压除氧器中水解生成 CO_2,即

$$2HCO_3^- \longrightarrow CO_3^{2-} + H_2O + CO_2$$
$$CO_3^{2-} + H_2O \longrightarrow 2OH^- + CO_2$$

所生成的 CO_2 绝大部分会通过除氧器除去。当给水中的碳酸盐进入锅炉后,随着温度和压力的增加,分解速度加快。生成的 CO_2 随蒸汽进入汽轮机和凝汽器,在凝汽器中,一部分 CO_2 被凝汽器抽气器抽走,仍有一部分 CO_2 溶入凝结水中,使凝结水受到 CO_2 的污染。

2. 补给水中有机物分解

地下水含有机物较少,而地表水含有机物较多。天然水中有机物的主要成分是分子量相当大的有机酸,其中有腐殖酸类和富维酸类。在正常情况下,进行补给水处理时可除去大约 80% 的有机物,仍有部分有机物会进入给水系统。在锅炉中高温高压下有机物分解而生成甲酸、乙酸等低分子有机酸。

3. 泄漏的树脂在高温下分解

离子交换树脂在使用中,由于溶胀、转型膨胀和机械作用而破碎会漏入水中。在 150℃ 时,阴离子交换树脂降解速度很快,而在 200℃ 时,阳离子交换树脂降解很快。在高温下均能分解产生低分子有机酸,主要是乙酸,还有甲酸和丙酸等,同时也会产生无机阴离子如 Cl^- 等。含有磺酸基的树脂在高温高压下会产生硫酸。由此可见,分子量大的有机物及离子在高温高压的运行条件下将分解成低分子有机酸和无机酸。这些物质在炉水中浓缩,结果会引起炉水的 pH 值下降。这些酸性物质还会被携带进入蒸汽中,在整个水汽系统内循环。

此外,从处于真空状态设备的不严密处漏入空气,如汽轮机端部汽封装置及凝汽器汽侧等漏入空气,尤其是当凝汽器汽侧负荷较低时,凝结水中氧和 CO_2 的含量就会增加。

三、酸性腐蚀部位与特征

1. 腐蚀部位

水汽系统中发生游离 CO_2 腐蚀的部位主要是凝结水系统。这是因为给水的碳酸盐在锅炉受热分解产生的 CO_2 随蒸汽进入汽轮机,尽管一部分被凝汽器抽汽器抽走,但仍有一部分溶入凝结水。由于凝结水水质较优,缓冲能力较差,只要含有少量 CO_2,就会使 pH 值显著降低。而且凝结水系统位于降氧器之前,所以其中游离 CO_2 含量较多,易遭受游离 CO_2 腐蚀。使用蒸馏水作补给水时,蒸发器的蒸馏水管道也发生游离 CO_2 腐蚀。供热锅炉的供汽管道和回水管道的 CO_2 腐蚀还会造成产品的污染,回收的水无法使用,回水管道的寿命缩短。

对于用软化水作补给水的锅炉,在除氧器以后的给水管道中,一般不会发生游离 CO_2 腐蚀。这是因为软化水碱度大,具有一定缓冲性,给水的 pH 值不会显著降低;但用蒸馏

水、化学除盐水作补给水时，由于水中碱度非常小，所以只要在除氧器后的给水中残留有少量游离 CO_2，就会使 pH＜7.0，使除氧器后的设备发生游离 CO_2 腐蚀。

    2. 腐蚀特征

    钢铁受游离 CO_2 腐蚀，其腐蚀产物都易溶于水，在金属表面不易形成保护膜，腐蚀特征是金属材料的均匀减薄。设备发生游离 CO_2 腐蚀时，往往会出现大面积损坏。

    如上所述，出现全面均匀腐蚀的水质特点是 pH＜7.0。游离 CO_2 腐蚀不一定在很短时间内引起金属严重损伤破坏，但增加了给水、凝结水和疏水中的铁含量，铁的腐蚀产物进入锅炉内并在锅内累积，最终会在蒸发受热面上沉积，引起水冷壁管腐蚀穿孔。其特点是在水冷壁管的向火侧产生强烈腐蚀，腐蚀形貌呈沟槽状或条状，因腐蚀产物溶解而使管壁减薄。运行实践表明，发生 CO_2 腐蚀时，可使壁厚为 6mm 的水冷壁管减薄 2～3mm，并有 1～2mm 厚的脱碳层，使正常的钢基层不足 2mm。

    对某些供热锅炉，由于补给水碱度高，蒸汽中 CO_2 含量较大，会造成供热管道和用户的热交换器在很短时间内腐蚀穿孔。

四、同时有溶解氧和游离二氧化碳的腐蚀

    含不同量溶解氧和游离二氧化碳时，钢铁的腐蚀速度如图 9-8 所示。氧和 CO_2 含量的增加、温度的升高都会加速腐蚀。这是因为氧的电极电位高，易形成腐蚀电池的阴极；CO_2 使水呈酸性，易破坏原有保护膜，而新的保护膜也不易形成，使金属表面呈活化状态，又为氧腐蚀形成有利条件，因而腐蚀更加严重。

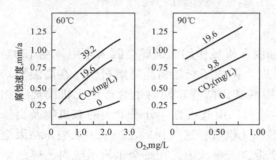

图 9-8　O_2 和 CO_2 同时存在腐蚀速度

    这种腐蚀具有酸性腐蚀和氧腐蚀的一般特征，即在金属表面没有腐蚀产物，呈溃疡状腐蚀，金属表面有腐蚀坑。

    凝结水系统、疏水系统和热网系统中，往往含有一定量的溶解氧和 CO_2。尤其是凝汽器真空较低和气密性较差时，凝结水系统含氧量较高。疏水系统中水的 pH 值一般较低。这些部位都可能会发生氧和 CO_2 同时存在的腐蚀。给水泵是除氧器后的第一台设备，当除氧不彻底时，易发生这类腐蚀。在用化学除盐水作补给水时，由于给水碱度低、缓冲性小，一旦有氧和 CO_2 进入给水系统，在给水泵的叶轮和导叶上会发生这种腐蚀，并且由泵的低级部分至高级部分腐蚀程度逐渐严重。

    低压加热器铜管的汽侧，易受到溶解氧和游离二氧化碳共存时的腐蚀。腐蚀特征是管壁均匀减薄，并有密集的腐蚀坑。阳极腐蚀产物为 Zn^{2+}、Cu^{2+}，阴极腐蚀产物为 OH^-。腐蚀部位集中在疏水水面以上，且在靠近水面温度较低的进水端，设有抽汽管的地方。在这些部位易产生一层附壁水膜，这层水膜温度低，CO_2 含量大，故易遭受腐蚀。

五、酸性腐蚀的控制

    为了防止和减轻水汽系统中游离 CO_2 对热力设备的腐蚀，应尽量减少进入系统的 CO_2 和碳酸盐含量，应做到降低补给水碱度、降低补水率、防止凝汽器泄漏或对凝结水进行精处理、防止空气漏入水汽系统。

    除了采取以上措施以外，防止游离二氧化碳腐蚀的主要措施是进行给水加氨处理，该法尤其适用于用除盐水作为锅炉补给水的系统，这是由于其中游离 CO_2 含量低，只需加入少量氨就可大幅度提高给水的 pH 值。

氨和 CO_2 都能在受热时由炉水中逸出，进入蒸汽系统，所以，加氨处理不仅能保护给水系统，还可保护蒸汽凝结水系统和疏水系统。

热力系统使用的金属材料主要有钢铁和铜合金。由电位-pH 图可知，水的 $pH \geqslant 9.5$ 时，钢铁的腐蚀速度较低；当水的 $pH = 8.5 \sim 9.5$ 时，铜合金的腐蚀速度较低。$pH > 9.5$，尤其在 $pH > 10$ 时；或 $pH < 8.5$，尤其在 $pH < 7.0$ 时，铜合金的腐蚀速度都明显加快。为了兼顾热力系统中的钢铁和铜合金的防腐蚀要求，一般将给水的 pH 值调节在 $8.8 \sim 9.3$ 的范围内，调节给水 pH 值的方法是在给水中加氨或胺。加氨量需通过调整试验来确定。

应该指出，控制给水 pH 值在 $8.8 \sim 9.3$ 范围内，不利于发挥凝结水处理系统中的离子交换设备的最佳效能，因为会缩短高速混床设备或其他阳离子交换设备的运行周期。对防止钢铁腐蚀来说，这个范围也不是最佳的。试验表明，要使给水的含铁量低于 $10 \mu g/L$，至少需将给水的 pH 值提高到 $9.3 \sim 9.5$。有些高参数机组，低压加热器采用碳钢管材、凝汽器用钛合金或不锈钢管材，整个热力系统为无铜系统，给水的 pH 值允许控制在 $9.0 \sim 9.9$，给水中含氨量允许到 $10 \mu g/L$，大大减小了钢铁的腐蚀速度。

为了提高给水 pH 值，最实用的办法是往给水中加氨，因为氨有易挥发和受热不会分解的性能，所以可用于各种压力参数的机组。

在常温、常压下氨是一种具有刺激性气味的无色气体，氨极易溶于水，氨的水溶液称为氨水，呈碱性反应

$$NH_3 + H_2O \Longrightarrow NH_4^+ + OH^-$$

给水加氨后，水中游离二氧化碳与氨发生中和反应

$$NH_3 \cdot H_2O + H_2CO_3 \Longrightarrow NH_4HCO_3 + H_2O$$

$$NH_3 \cdot H_2O + NH_4HCO_3 \Longrightarrow (NH_4)_2CO_3 + H_2O$$

计算表明，若加入的氨量恰好将 H_2CO_3 中和到 NH_4HCO_3，则水的 pH 值约为 7.9；若完全中和碳酸，即中和到 $(NH_4)_2CO$，给水的 pH 值可提高到 9.2。从而减小给水系统中游离二氧化碳的腐蚀。给水加氨后，水汽系统中存在 NH_3、CO_2、H_2O 之间复杂的平衡关系。

氨是一种挥发性物质，当给水加氨时，氨进入锅炉后会挥发进入蒸汽，通过汽轮机后随排汽进入凝汽器，在凝汽器中，富集在空冷区的氨一部分被抽气器抽走，余下的部分氨转入凝结水中。当凝结水进入除氧器后，氨会随除氧器排汽除掉一部分，余下的氨仍留在给水中继续在水汽系统循环。在热力系统中，氨的流程与 CO_2 相同。但由于氨和 CO_2 的分配系数不同，使热力系统中各部位氨和 CO_2 在汽液两相中的分布不相同。

分配系数是指在一定温度和压力下汽水两相共存时，某种物质在蒸汽中的浓度与在和此蒸汽接触的水中的浓度之比值。分配系数越大，表明该物质在汽相中的浓度越大，而在液相中的浓度就越小。分配系数与物质的性质有关，还与水汽温度有关。

因此，当水中同时有氨和 CO_2 时，在热力系统汽、水发生相变部位的水和汽中，氨与 CO_2 的比值也发生变化。这样便会使一些部位的水中氨含量相对较少，不足以中和水中的 CO_2。所以，给水加氨处理时，会出现某些地方氨过多，另一些地方氨过少的现象。因此，不能用氨处理作为解决给水因含游离二氧化碳使 pH 值过低的唯一措施，主要的措施应尽可

能地降低给水中碳酸盐的含量及防止空气漏入系统，以此为前提进行加氨处理，以提高给水的 pH 值，防止系统腐蚀。

　　实际所需的加氨量，要通过运行调整试验来确定，使给水 pH 值调节到 8.8～9.3 为宜。如果游离二氧化碳被中和成碳酸铵，且有 20% 氨的过剩量，则水溶液是碳酸铵与氢氧化铵的缓冲溶液，其 pH 值较稳定，可达到 8.8～9.3。此时可用式（9‐2）计算所需的加氨量（使用钢瓶装液氨），即

$$D = F C_{CO_2} K \times 10^{-3} \tag{9-2}$$

式中　D——液氨用量，kg/h；

　　　F——给水流量，t/h；

　　C_{CO_2}——加氨前给水中游离 CO_2 含量，mg/L；

　　　K——氨的损失率。

　　氨在水汽系统中的损失有以下几部分：①氨由热力除氧器排出，大气式除氧器的氨损失率约为 3%，高压除氧器的氨损失率可达 15%～16%；②氨由凝汽器真空处排出，各种凝汽器的真空度相近，氨损失率均为 3%～5%；③氨随蒸汽与水的损失而损失，凝汽式机组的汽水损失率约为 3%，供热机组要考虑供汽而无返回水时的损失。通常中压机组 K 可取 10%，高压机组 K 取 25%；供热机组应再加上供热增加的水汽损失。

　　由于氨为挥发性物质，不论在热力系统的哪个部位加入，在整个水汽系统的各个部位都会有氨。通常氨的加药点附近水的 pH 值较高，为了防止热力系统中铜合金的氨蚀，需选择合适的加氨位置。如低压加热器采用铜合金材料，附近水的 pH 值不宜过高，以免加剧铜合金的腐蚀。经验表明，高压加热器后面的给水中铁含量有所增加，为防止高压加热器腐蚀，应将给水的 pH 值调得高些。

　　通常，可将氨加到补给水、给水或凝结水中，也可加到汽包中。加氨处理也可进行给水分两级加氨。对于无凝结水精处理的系统，分别在补给水出水母管和除氧器出水管道上设置加氨点；对于有凝结水精处理的系统，分别在凝结水处理系统的出水母管及除氧器出水管道上设置加氨点。在第一级加氨时，将水的 pH 值控制在范围的低端，如 8.8～9.0；在第二级加氨时，将水的 pH 值控制在范围的高端，如 9.0～9.3，或通过运行调整试验确定。

　　加氨处理所用的药液一般是液氨或氨水。对于氨水，可配成约 0.3%～0.5% 的稀溶液，然后加入系统。可单独设置加药泵，也可与联氨混合用同一台加药泵加入。

　　运行经验证明，正确进行加氨处理后，可显著减轻钢铁和铜合金的腐蚀，热力系统中各种水、汽的含铁量和含铜量均会降低。给水中的铁含量可由 $750\mu g/L$ 降低至 $10\mu g/L$；铜含量由 $10～15\mu g/L$ 降低到 $4～5\mu g/L$ 以下。这表明提高了水、汽的 pH 值，使钢铁和铜合金都进入钝态。维持 pH＝9.0 左右，有利于钢铁和铜合金表面膜保持稳定。

　　对于无铜热力系统，给水加氨并维持高 pH 值，可使给水系统中腐蚀产物（主要是铁的氧化物）提前析出，不会在锅炉受热面上结垢。在机组启动时发生这种现象的可能性很大，常常因机组的高、低压给水系统停用保护不好，产生大量腐蚀产物，启动过程中腐蚀产物在高温、pH 值较高的条件下提前沉积在高压加热器中。正常运行中，因给水 pH 值高，腐蚀轻微，热力系统给水中的铁含量很少，提前结垢现象几乎不会发生。因此，维持给水较高的 pH 值，可避免腐蚀产物在锅炉受热面上结垢。

　　尽管给水加氨处理消除了游离二氧化碳，是防止水汽系统中钢铁和铜合金腐蚀的有效方

法，但加氨处理时氨过量会引起铜合金的腐蚀。因为水中的氨与 Cu^{2+} 和 Zn^{2+} 生成可溶的络离子 $Cu(NH_3)_4^{2+}$ 和 $Zn(NH_3)_4^{2+}$，使原来不溶于水的 Cu_2O - CuO 保护膜溶解，使铜合金遭受腐蚀。理论上，当水中含有一定数量的氧时，因氧起阴极去极化作用，促使铜合金在氨性溶液中形成可溶性络离子。所以，防止酸性腐蚀的根本措施应是降低给水中的碳酸盐含量以及防止空气漏入系统。

因此，在进行氨处理时，应保证水汽系统中的氧含量很低，且加氨量不宜过多。为了维持给水的 pH 值在 $8.8\sim9.3$ 范围内，给水中含氨量应在 $0.5\sim1.0mg/L$ 以下。通常最易发生氨蚀的部位是凝汽器的空冷区和射汽式抽汽器的冷却器，因为该部位常富集 O_2、CO_2 和 NH_3 等非凝结性气体。

此外，还可以使用有机胺中和游离二氧化碳，提高给水 pH 值，如吗啉 C_4H_9NO、环己胺 $C_6H_{13}N$ 和六氢吡啶 $C_5H_{11}N$ 等氨的有机衍生物。这些物质在水中能离解出 OH^-，中和水中的游离二氧化碳。成膜胺类物质有癸碳胺 $C_{10}H_{21}NH_2$、十六碳烷胺 $C_{16}H_{33}NH_2$、十八碳烷胺 $C_{18}H_{37}NH_2$、乙氧基大豆胺 $C_{18}H_{35}N(C_2H_4OH)$。成膜胺会在金属表面形成疏水性的保护膜而对金属起到保护作用，而且因其具有较强的渗透性，可透过腐蚀产物到达金属表面并形成保护膜。

第三节　设备的停用腐蚀

运行中的锅炉尽管介质温度高，但其中氧含量低，氧腐蚀程度与氧含量有关。停用设备与大气相通，空气中的氧会源源不断地供给腐蚀体系，其腐蚀程度较大。热力设备在停用期间如果不采取有效的保护措施，其水汽侧金属表面会发生严重腐蚀，称为停用腐蚀。停用腐蚀的实质是较低温度时的氧腐蚀。锅炉及其他热力设备都不可避免地要停止运行，例如，设备的例行检修等，防止停用设备的腐蚀是非常重要的。

一、停用腐蚀及其特点

停用腐蚀的主要原因是设备金属表面潮湿，氧气扩散进入水汽系统。锅炉停用以后，其中的水已排放掉，但在锅炉管金属的内表面上仍附着一层水膜，由于锅炉的压力和温度都已降低，外界空气便会大量进入锅炉的水汽系统内，空气中的氧会溶解在水膜中，所以很容易引起设备腐蚀。设备停用后若需放水，不可能完全放空，这样一来会有部分金属浸在水中，空气中的氧会进入系统并溶解在水中，使金属设备受到氧腐蚀。

停用腐蚀会在锅炉投入运行后继续产生不良影响。这是因为停用腐蚀产物大都是疏松的 Fe_2O_3，在管壁上附着能力较差，在机组重新启动运行时，易随水流转入炉水中，增加炉水中的含铁量，加剧锅炉炉管中沉积物的形成。

停用腐蚀使金属表面上产生的沉积物（腐蚀产物）及所造成的金属表面的粗糙状态，是设备在运行中发生腐蚀的促进因素。这是因为腐蚀产生的点蚀坑底的电位比坑壁及其周围金属的电位更低，在运行中它将作为腐蚀电池的阳极而继续腐蚀。而且由于停用腐蚀产物是高价氧化铁，在运行时起阴极去极化剂作用，它被还原成亚铁化合物，电化学反应为

$$\text{阴极}\qquad\qquad Fe_2O_3+2e+H_2O \longrightarrow 2FeO+2OH^-$$

$$\text{阳极}\qquad\qquad Fe \longrightarrow Fe^{2+}+2e$$

如果锅炉经常启停，运行中生成的 FeO 在锅炉下次停用时，又被氧化成 Fe_2O_3，这样，

腐蚀过程就会反复进行，经常启停的锅炉，腐蚀尤为严重。此外，当 Fe_2O_3 还原为 Fe_3O_4 时，每吨 Fe_2O_3 可放氧 33.4kg，其数量超过了 1000t/h 蒸发量锅炉半年内带入的氧量。

对于热力设备来说，停用腐蚀涉及范围相当大，除锅炉外，汽轮机、给水管道和加热器等都会发生停用腐蚀。虽然各种设备的停用腐蚀均属氧腐蚀，但与运行设备的氧腐蚀相比，有以下特点：

(1) 停炉时温度低，腐蚀产物疏松、附着力小，易被水流带走而转入炉水中，增加炉水中铁含量。腐蚀产物表面呈黄褐色。

(2) 停用时氧的浓度大，腐蚀较严重。并且由于氧可以扩散到各个部位，腐蚀面积广。

例如，运行时过热器和再热器不会发生氧腐蚀，但停炉时在积水处常常发生严重腐蚀。运行时省煤器的氧腐蚀只发生在其入口管段，而停用时整个省煤器管均会受到氧腐蚀。运行时只有在除氧器失效的情况下，氧腐蚀才会扩展到汽包和下降管，而上升管（水冷壁管）不会发生氧腐蚀，但停用时上升管、下降管及汽包都会受到氧腐蚀。

总之，停用腐蚀比运行时给水除氧不彻底所引起的氧腐蚀要严重得多，它的危害性很大，防止锅炉水汽系统的停用腐蚀，对保证锅炉机组的安全运行是很重要的。

二、停用腐蚀的影响因素

锅炉、汽机、凝汽器、加热器等热力设备停用期间，如果不采用保护措施，水汽侧的金属表面就会发生强烈的腐蚀。影响停用腐蚀的因素主要有湿度、温度、金属表面的清洁程度及金属表面液膜的成分等。

(1) 湿度。停用设备内部相对湿度小于 20%，即可避免腐蚀；相反则发生停用腐蚀，而且湿度越大，腐蚀就越严重。

(2) 含盐量。水中或金属表面液膜盐浓度增加时，腐蚀速度加快。尤其是液膜中含氯化物和硫酸盐时更是如此。

(3) 金属材质。碳钢和低合金钢易产生停用腐蚀，而不锈钢或合金钢不易发生停用腐蚀。

(4) 金属表面清洁程度。当金属表面有沉积物或水渣时，腐蚀速度加快，是由于在金属表面产生了氧浓差电池。当停用锅炉的金属表面上有沉积物或水渣时，停用时的腐蚀速度会更快。这是由于在沉积物或水渣下面金属表面的水膜中，空气中的氧不易扩散进来而含氧量低，在无沉积物或水渣覆盖的地方空气中的氧容易扩散进来而含氧量高。这样，使金属表面产生了电化学不均匀性，形成氧浓差电池，氧浓度大的地方，电极电位正而成为阴极；氧浓度小的地方，电极电位负而成为阳极，使该部位金属受到腐蚀。所以，在沉积物和水渣下面的金属表面最容易发生停用腐蚀。

(5) pH 值。pH 值升高，停用腐蚀会降低，pH 达 10 以上，腐蚀会受到较好抑制。

由于停用期间设备与大气接触，氧浓度大，腐蚀范围面积广，停、备用设备的腐蚀较运行设备腐蚀严重。机组重新启动时，腐蚀产物又会进入锅炉和汽轮机中，在热负荷高的部位水冷壁管上疏松的沉积物下，炉水会局部浓缩 102～105 倍，引起碱或酸腐蚀，后者是目前大容量锅炉失效的主要原因。机组运行时的二次结垢，往往是停用腐蚀造成的。由此看来，停用腐蚀严重影响机组安全经济运行，危害极大。

三、停用保护方法及其选择原则

停用设备的腐蚀是由于氧和水同时存在引起的。因此，为了防止停用腐蚀，要求控制这两个因素或其中之一。停用保护的方法大致可分成满水保护法和干燥保护法。基本原则如下：①阻止空气进入热力设备系统内部，包括充氮法、保持蒸汽压力法、锅炉满水保护法等。②降低热力设备水汽系统内部的湿度，如烘干法，干燥剂法，真空法等。维持停用锅炉水汽系统内的相对湿度小于 20%，可避免腐蚀。③加钝化剂或加缓蚀剂，使金属表面形成钝化膜，或者除去水中的溶解氧。所加缓蚀剂有联氨、氨液和气相缓蚀剂等。

1. 满水保护法

将具有保护性的水溶液充满锅炉，以阻止空气中的氧气进入锅内。根据所用水溶液组成不同，具体方法有以下几种：

(1) 联氨法。对于汽包锅炉，停炉停运后将炉水换成给水，然后加入联氨，要求炉水中联氨过剩量为 200mg/L，氨含量为 50～100mg/L，pH>10。若保护时间较长，应定期监测水汽系统中各部分的联氨浓度和 pH 值，发现联氨浓度或 pH 值下降时，应及时补加联氨或氨水至合格。

联氨法也可用于直流锅炉的停用保护。该方法适于停用时间较长或备用锅炉的停用保护。但对于中间再热式机组的再热系统，因再热器与汽轮机相连，汽轮机有进水的危险。所以再热系统不能用联氨法或其他满水保护法，一般用干燥的热空气进行停用保护。丙酮肟也可用于停用保护，要求水中丙酮肟浓度达 300～400mg/L，pH>10.6。

(2) 氨液法。氨液呈碱性，试验表明，当水中含氨量达到 800～1000mg/L，钢铁表面会形成一层完整的钝化膜，从而可防止氧腐蚀。

氨液停用保护法适于长期停用锅炉的保护，该方法是将凝结水或补给水配制成含氨量为 500～800mg/L 的溶液，用泵打入锅炉水汽系统并在其中进行循环，直到氨浓度均匀为止。因为氨液对铜材设备有腐蚀作用，故应先将系统中的铜材设备隔离或拆除。锅炉启动前应将全部氨液排除后再进水，升压后用蒸汽冲洗过热器，直至蒸汽中氨含量小于 2mg/kg 时才可将蒸汽并入主蒸汽中。

(3) 保持给水压力法。该法是利用锅炉内给水的压力阻止空气进入锅炉内部。其方法是使锅炉内充满氧含量合格的给水，并保持锅炉内给水压力为 0.98～1.47MPa，同时关闭所有阀门，以防空气进入。保护期间应定期监测水中氧的含量，若发现氧含量超标，应更换成氧含量合格的给水。此法用于短期停用锅炉的保护。

(4) 保持蒸汽压力法。对于经常启、停的锅炉，处于热备用状态，不能放水，也不能使炉水成分发生变化，这时宜采用保持蒸汽压力法，该法是在停炉以后，用间断升火的方法保持锅炉蒸汽压力 1.98～1.47MPa，以防空气进入系统。

此外，还有其他方法，如用 NaOH（0.1%～0.2%）与 Na_3PO_4（0.3%～0.5%）溶液进行保护等。

2. 干燥保护法

这类方法是使锅炉金属表面保持干燥，以防腐蚀。

(1) 烘干法。运行中的锅炉由于检修或故障而停用时，当压力降至锅炉制造厂所规定的参数时放掉炉水，用余热烘干受热面，或将邻炉部分热风引入炉膛将锅炉金属表面烘干，这样可保证锅炉蒸发受热面和省煤器管的金属表面干燥。

(2) 充氮法。N_2 无腐蚀性，不与钢铁反应。将 N_2 充入锅炉水汽系统，并保持一定的正压，以阻止空气进入系统。当锅炉压力降至 0.05MPa 时，即可开始充入 N_2，所用 N_2 的纯度应在 99％以上。锅炉可以带水充 N_2，也可以放掉水充 N_2，锅炉水汽系统中 N_2 的压力应维持在 0.05MPa 以上。对于未放水的锅炉或锅炉中残留有水的部位，充入 N_2 前需先向水中加联氨（过剩量为 200mg/L）和氨水，调节 pH 值在 10 以上。

充氮法适于锅炉的长、短期停用保护以及各种参数的锅炉。

此外，还有干燥剂法或气相缓蚀法等，可参阅其他有关文献。

3. 保护方法的选择原则

锅炉的停用保护方法有多种，选择保护方法时主要应考虑以下原则：

(1) 锅炉结构、参数和类型。直流锅炉宜采用联氨法、氨液法或充氮法，这是因其水汽系统复杂，难以将水排尽吹干。对于汽包锅炉，高参数机组的水汽系统复杂，水不易排尽，具有立式过热器的汽包锅炉，过热器底部易积水，宜采用联氨法（或加丙酮肟）或氨液法，不宜采用干燥剂法。高参数锅炉对水质要求高，使用联氨和氨作为缓蚀剂；中低压参数的锅炉可使用磷酸钠作缓蚀剂。

(2) 停（备）用时间。对于短期停用的锅炉，宜采用保持给水压力法或保持蒸汽压力法。长期停用的锅炉应采用联氨法（或丙酮肟）或氨液法及充氮法。

此外，还应考虑现场条件如设备条件、给水水质、环境温度等。

四、停用保护

1. 锅炉的停用保护

根据炉型及停用时间不同，锅炉停用保护方法不同。

锅炉的短期停用是指由数小时到 5 天左右的停炉，如启停调峰锅炉、临时检修的锅炉、采暖锅炉等。电厂锅炉停用时即熄火，不能采用蒸汽压力作短期保护。而可以采用保持给水压力法或带水充 N_2，并保持水汽阀门严密。

对于中长期停用的锅炉，汽包锅炉的保护前已述及。对于直流锅炉的保护，当锅炉的停运程序已进行到带启动分离器阶段后，应加大给水中联氨和氨的投加量，使给水中联氨为 200mg/L，pH（25℃）>10.0，直至停炉，使水溶液一直留在锅内。

采用联氨溶液保护的锅炉，启动前应把药液排尽，并进行冲洗。点火后应向空排汽，当蒸汽中氨含量小于 2mg/kg 时才可送汽，以免腐蚀凝汽器铜管。

2. 汽轮机和凝汽器的停用保护

对于短期停用的汽轮机组，在凝汽器真空能维持时，维持凝汽器汽侧真空度，提供汽轮机轴封蒸汽，以防空气进入汽轮机；在凝汽器真空不能维持时：①隔绝一切可能进入汽轮机内部的汽、水系统并开启汽轮机本体疏水阀；②关闭与公用系统连接的有关汽、水阀门，并放尽其内部剩余的水、汽；③主蒸汽管道、再热蒸汽管道、抽汽管道、旁路系统靠汽轮机侧的所有疏水阀门均应打开；④放尽凝汽器热井内部的积水；⑤有条件时，高、低压加热器汽侧和除氧器汽侧进行充氮，否则放尽高、低压加热器汽侧疏水；⑥高、低压加热器和除氧器水侧充满运行水质的给水；⑦给水泵汽轮机的有关疏水阀门打开；⑧注意监视汽轮机房污水排放系统是否正常，防止凝汽器阀门坑满水，汽轮机停机期间应保证上、下缸，内、外缸的温差不超标。

对于长期停用的汽轮机组，可根据具体情况采取如下措施：①热风（或干风）干燥法。停机后，放尽汽轮机本体及相关管道、设备内的余汽和积水，当汽缸温度降至一定值后，向汽缸内送入热风（或干风），使汽缸内保持干燥。②压缩空气法。汽轮机停运后，启动汽轮机快冷装置，向汽缸通热压缩空气，在汽缸降温的同时，干燥汽缸。③干燥剂除湿法。停运后的汽轮机，经热风干燥至汽轮机排汽相对湿度（室温值）达到控制标准后，停送热风，然后向汽缸内放置干燥剂，封闭汽轮机，使汽缸内保持干燥状态。我国生产的氯化锂转轮除湿机的去湿空气量为 $1200m^3/h$ 和 $3000m^3/h$，可用于汽轮机组和凝汽器汽侧的停用保护。④成膜胺保护法。汽轮机停用的成膜胺保护与锅炉的停用成膜胺保护同时进行。

用淡水冷却的凝汽器不进行停用保护，但用海水冷却的凝汽器应放空并保持空气流通。长期停用的凝汽器管水侧采用排空法保护。

3. 其他设备的停用保护

（1）给水系统的停用保护。给水系统包括凝结水泵、凝结水管道、低压加热器、除氧器、给水泵、管道及高压加热器。易发生停用腐蚀的设备是低压加热器和高压加热器。短期停用时，这些设备内充满了除氧水，基本可起到防腐蚀作用。

如果停用时间超过 2 周，尤其是需要放掉给水系统的存水时，应对高压加热器及高压给水系统进行保护。高压加热器的汽侧可充 N_2 保护，N_2 压力应不低于 $0.3MPa$。高压加热器充水时，可用联氨和氨的混合溶液保护；若放掉存水，则可用充 N_2 法，使设备表面形成含氨液膜。

低压加热器使用铜管时，水侧和汽侧均可采取充 N_2 保护。如为钢制低压加热器，则可用联氨和氨的混合溶液保护。

（2）热网系统的保护。使用软化水或除盐水作为工质的热网系统应保持水的 pH 值为 9.5 以上。在设备停用期间，用这种水充满热网即有较好的保护作用。

思考题与习题

1. 热力设备氧腐蚀机理和酸性腐蚀机理各是什么？
2. 运行设备氧腐蚀与停用设备氧腐蚀有何区别？各自的特点是什么？
3. 为何同时有氧和游离二氧化碳时腐蚀会加剧？
4. 联氨除氧、钝化的原理是什么？如何确定联氨的加药量？应考虑哪些因素？
5. 丙酮肟除氧、钝化原理是什么？
6. 发生游离二氧化碳腐蚀的部位和特征为何？
7. 为什么说加氨处理，提高给水 pH 值，不是防止游离二氧化碳腐蚀的根本措施，而是辅助措施？其根本措施是什么？
8. 将给水 pH 值控制在 8.8～9.3 范围，为什么说是兼顾了钢铁和铜合金的防腐要求？
9. 为什么说停用腐蚀比设备在运行中的腐蚀产生的后果严重？
10. 如何对中长期停用的锅炉进行保护？
11. 停用保护有哪些方法？

第十章 锅炉的腐蚀与控制

锅炉的蒸发受热面主要是水冷壁，锅炉的水冷壁是在高温、应力及腐蚀介质作用下长期运行的。正常情况下，锅炉水冷壁温度比管内介质的温度高 $50 \sim 70℃$。高温水溶液中，在铁和铁合金表面形成一层具有保护作用的双氧化物层，主要为磁性氧化铁 Fe_3O_4，其外层是疏松排列的直径大于 $1\mu m$ 的晶体，内层则是牢固附着在基体金属上的直径为 $0.05 \sim 0.2\mu m$ 的紧密排列的晶体。但是当溶液 pH 值过高或过低时，Fe_3O_4 保护层被溶解或发生膜下腐蚀，此时，腐蚀速度较快，溶解氧作用更复杂。

运行中锅炉水冷壁管易发生结垢与腐蚀，其腐蚀类型主要有点蚀、脆性腐蚀和均匀腐蚀。这是由于局部产生浓酸或浓碱以及应力所致，属于局部腐蚀。

对于介质在蒸发受热面上局部发生浓缩产生浓酸或浓碱造成的腐蚀，英、美等国称之为载荷腐蚀，即在带负荷条件下产生的腐蚀。还有的称为氧化铁垢腐蚀，在我国则称为介质浓缩腐蚀。

锅炉的腐蚀主要发生在水冷壁管的向火侧，背火侧基本不发生腐蚀。一般是热负荷较高的部位易腐蚀失效，如在燃烧器附近，水冷壁受火焰直接辐射，受热强度大，炉膛温度也高，炉水在垢下或缝隙内易发生局部浓缩产生浓酸或浓碱，从而引起腐蚀。

第一节 锅炉的碱腐蚀

一、碱腐蚀特征

锅炉炉管发生碱腐蚀时表面膜局部溶解，产生皿状腐蚀坑。碱腐蚀通常是散乱地发生在热负荷高的水冷壁上，受腐蚀损坏的水冷壁管数在 10% 以下，最多不超过总根数的 20%。在腐蚀过程中，被损坏炉管的机械性能不发生变化，金相组织正常，这种损坏称为延性损坏，是由炉水局部浓缩时产生浓碱引起的。

碱腐蚀的结果使炉管管壁减薄，且各处减薄程度不同，表面形成腐蚀凹坑。一般的腐蚀坑形状不规则，其直径大于深度，腐蚀坑较大时，可沿炉管壁的轴线发展，形成宽 $20 \sim 40mm$，长达 $50 \sim 100mm$ 的腐蚀沟槽，炉管的壁厚为 $5 \sim 6mm$，腐蚀坑的深度通常为 $2 \sim 4mm$，甚至穿透管壁。当炉管管壁厚度减薄到产生破裂的极限厚度时，会在应力作用下发生破裂，即通常所说的锅炉爆管。

图 10-1 碱腐蚀坑

试验表明，炉水发生局部浓缩时，产生游离 NaOH 的危险浓度下限为 $5\% \sim 10\%$，低于这个浓度时不会发生腐蚀。这个危险浓度随着温度升高而减小，在 $25℃$ 时为 40%，$310℃$ 时则为 6%。如果锅炉的水冷壁管因结垢使局部热负荷增大，管内浓缩炉水的危险浓度就会降低。对于高压锅炉，碱腐蚀严重时还常引起脆性爆破。碱腐蚀产生的腐蚀坑如图 10-1 所示。

由于腐蚀产物影响传热，可使水冷壁管温度升高，所以，有时腐蚀损坏和金属过热蠕胀损坏同时存在，有时在同一台锅炉上可以看到碱腐蚀穿透，过热蠕胀和腐蚀开裂并存。

锅炉参数越高，碱腐蚀的作用越强烈，炉水的 pH 值越高，碱腐蚀的危险性越大，炉水的酚酞碱度与全碱度的比值越大，产生碱腐蚀的倾向越大，相对碱度越高，越易发生碱腐蚀。对锅炉进行酸洗和改善水质后，碱腐蚀可停止发展。

二、碱腐蚀原因

对于电厂锅炉，使用除盐水作补给水有可能消除碱腐蚀。但是当冷却水是淡水的情况下，由于凝汽器泄漏仍然存在碱腐蚀的条件。

天然水中含 $Ca(HCO_3)_2$ 和 $Mg(HCO_3)_2$，对于中、低压锅炉，使用软化水作为补给水，在进行钠离子交换时转变为 $NaHCO_3$，$NaHCO_3$ 在锅炉的高温高压条件下生成 CO_2 和 $NaOH$，这就是碱腐蚀的基础水质条件。炉水中 $NaOH$ 浓度大，pH 值升高，会形成碱腐蚀的特定水质条件。

如果锅炉补给水的碳酸盐碱度过高，炉水处理不当，炉水中会产生较高浓度的游离 $NaOH$，使炉水具有侵蚀性。游离 $NaOH$ 是指炉水中除去磷酸盐水解所产生的 $NaOH$ 以外的 $NaOH$ 量，即

$$游离\ NaOH = 40P_G - 0.42\ [PO_4^{3-}]\quad mg/L$$

式中　P_G——用酚酞指示剂精确测得的炉水碱度，mmol/L；

$[PO_4^{3-}]$——炉水中 PO_4^{3-} 的浓度，mg/L。

炉水侵蚀性的表示指标是它的相对碱度，即

$$相对碱度 = 游离\ NaOH\ 量 / 总含盐量$$

相对碱度越高，说明炉水的侵蚀性就越强。根据运行经验，相对碱度不超过 0.2 时，炉水没有侵蚀性。

在一般的运行条件下，由于炉水的 pH 值保持在 9.0～11.0 之间，金属表面的保护膜是稳定的，不会发生腐蚀。但当金属表面有附着物时（水垢、腐蚀产物氧化铁或给水带入锅炉的腐蚀产物），情况则不同。由于附着物的传热性很差，所以附着物下金属管壁的温度升高。附着物有孔隙时，炉水渗入其中并发生急剧蒸浓。浓缩的炉水受附着物的阻碍不易与炉管中央部位的炉水混合，其结果是附着物下面的炉水中 $NaOH$ 浓度及其他杂质含量变得很高。附着物下面的浓溶液会具有强的侵蚀性而对水冷壁管产生碱腐蚀。宏观地、动态地看，可以认为在附着层中总是有高度浓缩的炉水层存在，而且在贴近管壁处的浓度最大，好像一层吸满了炉水浓缩膜的海绵状附着物贴在管壁上，使该处金属总是受到高浓度炉水液膜的侵蚀，使锅炉金属遭受碱腐蚀。

因此，使锅炉发生碱腐蚀的原因是水冷壁管壁有附着物，炉水在附着物与管壁之间发生局部浓缩。炉水碱度的绝对值不很重要，重要的是其相对碱度，它表征炉水对钢铁的侵蚀程度。

三、碱腐蚀机理

锅炉的给水都进行除氧，锅炉在正常运行条件下，在高温、无氧条件下钢铁与 H_2O 发生反应生成 Fe_3O_4，因此会在金属表面形成一层 Fe_3O_4 保护膜，其反应为

$$3Fe + 4H_2O \xrightarrow{\text{大于}300℃} Fe_3O_4 + 4H_2$$

只有在 300～570℃ 范围内才能形成致密的 Fe_3O_4 保护膜，它具有良好的保护性，使锅炉免遭腐蚀。

当温度高于 570℃ 时，会生成 FeO，而 FeO 在冷却时会生成 Fe_3O_4 和 Fe 的混合物，其反应为

$$4FeO \longrightarrow Fe_3O_4 + Fe$$

实验表明，在较低温度下（室温至 100℃）或在较厚表面膜形成之前的较高温度下，原始反应产物是 $Fe(OH)_2$，而不是 Fe_3O_4。在这个温度范围内，反应可能是与电解质接触的金属表面上阳极产物和阴极产物的相互反应。$Fe(OH)_2$ 最终被分解，其速度取决于温度，分解反应为

$$3Fe(OH)_2 \longrightarrow Fe_3O_4 + H_2 + 2H_2O$$

反应与 OH^- 有关，OH^- 浓度增加时，反应速度会减缓。

任何影响锅炉表面 Fe_3O_4 层形成的因素，无论是化学的还是机械的，都会加速金属腐蚀，通常发生在局部位置，引起点蚀或炉管破裂等。在这方面，特别有害的化学成分是过量的 OH^- 浓度。表 10-1 说明 343℃ 时炉水 OH^- 浓度对腐蚀速度的影响。机械因素可能在每次锅炉熄火时，Fe_3O_4 保护膜和金属本身的收缩系数不同引起 Fe_3O_4 层产生裂纹，金属表面就会暴露在高温炉水中，很容易受到腐蚀。

表 10-1　　　　　　　　　　　　　炉水 OH^- 对腐蚀速度的影响

炉水中 OH^-（mmol/L）	蒸汽含 H_2 量（μg/kg）	平均腐蚀速度（mm/a）
0.10	3.21	0.019 7
0.19	3.29	0.020 2
0.38	3.46	0.021 3

图 10-2 所示为在模拟锅炉工作条件下，温度为 310℃ 时，钢在水溶液中的腐蚀速度与溶液 pH 值的关系曲线。由此说明当水溶液的 pH=10～12 时腐蚀速度最小，pH 值过低或过高都会使钢铁腐蚀速度加快。

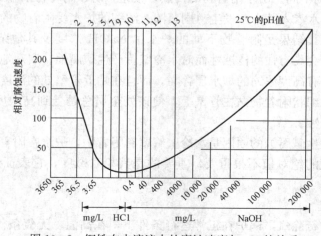

图 10-2　钢铁在水溶液中的腐蚀速度与 pH 的关系

在 pH>13 时，由于金属表面的 Fe_3O_4 保护膜被溶解而遭到破坏，进而使钢铁本身溶

解。腐蚀速度增加，反应为

$$Fe_3O_4 + 4NaOH \longrightarrow 2NaFeO_2 + Na_2FeO_2 + 2H_2O$$

$$Fe + 2NaOH \longrightarrow Na_2FeO_2 + H_2$$

炉水温度越高，所需的 NaOH 浓度就越低。上述反应生成的铁酸钠 $NaFeO_2$ 和亚铁酸钠 Na_2FeO_2 都可溶于热的浓 NaOH 中。所以，当 pH>13 时，腐蚀速度迅速增加。

如果炉水中含有游离 NaOH，那么在附着物下面会因炉水浓缩而产生高浓度的 OH^-，此时处于附着物外部的炉水（即汽水混合物）和附着物下面的炉水相比，附着物外部炉水中 OH^- 浓度小，相对而言 H^+ 浓度大。因此，阴极反应不是发生在附着物下面，而是发生在没有附着物的背火侧管壁上，如图 10 - 3 所示。这时生成的 H_2 无阻碍，很快进入汽水混合物中被带走，所以不会发生脱碳现象。阳极反应发生在附着物下面，其结果是在附着物下面形成腐蚀坑。

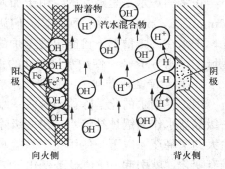

图 10 - 3　碱腐蚀示意

四、碱腐蚀的影响因素

影响锅炉碱腐蚀的因素主要有锅炉的参数、炉水的相对碱度、pH 值、蒸汽受热面的清洁程度及金属温度。

如果控制相对碱度在 0.2 以下，一般不会产生显著的碱腐蚀，如果能将相对碱度保持在 0.15 以下则更为安全。

保持受热面清洁可以防止炉水在附着物中发生局部浓缩，从而消除产生腐蚀的条件。因系统腐蚀产生的 Cu^{2+}、Fe^{3+} 等高价离子易在受热面沉积，而且自身具有腐蚀作用，应严格控制。

影响蒸发受热面管金属温度的因素有两个方面，一是锅炉的参数，锅炉参数越高，炉水温度就越高；二是受热面上附着物对传热的阻碍，在有附着物的地方，不仅水冷壁管的金属温度升高，而且该处炉水温度也高于正常炉水温度。金属温度的提高，使腐蚀速度大大加快。

第二节　锅炉的酸性腐蚀

一、酸性腐蚀特征

锅炉发生酸性腐蚀时，表面膜全部或大部分被溶解破坏，常常在 3 个月内就可引起失效。酸性腐蚀的损坏形式多是脆性爆破，而且损坏的范围大，往往超过水冷壁管总数的 30%，有的可达 50% 以上。

酸性腐蚀的外观与碱腐蚀有明显区别，其腐蚀特征是在水冷壁的向火侧产生强烈腐蚀，腐蚀形貌呈沟槽状或条状，腐蚀产物大部分溶解，因而管壁减薄。在腐蚀过程中，钢铁的机械性能变脆，金相组织发生变化，有脱碳现象，属脆性损坏。通常是在向火侧的半周内均匀减薄。通过对水冷壁管断面的观察，发现向火侧比背火侧减薄 1～3mm 或更多，越靠近炉膛处，管壁减薄越明显，且断面可观察到脱碳层。酸腐蚀还会产生大量沿晶裂纹，使金属材料的强度和韧性降低，常常在未发生腐蚀穿透前就产生脆性爆破。

　　酸性腐蚀主要发生在高参数锅炉上,其腐蚀范围大,造成的危害较大。另外,酸性腐蚀的附着物很薄,通常不足 1mm,其成分主要是铁的氧化物,而钙、镁垢溶于酸,所以很少保留下来。由于炉管表面膜被溶解,金属呈活化状态,必须经特殊处理才能恢复钝化状态。

　　应该指出,酸性腐蚀可与金属过热相伴发生,甚至可以和碱腐蚀交替发生,更不易识别。

二、酸性腐蚀原因

　　正常的炉水是呈碱性的,由于加入 Na_3PO_4 使炉水磷酸根含量达 10mg/L,酚酞碱度达 10mmol/L,pH>11.0,所以,人们认为炉水不可能是酸性的,不可能发生酸性腐蚀。但是,炉水在许多情况下可能出现全炉的炉水 pH<7.0,或者虽然炉水的 pH>7.0,但局部区域的炉水 pH<7。使炉水呈酸性的主要原因如下所述。

　　1. 化学除盐水使炉水呈酸性

　　锅炉补给水的化学除盐系统有一级除盐系统和二级除盐系统。许多中、高压锅炉多使用一级除盐水作为锅炉补给水,当一级除盐系统的阴床先于阳床失效时,除盐水的 pH 值迅速由大约 7 降至 4 以下。使用化学除盐水作为锅炉补给水,因其水质较优,缓冲能力差,水质稍有变化,就引起 pH 值显著变化。炉水的缓冲能力主要基于其中过剩的 PO_4^{3-},锅炉参数越高,要求炉水中 PO_4^{3-} 的含量越低,如 17MPa 的锅炉炉水中 PO_4^{3-} 含量规定值为 0.5~3mg/L。由于炉水缓冲能力不足,在其他因素作用下,炉水 pH 值可能显著下降。

　　2. 冷却水的漏入使炉水呈酸性

　　使用海水或含氯化物较高的河水作凝汽器冷却水时,因凝汽器泄漏导致冷却水漏入凝结水,氯化物随凝结水进入锅炉以后,会发生水解产生酸,其反应为

$$MgCl_2 + 2H_2O \longrightarrow Mg(OH)_2 + 2HCl$$
$$CaCl_2 + 2H_2O \longrightarrow Ca(OH)_2 + 2HCl$$

这样,炉水的局部位置 pH 值迅速下降,甚至可能降到 5 以下。

　　3. 凝结水精处理可能使炉水呈酸性

　　在凝结水精处理系统中,常采用前置氢床或氢层混床代替除铁过滤器除去铁。这种精处理系统中因阳树脂的交换容量远大于阴树脂的交换容量,经过精处理的凝结水 pH 值会降低。

　　4. 使炉水呈酸性的其他因素

　　大容量汽包锅炉常采用协调磷酸盐处理,其目的是使炉水中含有酸性磷酸盐,以防止碱腐蚀。对 15.7~18.3MPa 的锅炉,GB12145—2008《火力发电机组及蒸汽动力设备水汽质量标准》规定其炉水 pH=9.0~10.0,[PO_4^{3-}] =0.5~3mg/L,进行协调磷酸盐处理时,炉水的 Na^+/PO_4^{3-} 摩尔比为 2.3~2.8。但实践表明,在炉水的磷酸盐含量为 2mg/L 以下时,协调磷酸盐处理时潜在着酸腐蚀的危险。

　　有机物热分解和氧化降解的结果会产生低分子有机酸,目前的水处理技术不能彻底除去有机物。因此,炉水中常因含有机物而使 pH 值降低。

　　离子交换树脂在使用中,由于溶胀、转型膨胀和机械作用而破碎,阳树脂碎屑的磺酸基团可产生强酸。

　　钢铁的腐蚀产物在高温高压条件下,也使炉水 pH 值降低,锅炉带锈时炉水 pH<6.0。

三、酸性腐蚀机理

　　酸性腐蚀通常发生在水冷壁的向火侧,致密的附着物下面。如果炉管的向火侧有附着

物，而且炉水中有氯化物，浓缩的炉水会成为强酸性溶液，使附着物下面的金属遭受到酸性腐蚀，如图 10-4 所示。

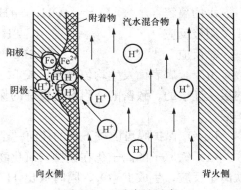

图 10-4 酸腐蚀示意

发生酸性腐蚀时的电极反应为

阳极反应：$\quad Fe \longrightarrow Fe^{2+} + 2e$

阴极反应：$\quad 2H^+ + 2e \longrightarrow 2[H] \rightarrow H_2$

由于阴极反应发生在附着物下面，生成的原子 [H] 不能很快扩散到汽水混合物中去，因此，使金属管壁和附着物之间积累大量 H 原子，这些 H 原子有一部分可能会扩散到金属中与渗碳体发生反应，即

$$Fe_3C + 2H_2 \longrightarrow 3Fe + CH_4$$

因而造成碳钢脱碳，金相组织受到破坏。而且反应产物 CH_4 会在金属内部产生压力，使金属组织沿渗碳体边界及晶界生成微裂纹，金属变脆，严重时管壁还未减薄就会发生爆破。

由图 10-2 可看出，在低 pH 值（pH<8.0）时，钢铁的腐蚀速度明显加快，发生如下反应：

$$Fe_3O_4 + 8HCl \longrightarrow FeCl_2 + 2FeCl_3 + 4H_2O$$

该反应使保护膜溶解。同时，H^+ 起阴极去极化作用，而且反应产物都是可溶性的，不易形成保护膜，所以腐蚀速度增加。

第三节 锅炉的介质浓缩腐蚀

介质浓缩腐蚀是锅炉在运行时介质局部浓缩产生的腐蚀，属于局部腐蚀。介质浓缩腐蚀主要发生在水冷壁管上。

一、锅炉介质浓缩腐蚀的特征

介质浓缩腐蚀主要发生在水冷壁有局部浓缩的区域，如附着物下面、缝隙内部和有汽水分层的部位，一般是热负荷较高的位置。

锅炉发生介质浓缩腐蚀时，被腐蚀的金属表面往往覆盖沉积物（或称附着物）。有的附着物较疏松，与金属表面的附着性较差；有的较坚硬，与金属表面的结合较牢固；有的附着物是多孔的，有的较致密。介质浓缩腐蚀的产物主要是 Fe_2O_3，在腐蚀产物中夹有炉水的成分。

锅炉遭受介质浓缩腐蚀时，呈现两种不同的损坏形态。一种是延性损坏，其特点具有碱腐蚀的特征；另一种是脆性损坏，其特点具有酸腐蚀的特征。

锅炉介质浓缩腐蚀是造成锅炉损坏的主要形式，其腐蚀速度较大，可达 1.5～5.0mm/a，严重时甚至会使炉管爆破。

二、锅炉介质浓缩腐蚀的机理

1. 保护膜的形成

当锅炉正常运行时，钢铁表面与无氧炉水发生如下反应：

阳极反应 $\qquad\qquad 3Fe \longrightarrow Fe^{2+} + 2Fe^{3+} + 8e$

水的离解 $4H_2O \Longleftrightarrow 4OH^- + 4H^+$, $Fe^{2+} + 2Fe^{3+} + 4OH^- \longrightarrow Fe_3O_4 + 4H^+$

阴极反应 $8H^+ + 8e \longrightarrow 8H$

总反应 $3Fe + 4H_2O \longrightarrow Fe_3O_4 + 8H$

由于金属表面发生均匀腐蚀形成 Fe_3O_4，其厚度为几微米。所生成的 Fe_3O_4 分为两层，内层是连续的、致密的、附着性良好的保持膜，外层是不连续的、多孔的、附着性差的非保护层。

Fe_3O_4 保护膜可能按下述的任何一个过程形成：

（1）铁原子的离子化在钢铁与氧化物的界面进行，而含氧的 OH^- 扩散通过氧化物层与铁离子反应，生成 Fe_3O_4，同时放出 H 原子。H 原子可以扩散通过氧化物层进入炉水中，也可以直接扩散到钢铁内部。

（2）铁原子失去电子生成的阳离子扩散通过氧化物层，在氧化物和水的界面上与 OH^- 反应生成 Fe_3O_4，同时 H^+ 在氧化物和水的界面上放电生成 H 原子，这样生成的 H 原子不会扩散到钢铁中，而生成的氧化物层较疏松，附着能力差。

（3）有一部分铁原子失去电子以后，在钢铁与氧化物界面和通过氧化物层扩散进来的 OH^- 反应，生成致密的附着性好的 Fe_3O_4，另一部分铁原子失去电子后生成阳离子，扩散通过氧化物层，在氧化物和水的界面与 OH^- 反应，生成疏松的附着力差的 Fe_3O_4。

由试验知，内层保护膜的增长速度随温度升高而增加，在一定温度下，其增长速度随膜的增厚而逐渐减小，并可能趋向于零。由于膜的保护作用，锅炉不会产生严重的腐蚀。

2. 管壁金属的腐蚀过程

锅炉运行时，如果炉水的 pH 值超出正常范围，即 pH<8.0 和 pH>13.0 时，将破坏 Fe_3O_4 保护膜。保护膜遭破坏以后，炉管的局部区域暴露在浓碱或浓酸中，产生严重腐蚀。如果浓缩后的炉水是浓碱，将产生碱腐蚀；如果浓缩后的炉水是酸，将产生酸腐蚀。碱腐蚀反应为

阳极反应 $3Fe \longrightarrow 3Fe^{2+} + 6e$

阴极反应 $6H_2O + 6e \longrightarrow 6OH^- + 6H$

生成的 Fe^{2+} 与 OH^- 进一步反应，即

$$3Fe^{2+} + 6 OH^- \longrightarrow Fe_3O_4 + 2H_2O + 2H$$

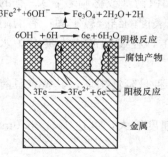

图 10-5   阴、阳极反应的部位

反应产物 Fe_3O_4 不能形成保护膜，腐蚀反应继续进行下去。如图 10-5 所示，阳极反应在金属和氧化物的界面上进行，所生成的 Fe^{2+} 扩散通过氧化物层，在氧化物与炉水的界面上与 OH^- 反应生成 Fe_3O_4，电子也同时穿过氧化物层，在氧化物和炉水的界面上与 H_2O 反应放出氢。由于氢在氧化物和炉水的界面析出，所以，不易扩散到金属内部，也不会引起炉管的氢脆。

酸腐蚀的阴极反应在炉管表面进行，所产生的氢有一部分扩散到金属内部，所以酸腐蚀往往引起炉管机械性能、金相组织发生变化，出现脱碳现象。

综上所述，可以把锅炉介质浓缩腐蚀的机理概括为：炉水局部浓缩产生浓碱或酸，Fe_3O_4 保护膜被浓碱或酸破坏，炉管表面被浓碱或酸腐蚀。

三、炉水发生局部浓缩的原因

炉水发生局部浓缩的原因主要是受热面蒸发浓缩形成的浓炉水与稀炉水之间的对流受到阻碍，不能均匀混合，使受热面的炉水越来越浓，形成浓缩膜。图 10-6 所示为炉水所含 NaOH 的浓缩程度与受热面金属温度的关系。这是当炉水中游离 NaOH 含量为 100mg/L 时，在压力为 9.6MPa 的锅炉上试验的结果。由图可知：如果不出现浓缩膜，炉水中 NaOH 的浓度为 100mg/L。在浓缩膜内，NaOH 浓度会随温度升高而急剧上升，直至 NaOH 溶液的沸点等于管壁内表面的温度为止。

例如，当管壁内表面的温度为 311.08℃ 时，NaOH 的浓度将超过 1×10^5 mg/L，这个浓度对钢铁将是十分危险的。离开管壁表面一定距离，炉水温度

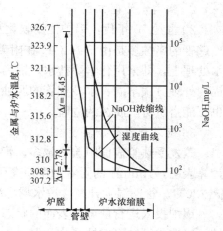

图 10-6　NaOH 的浓缩程度与受热金属温度的关系

将低于 311.08℃，NaOH 浓度也将降低，即浓缩程度降低。图中每条垂线代表炉水浓缩膜的某一部位，即离开管壁表面的某一点，垂线和温度曲线交点的纵坐标表示该部位的炉水温度；每一垂线和 NaOH 浓缩线交点的纵坐标，表示该部位炉水的 NaOH 浓度。

根据运行经验，在附着物下面和缝隙内部，炉水对流受到阻碍，受热面上的附着物多为水垢及铁、铜的氧化物。炉水中铁和铜的氧化物一般会在水流速度较低的部位如水平管或倾斜度较小的倾斜管表面沉积；或是在水的流动被扰动的部位如炉管的弯曲部位、焊口附近沉积；或在热负荷大的部位沉积。炉管表面受到腐蚀时，腐蚀产物留在表面成为附着物。缝隙多是由于炉管的焊接质量差，管与管的连接以及管与管板的连接不当造成的。在附着物下面和缝隙内的炉水，因受热浓缩，而外部的稀炉水由于附着物和缝隙的阻挡，不能与浓缩炉水混合，因此引起局部炉水浓缩。

此外，当水循环不良时，水平管和倾斜度较小的炉管容易产生汽水分层。在水平管的上半部和倾斜管的顶部炉水浓缩的原因是这些部位被炉水间断湿润，或者炉水溅到上面产生浓缩。同时，汽水分层时，在蒸汽和炉水的分界面，因炉水的蒸发也会产生局部浓缩。

四、锅炉介质浓缩腐蚀的影响因素

影响锅炉介质浓缩腐蚀的因素较多，而且这些因素在锅炉的运行中又不断发生变化，情况较复杂。

1. 给水水质

给水中铁和铜的含量、碳酸盐碱度、pH 值、溶解氧、氯化物含量等对腐蚀影响显著。

给水中铁、铜含量直接影响腐蚀速度。给水中铁、铜含量高时，会形成氧化铁垢和铜垢而附着在管壁上，锅炉参数越高，炉膛内的热负荷越大，炉水温度也就越高。氧化铁垢及铜垢的形成速度越快，腐蚀就越严重。给水中铁主要来自疏水，凝汽器腐蚀时会增加给水中铜的含量。

给水的硬度很低，不会对锅炉介质浓缩腐蚀造成严重危害。如果凝汽器发生泄漏，而且冷却水中碳酸盐含量高时，会使给水中碳酸盐含量增加，易产生碱腐蚀；当冷却水中氯化物含量高时，就易产生酸腐蚀。凝汽器泄漏率越大，介质浓缩腐蚀就越严重。

2. 锅内水处理方式

20 世纪 70 年代，锅炉使用软化水作补给水，锅内采用 NaOH 和 Na_3PO_4 进行处理，水冷壁管的腐蚀多是由于 NaOH 在附着物下面浓缩而引起的。为此，把防腐蚀重点放在补给水处理上，即采用化学除盐水，锅内采用挥发性处理。但水冷壁管却遭受到酸腐蚀。所以，锅内处理方式不同，水冷壁管的腐蚀形式也不同。一些高参数锅炉采用协调磷酸盐处理时，也可能潜伏着酸腐蚀的危险。

3. 蒸发受热管表面状态

蒸发受热管表面附着物越多，管壁温度越高，锅炉水浓缩程度就越大，腐蚀就越严重。计算表明，1mm 厚的附着物可使高压锅炉水冷壁管平均温度升高 85℃，超高压锅炉则会升高 220℃。管壁温度升高，炉水越易浓缩，腐蚀越加严重。

锅炉投入运行前金属表面的状态直接影响铁和铜的氧化物沉积。如果炉管表面因停用保护不好造成腐蚀，腐蚀产物会留在炉管表面，这会加速金属氧化物的沉积；相反，如果炉管表面清洁，则不容易造成铁、铜氧化物沉积，介质浓缩腐蚀程度就轻。

4. 锅炉的负荷变化

锅炉满负荷运行时腐蚀较轻，当转入调峰负荷时腐蚀会加速。因为经常启停和低负荷运行，水质条件变差，给水溶解氧和铁、铜含量将增加，这些都会促进腐蚀。此外，锅炉超负荷运行或突然变负荷运行，炉管金属温度升高，炉管内部水的蒸发状态发生变化，也会促进炉管腐蚀。

另外，影响锅炉介质浓缩腐蚀的因素还有热负荷、水循环状况等。热负荷增加，锅内腐蚀产物沉积加速，炉水局部浓缩加速，腐蚀加剧；水循环状况不良，如流速过小，可能在管内产生汽塞，或加速沉积物沉积，使腐蚀加剧。

第四节　锅炉腐蚀的控制

防止锅炉腐蚀的方法是消除炉水产生游离 NaOH 和酸的条件以及炉水发生局部浓缩的条件，下面分别介绍其方法。

一、保证炉水和给水质量

炉水由给水浓缩而成，给水含凝结水、补给水和疏水，要求这些水质均要符合《火力发电机组及蒸汽动力设备水汽质量标准》的规定。在这些指标中，尤为重要的是炉水、给水的 pH 值及给水的含氧量，它们对酸腐蚀过程起决定性作用。

此外，还应控制给水中的铜、铁含量。防止给水系统、凝结水系统及疏水系统的氧腐蚀和游离二氧化碳腐蚀对于减少给水中铜、铁含量是很重要的。同时应防止设备停用时的腐蚀及炉外水处理系统的腐蚀。对于直流锅炉和亚临界参数以上的汽包锅炉，由于它们对水质要求高，必须对凝结水进行精处理。

汽包锅炉炉水水质取决于给水质量，如果给水中含有游离酸，酸进入锅炉后由于浓缩，可使炉水的 pH 值降低到 4.0。所以应确保给水质量合格。

锅炉补给水采用除盐水，可能发生酸腐蚀失效。运行经验表明，若炉水的 pH 值降低到 7.0 以下时，可采用 NaOH 中和应急处理与钝化，NaOH 常与 Na_3PO_4 混在一起加入炉水中，NaOH 能迅速中和游离酸，炉水的 pH 值提高很快，通常可在 10h 以内使炉水的 pH 值由 4.0 以下提高到 9.0 以上，但是不允许用于立即停炉的故障处理。

二、汽包锅炉炉水的处理

尽管保证给水水质对防止锅炉腐蚀是很重要的，但由于给水会不可避免地把一些杂质带入锅内，所以通常还需在炉水中加些化学药品，使随给水进入炉水中的杂质生成易随锅炉排污排除的水渣。最合适的方法是往炉水中加入 PO_4^{3-} 等缓冲离子。这样，无论炉水如何浓缩，都会限制炉水能达到的最高 pH 值。这种缓冲离子对于防止 OH^- 浓度过高、在应力作用下导致的锅炉应力腐蚀破裂过程也是有利的。

往炉水中加入磷酸盐称为磷酸盐处理。在符合特定条件时，磷酸盐处理既可以防止结垢，又可以防止碱腐蚀，此时称为协调磷酸盐处理。此外，还可往炉水中加入挥发性的氨和联氨，称为挥发性处理。磷酸盐处理和挥发性处理方式可保持炉水在碱性范围，故又称为碱性处理。还有中性处理方式，它是将给水维持在中性范围。还可往炉水中加入络合剂或分散剂进行炉水处理。

（一）磷酸盐处理

磷酸盐处理可以防垢，使炉水保持碱性，中和因凝汽器泄漏在锅内产生的酸，它是应用较广泛的炉水处理方式。

1. 普通磷酸盐处理

磷酸盐（Na_3PO_4）处理时，炉水中保持一定浓度符合要求的 PO_4^{3-} 含量，使炉水的 pH 值在 9.0～11.0 范围内，可以防垢且中和进入锅内的酸。但若炉水中 PO_4^{3-} 浓度太大且炉水发生局部浓缩时，浓 Na_3PO_4 溶液会破坏 Fe_3O_4 保护膜。另外，在高参数锅炉的条件下，PO_4^{3-} 浓度太大时，Na_3PO_4 本身有可能产生游离 $NaOH$。所以，对于高参数锅炉，当给水硬度很小（小于 $3\mu mol/L$）时，可以采用低磷酸盐处理，使炉水中的 PO_4^{3-} 浓度维持在较低水平。国外的水质标准有所提高，对于压力为 12.25MPa 以上的锅炉水中的 PO_4^{3-} 控制标准为 0.5～5mg/L，对于 14.70MPa 的锅炉则为 0.3～3mg/L，而我国规定炉水中的 PO_4^{3-} 控制标准见表 10 - 2。

表 10 - 2　　　　　　　　　　　锅炉水中 PO_4^{3-} 含量的控制标准

锅炉主蒸汽额定压力（MPa）	PO_4^{3-}（mg/L）		
	不分段蒸发	分段蒸发	
		净段	盐段
3.82～5.76	5～1.5	5～1.2	≯75
5.88～12.64	2～10	2～10	≯50
12.74～15.58	2～8	2～8	≯40
15.68～18.62	0.5～3	—	—

2. 协调磷酸盐处理

此种方式又叫做炉水磷酸盐 - pH 控制。它既能防止产生垢，又能防止炉管腐蚀，是一种较好的炉水处理方式。

协调磷酸盐处理是向炉水中加入 Na_3PO_4 和 Na_2HPO_4（或 NaH_2PO_4），其实质是把炉水的碱度全部转变成磷酸盐碱度，消除炉水中的游离 $NaOH$，同时降低炉水的 pH 值。

炉水中加入酸式磷酸盐，与游离 NaOH 反应为

$$Na_2HPO_4 + NaOH \longrightarrow Na_3PO_4 + H_2O$$

只要加入足够量的酸式磷酸盐，就可完全消除游离 NaOH。另外，炉水中的 Na_3PO_4 会水解产生一定量的 NaOH，使炉水保持碱性，但由于 Na_3PO_4 的水解程度随其浓度增加而降低，由 Na_3PO_4 水解生成的 NaOH 不会达到危险浓度（3%～6%）。此外，炉水蒸发浓缩使原来水解产生的 NaOH 又和酸式磷酸盐反应生成 Na_3PO_4。随着炉水中 NaOH 浓缩程度的增加，磷酸盐的水解度下降。协调磷酸盐处理时，控制水质的方法有以下几种：

（1）控制炉水的碱度。进行协调磷酸盐处理时，炉水中不含游离 NaOH。炉水的碱度由 Na_3PO_4 水解产生，反应为

$$Na_3PO_4 + H_2O \longrightarrow Na_2HPO_4 + NaOH \quad （第一级水解）$$
$$Na_2HPO_4 + H_2O \longrightarrow NaH_2PO_4 + NaOH \quad （第二级水解）$$

若以酚酞为指示剂测定炉水碱度，相当于 Na_3PO_4 第一级水解产生的 NaOH 量；若以甲基橙为指示剂测定炉水碱度，则相当于第一、二级水解产生的 NaOH 总量。

在实际运行中，由于在对炉水进行取样分析时，水样中的 NaOH 会吸收空气中的 CO_2，使测得的酚酞碱度比实际值小，而用甲基橙碱度时，包括 Na_3PO_4 两级水解产生的 NaOH 总量，测得的结果较准确。所以，使用甲基橙碱度控制较好。

以甲基橙为指示剂测得的炉水碱度称为甲基橙碱度（M）。根据反应式得

$$\frac{M}{[PO_4^{3-}]} = \frac{2NaOH}{[PO_4^{3-}]} = \frac{80}{95} = 0.84$$

即

$$M = 0.84 \, [PO_4^{3-}]$$

式中 M——甲基橙碱度，换算成 NaOH，mg/L；

$[PO_4^{3-}]$——炉水中 PO_4^{3-} 的浓度，mg/L。

锅炉运行时，炉水中 M 与 $[PO_4^{3-}]$ 之间有如下关系：

$M > 0.84 \, [PO_4^{3-}]$ 时，炉水中除含 Na_3PO_4 水解产生的碱度外，还有过剩的 NaOH 碱度。这对锅炉运行是很危险的。

$M = 0.84 \, [PO_4^{3-}]$ 时，炉水中仅含有 PO_4^{3-}，当炉水浓缩时不会发生碱腐蚀。但 M 和 PO_4^{3-} 的数值易变动，比例关系很难维持。

$M = 0$，即 $[PO_4^{3-}] = 0$ 时，炉水中含有 $[HPO_4^{2-}]$ 和 $[H_2PO_4^-]$，这时可以防止碱腐蚀，但对预防锅炉结垢来说是不适当的。

$M \leqslant 0.84 \, [PO_4^{3-}]$ 是协调磷酸盐处理应当维持的水质。此时，炉水中只有 Na_3PO_4 水解产生的碱度，不会产生碱腐蚀，也不会结垢。

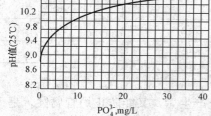

图 10-7 Na_3PO_4 水溶液的
pH 值与 PO_4^{3-} 含量的关系

若用酚酞碱度 P，则当 $P \leqslant 0.42 \, [PO_4^{3-}]$ 时，是协调磷酸盐处理应当维持的水质。

（2）控制炉水 pH 值。进行协调磷酸盐处理时，炉水的 pH 值和 PO_4^{3-} 的关系如图 10-7 所示。

若炉水的 pH 值与 PO_4^{3-} 浓度正好符合曲线关系，则说明炉水中只有 Na_3PO_4，既没有游离的 NaOH，又没有酸式磷酸盐；若炉水的 pH 值处于曲线以上的区域，说明炉水中有 Na_3PO_4，还有游离 NaOH，此

时需向炉水中加酸式磷酸盐以中和游离 NaOH；若炉水的 pH 值处于曲线以下区域，说明炉水中有 Na_3PO_4 还有酸式磷酸盐，Na_3PO_4 水解产生 NaOH，维持炉水碱性，而 Na_2HPO_4 又可中和游离 NaOH。所以，炉水的 pH 值应控制在曲线以下的区域，一般使 pH 值比曲线指示的值小 0.1 即可。

（3）控制 Na^+/PO_4^{3-} 摩尔比（R）。这是协调磷酸盐处理时常采用的水质控制方法。为方便起见，人为规定比值 Na^+/PO_4^{3-}，用 R 表示，据此来确定炉水中不同组分的磷酸盐的相对含量。对于不同组分的磷酸盐，Na^+/PO_4^{3-} 不同，即 R 不同。例如 Na_3PO_4 的 $R=3.0$；Na_2HPO_4 的 $R=2.0$；NaH_2PO_4 的 $R=1.0$。不同组分的磷酸盐混合溶液，$R=1.0\sim3.0$。这样，根据炉水的 R 值就可确定存在何种磷酸盐。

如果能使炉水中同时含有 Na_3PO_4 和 Na_2HPO_4 两种磷酸盐，并且使炉水的 $R<2.80$，那么不仅炉水中没有游离 NaOH，而且即使炉水发生局部浓缩时，在边界层中也不会产生游离 NaOH，即可避免发生碱腐蚀。

为了防止锅炉发生酸性腐蚀的可能性，必须保证炉水的 pH 值较高。因此将炉水的 R 值下限定为 2.30 为宜。

所以，协调 pH - 磷酸盐处理要求炉水的 R 值为 $2.30\sim2.80$。因此，若炉水的 $R>2.80$，则相应地要往锅内混加 Na_2HPO_4；若炉水的 $R<2.30$，则应加 Na_3PO_4，必要时要往锅内混加适量的 NaOH，从而在维持炉水 PO_4^{3-} 正常值的条件下，炉水的 R 值相应有所提高。此外，在实施锅炉水协调磷酸盐处理时，应保证超高压锅炉炉水 pH（25℃）≥9.2，高压锅炉炉水 pH（25℃）≥9.0。

总之，协调磷酸盐处理不仅可以使锅内没有游离 NaOH 而不致发生碱腐蚀，而且还使炉水中有足够的 PO_4^{3-} 和较高的 pH 值而不产生钙垢，也不会发生因炉水 pH 值偏低所引起的腐蚀失效。

实施高压和超高压锅炉炉水的协调磷酸盐处理时，实际上可将炉水看作是 Na_3PO_4 和 Na_2HPO_4 的缓冲溶液。不同组分磷酸盐水溶液的 pH 值（25℃）和 PO_4^{3-} 浓度及 R 的对应值见表 10 - 3。

表 10 - 3　　　　锅炉水的 PO_4^{3-}、pH 值（25℃）、Na^+/PO_4^{3-} 摩尔比 R 的对应值

pH 值　　R　　PO_4^{3-}	3.0	2.9	2.8	2.7	2.6	2.5	2.4	2.3	2.2	2.1
2	9.322 9	9.277 1	9.226 0	9.168 0	9.101 0	9.029 1	8.925 0	8.800 0	8.632 9	8.344 1
3	9.498 8	9.453 0	9.409 1	9.343 9	9.276 9	9.197 8	9.100 8	8.975 9	8.799 8	8.498 8
4	9.623 5	9.577 8	9.526 6	9.468 6	9.401 7	9.322 5	9.225 0	9.100 6	8.924 6	8.623 5
5	9.720 2	9.674 5	9.623 3	9.565 3	9.498 4	9.419 2	9.322 3	9.197 4	9.021 3	8.720 2
6	9.799 2	9.753 5	9.702 3	9.644 3	9.577 4	9.498 2	9.401 2	9.276 3	9.100 2	8.799 2
7	9.866 0	9.820 2	9.769 1	9.711 1	9.644 1	9.564 9	9.468 0	9.341 3	9.167 0	8.866 0
8	9.923 8	9.878 0	9.826 8	9.768 9	9.701 9	9.622 7	9.525 8	9.400 9	9.224 8	8.923 8
9	9.974 7	9.929 0	9.877 8	9.819 9	9.752 9	9.673 7	9.576 8	9.451 8	9.275 7	8.974 7

续表

pH值 \ R \ PO_4^{3-}	3.0	2.9	2.8	2.7	2.6	2.5	2.4	2.3	2.2	2.1
10	10.020	9.974 5	9.923 4	9.865 4	9.798 4	9.719 2	9.622 3	9.497 4	9.321 3	9.020 3
11	10.061	10.015	9.964 6	9.906 6	9.839 6	9.760 4	9.663 5	9.538 6	9.362 5	9.061 5
12	10.099	10.053	10.002	9.944 2	9.877 2	9.798 0	9.701 1	9.576 2	9.400 1	9.099 0
13	10.133	10.087	10.036	9.978 7	9.911 8	9.832 6	9.735 7	9.610 7	9.434 6	9.133 6
14	10.165	10.119	10.068	10.010	9.943 8	9.864 6	9.767 7	9.642 7	9.466 5	9.165 6
15	10.195	10.149	10.098	10.040	9.973 5	9.894 3	9.797 4	9.672 5	9.496 4	9.195 4
16	10.223	10.177	10.126	10.068	10.001	9.922 2	9.825 2	9.700 3	9.524 2	9.223 2
17	10.249	10.203	10.152	10.094	10.027	9.948 4	9.851 4	9.726 4	9.550 4	9.249 3
18	10.274	10.228	10.177	10.119	10.052	9.972 9	9.876 0	9.751 1	9.575 0	9.273 9
19	10.297	10.251	10.200	10.142	10.075	9.996 2	9.899 3	9.774 4	9.596 3	9.292 7
20	10.319	10.273	10.222	10.164	10.097	10.016 1	9.921 4	9.796 4	9.620 3	9.319 3

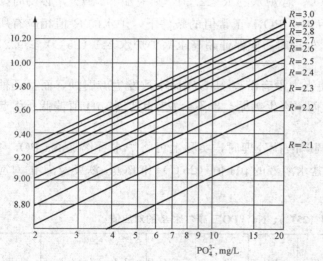

图 10-8　炉水协调磷酸盐-pH值控制图

图 10-8 所示为炉水协调磷酸盐-pH 控制图。根据炉水的 pH 值（25℃）和 PO_4^{3-} 浓度可从图上查出 R 值。图中黑实线区域即为磷酸盐 pH 控制区，炉水的 pH 值（25℃）和 PO_4^{3-} 的精确测定值应落在图 10-8 所示的黑线区域内，该区域即协调磷酸盐 - pH 处理所提供的炉水运行的"安全区"。

在进行炉水协调磷酸盐 - pH 处理时，准确测定炉水的 pH 值（25℃）和 PO_4^{3-} 是关键所在。在实际测定中，测得某温度（t℃）时炉水水样的 pH（t℃）值，将其换算成 25℃下的 pH 值，换算公式为

$$pH(25℃)=pH(t℃)+\alpha(25-t)$$

式中　α——实测的炉水 pH 值温度校正系数。不同的锅炉，不同的水质条件，α 数值不同，其范围为 $-0.04\sim-0.01/℃$。

高压和超高压锅炉实施炉水协调磷酸盐 - pH 处理时更严格，炉水水质控制为 pH（25℃）>9.1，PO_4^{3-} 为 4～10mg/L，$R=2.30\sim2.80$。

虽然协调磷酸盐处理是防腐防垢兼顾的炉水处理方法，但并非所有锅炉都适用，该法适用于除盐水做补给水，凝汽器较严密不经常发生泄漏或凝结水进行精处理的情况，此时协调磷酸盐处理的工况容易维持；否则，炉水水质不稳定，要使炉水中 PO_4^{3-} 与 pH 值的关系符

合协调磷酸盐 - pH 处理的要求很困难。

另外，压力为 17MPa 的锅炉不宜采用协调磷酸盐处理，而应采用低磷酸盐处理，在所规定的 PO_4^{3-} 浓度范围内，用 NaOH 调节炉水的 pH＝9.0～10.0。

对于无铜热力系统，可采用给水高 pH 值和锅内低磷酸盐结合处理，磷酸盐加入量控制为 PO_4^{3-}＝0.5～5.0mg/L，炉水 pH 值控制为 9.0～10.0，可防止系统发生腐蚀。低磷酸盐处理以提高炉水 pH 值，防止酸腐蚀为主。在保证炉水 pH 值符合要求的同时，应尽量将 PO_4^{3-} 控制在低限 0.5mg/L 左右。若磷酸盐加入量大，可能形成磷酸铁垢，即当锅内磷酸盐含量偏大时，在锅炉水冷壁上局部高温过热时，PO_4^{3-} 就可能将水中的 Fe_3O_4 变为磷酸铁垢。

（二）挥发性处理

挥发性处理是用挥发性的氨和联氨对凝结水、给水和炉水进行处理。氨的作用是调节给水和炉水的 pH 值，联氨的作用是除去给水中的溶解氧。

给水 pH 值的控制范围，锅炉类型和热力系统设备的状态不同其规定标准不同。对于汽包锅炉，当热力系统有铜合金设备时，规定 pH＝8.8～9.2；当热力系统中无铜合金设备时，规定 pH＝9.2～9.8；对于直流锅炉，规定 pH＝9.2～9.4。例如，在无铜热力系统中，可将给水 pH 值控制在高限，保证给水中一定的氨含量，有利于提高整个热力系统中介质的 pH 值，以减少酸腐蚀的可能性。氨的热稳定性相当好，遇热不分解，可在热力系统中循环，特别是对无精处理的凝结水系统，给水中可保持一定的氨含量，保证热力系统各点的 pH 值。在确定 pH 值的控制范围时，既不对热力系统的铜合金产生氨蚀，又要尽量降低钢铁部件的腐蚀。

挥发性处理时，给水中需含有一定量的联氨，以保证除氧效果。我国规定给水中联氨含量为 10～50μg/L，而美国、日本等规定为 10～30μg/L。

挥发性处理的优点是锅炉不会发生浓碱引起的腐蚀，这是由于随着炉管温度的升高和炉水的浓缩，氨逐渐挥发并且随蒸汽被带走，不会在局部位置浓缩成浓碱，而且不会增加炉水的含盐量。但是因为氨易挥发，不能保证受热面的所有部位都维持所需的 pH 值。若有微量氯化物漏入凝结水，可能使受热面局部炉水 pH＜7.0，产生酸腐蚀。所以，挥发性处理仅适于机组稳定运行、凝汽器无泄漏的情况。

有时汽包锅炉可采用协调磷酸盐处理与挥发性处理相结合的方法进行处理。机组启动初期采用协调磷酸盐 - pH 处理，当机组运行稳定一周后可转为挥发性处理，禁止在机组刚并网就转为挥发性处理。采用挥发性处理时，每周需向炉水内投加一次磷酸盐，并对炉水中的 PO_4^{3-}、NH_3 和 pH 值进行认真监督。若发现凝汽器泄漏或系统水质有硬度，立即改为协调磷酸盐 - pH 处理，并按规定标准控制炉水 PO_4^{3-} 上限。

此外，在汽包锅炉中，给水蒸发浓缩而成为炉水，炉水的含盐量比给水高 100～300 倍，给水若采用中性处理，则难以保证炉水的电导率符合中性水处理规范。所以，汽包锅炉进行中性水处理时若控制不当，容易产生酸腐蚀。

（三）其他处理方法

1. 络合剂处理

往炉水中加入络合剂 EDTA（主要为乙二胺四乙酸铵盐），它与水中所有成垢的阳离子络合成溶于水的络合物。对中压锅炉，加入 EDTA 可防止钙垢的形成，而对于高压锅炉，可防止氧化铁垢的形成和腐蚀的发生。

EDTA 可使给水中的 Fe^{2+} 全部生成铁的络合物，当炉水温度达到 $300\sim342℃$ 时，铁的络合物分解，并在钢铁表面形成 Fe_3O_4 保护层，能很好地防止金属的氧腐蚀和酸性腐蚀。

　　2. 分散剂处理

往炉水中加入分散剂，如聚甲基丙烯酸、羧基甲基纤维素，可使炉水中铁的氧化物呈分散状态，不易在炉管表面沉积。

三、锅炉定期排污

进入炉水中的硬度盐类与 Na_3PO_4 反应生成松散水渣，它不易黏附管壁，可随锅炉排污排走。铁的氧化物也易沉积在锅炉底部联箱，在定期进行底部排污时排走。如果这些颗粒状杂质不能及时由炉水中排出，在其随炉水循环时，就会在蒸发受热面上析出，所以应保持锅炉排污率不低于 0.3%。若发现水质恶化或给水质量不合格，应增加锅炉底部排污量。

锅炉停用时难免发生腐蚀，当锅炉重新启动时，炉水和水汽系统中的铁含量会显著增加，应加强排污，直至水质符合停备用锅炉启动标准时才能回收凝结水并允许机组投入运行。

第五节　直流锅炉的腐蚀与控制

一、直流锅炉的腐蚀

直流锅炉与汽包锅炉的区别是直流锅炉中没有炉水，给水沿炉膛中管束流动受热，由省煤器段到蒸发段再到过热器，如图 10-9 所示。各段中没有明显的分界，在同一根受热管中完成加热。因此，直流锅炉中给水是直接被加热成过热蒸汽，水中所含杂质不能像汽包锅炉那样能通过排污的办法排除，水中绝大部分杂质是在蒸发段析出，造成该段的结垢与腐蚀。随蒸汽带出的一部分杂质将会在汽轮机中积盐。因此，要求直流锅炉的给水水质应达到纯水或超纯水的标准。

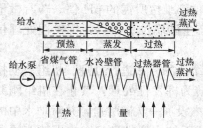

图 10-9　直流锅炉工作原理示意

尽管对直流锅炉机组的凝结水 100% 进行精处理，但直流锅炉的结垢腐蚀故障仍不少于汽包锅炉。这是由于直流锅炉的给水很纯，缓冲能力差，当补给水和凝结水的除盐设备发生故障时，将会导致酸腐蚀或碱腐蚀，腐蚀产物在蒸发段的积累往往会引起过热爆破，而且在腐蚀坑未构成对运行的威胁之前，蒸发管就已过热爆破。

直流锅炉易发生腐蚀的部位是蒸发管段和省煤器管段，腐蚀形式以点蚀为主。随着直流锅炉机组容量的增加和参数的提高，直流锅炉系统越趋复杂，对水质要求很高，腐蚀防护越来越严格。

二、直流锅炉腐蚀的控制

（一）防止腐蚀的方法

防止直流锅炉腐蚀的方法主要是进行给水处理，其处理方法有挥发性处理、中性处理和联合水处理。

1. 挥发性处理

如前所述，挥发性处理是用氨提高给水 pH 值到 9.0 以上，用联氨除去水中残留溶解氧，使钢铁的电位降低到该 pH 值下的氢电极电位以下，此时钢铁表面形成稳定的 Fe_3O_4 表面膜而得到保护。

2. 中性水处理

直流锅炉给水处理除了采用全挥发性处理（AVT）外，还可采用中性处理（NWT）和联合处理（CWT）。直流锅炉的中性水处理最早是在 60 年代末德国开始使用的，近年来，美、日等国也开始使用，我国自 1987 年起进行了研究和应用。

（1）NWT 的原理。直流锅炉给水加氧处理是使给水的 pH 值保持在 7.0 左右，同时往给水中加 O_2（或 H_2O_2）。因为 O_2 既是阴极去极化剂，又是阳极钝化剂。理论上，在一定条件下，钢铁与水中 O_2 反应并在其表面生成一层 Fe_3O_4 膜，反应为

$$6Fe+7/2O_2+6H^+ \longrightarrow Fe_3O_4+3Fe^{2+}+3H_2O$$

生成的 Fe_3O_4 层称为内伸层，与钢铁本身的晶体结构相似。在 Fe_3O_4 晶体之间有空隙，水会通过空隙与钢铁接触而使其腐蚀，反应为

$$2Fe_3O_4+H_2O \longrightarrow 3Fe_2O_3+2H^++2e$$

如果在水中加 O_2（或 H_2O_2），则有如下反应：

$$2Fe^{2+}+2H_2O+1/2O_2 \longrightarrow Fe_2O_3+4H^+$$

生成的 Fe_2O_3 沉积在 Fe_3O_4 层上，堵塞了 Fe_3O_4 晶体间的空隙，这层 Fe_2O_3 称为外延层。这样，在钢铁表面形成良好的保护膜，使钢铁与介质隔离，钢铁的腐蚀受到抑制。很显然，在一定条件下，水中的 O_2 可对钢铁起钝化作用。这样，在加氧水工况下形成的碳钢表面膜具有双层结构，一层是紧贴在钢表面的磁性氧化铁层 Fe_3O_4（内伸层），其外面是含尖晶石型的氧化物层（Fe_2O_3）。氧的存在不仅加快了 Fe_3O_4 内伸层的形成速度，而且在 Fe_3O_4 层和水相界面处又形成了一层 Fe_2O_3 层，使 Fe_3O_4 表面孔隙和沟槽被封闭，加上 Fe_2O_3 的溶解度远比 Fe_3O_4 低，所以形成的保护膜更致密、稳定。另外，如果由于某些原因使保护膜损坏，水中的溶解氧能迅速地通过上述反应修复保护膜。

因此，与除氧工况相比较，加氧工况可使钢铁表面上形成更稳定、致密的 Fe_3O_4-Fe_2O_3 双层保护膜，其表面呈红色，厚度一般小于 $10\mu m$，多数晶粒的尺寸小于 $1\mu m$。

（2）中性水处理的方法。中性处理要求给水电导率 $\leqslant 0.2\mu S/cm$，水中含氧量保持在 $50\sim200\mu g/L$，pH$=6.7\sim7.5$，这种处理的基础在于给水高度纯净，并在中性环境中保持水中较高的含氧量，使钢铁表面形成氧化铁膜而钝化。在较低的温度下通常是水合氧化铁 FeOOH，温度较高时为 γ-Fe_2O_3，这些不同形态的氧化铁最终都转变为 α-Fe_2O_3。

影响中性水处理的因素主要有电导率、pH 值和水中氧的含量。电导率的增加会产生局部腐蚀，而且此时水中氧的含量越高，局部腐蚀程度就越严重。此外，随着水的温度升高腐蚀速度增加，为了防止发生局部腐蚀，对不同温度的给水规定不同的含氧量。

中性处理时需向水汽系统中加氧，最常用的加氧方法是向给水中加氧，直接把氧瓶连接到给水母管上。使用在线氧表监测水中含氧量，以便及时调节加氧量。

中性水处理应保持给水的主要指标为：氢电导率大于 $0.15\mu s/cm$，pH$=6.7\sim7.5$，给水溶解氧含量为 $50\sim200\mu g/L$，COD$<10\mu g/L$，油含量低于 $10\mu g/L$。其他参考指标为：氧化还原电位为 $0.40\sim0.43V$，全铁含量 $<10\mu g/L$，全铜含量小于 $3\mu g/L$。

应注意，在给水含氧量为 $200\sim400\mu g/L$ 时，Cl^- 含量为 $0.1mg/L$ 可发生点蚀，故应严格控制给水中 Cl^- 含量。当水的温度在 $200℃$ 以上时，要保持较好的含氧量，尤其是超过 $200\mu g/L$ 时，腐蚀速度显著提高，所以应限制含氧量。

3. 联合水处理

为了克服 NWT 的不足，德国在 NWT 的基础上开发出加氧与加氨联合水处理，并在 1982 年将其正式确立为一种直流锅炉给水处理技术。目前，CWT 已在欧、美及亚洲许多国家的直流机组上应用。CWT 已在国内的亚临界和超临界、超超临界参数机组上普遍应用。

同时加氧处理和加氨处理的联合应用，称为联合水处理。挥发性处理的缺点是给水含铁量高，凝结水处理系统工作周期短，锅炉蒸发受热面结垢速度快。中性水处理克服了这些不足，但是由于水的缓冲性太小，给水 pH 值难以维持，易发生局部腐蚀，主要存在酸腐蚀脆性爆破失效的危险。联合水处理兼有挥发性处理和中性水处理的优点，其缓冲性较中性水处理时的缓冲性大。由于是在有氧的条件下使钢铁表面钝化，其表面膜是氧化铁，所以给水中含铁量低，受热面结垢速度慢。运行实践表明，联合处理的防腐蚀及防结垢效果优于挥发性处理和中性水处理。CWT 的主要水质指标如下：

（1）电导率。前已述及，只有在纯水中，O_2 才能起到钝化作用。所以保证给水的纯度是很重要的前提条件。氢电导率小于 $0.15\mu S/cm$，期望值小于或等于 $0.1\mu S/cm$。超临界、超超临界参数直流锅炉机组均要求对凝结水进行 100% 处理，以满足对电导率的要求。

（2）溶解氧浓度。CWT 水工况下给水中允许的氧浓度标准一般为 $30\sim300\mu g/L$。给水中的氧浓度不能太低，否则难以形成稳定、致密的 Fe_3O_4-Fe_2O_3 双层保护膜。但是，如果氧浓度过高，在少量氯化物杂质的作用下可能导致过热器或汽轮机低压缸部分腐蚀。因此，我国在 DL/T 912—2005《超临界火力发电机组水汽质量标准》中将氧浓度上限推荐为 $150mg/L$。在实际运行中，当钢表面已形成良好的钝化膜，给水中铁含量下降到标准值或期望值以下并且稳定后，水中溶解氧浓度只要能保持给水铁含量基本稳定即可。我国 CWT 水汽质量标准见表 10-4。

表 10-4　　　　　　　　　　　　　CWT 的水汽质量标准

取样点	监督项目	单位	DL/T 805.1—2002		DL/T 912—2005		监督频率
			监督标准	期望值	监督标准	期望值	
省煤器入口给水	氢电导率[①]	$\mu S/cm$	<0.15	≤0.1	<0.15	<0.1	连续
	溶解氧	$\mu g/L$	30~300	—	30~150	—	连续
	pH (25℃)		8.0~9.0	—	8.0~9.0	—	连续
	Fe	$\mu g/L$	<10	≤5	≤10	≤5	每周一次
	Cu	$\mu g/L$	<5	≤3	≤3	≤1	每周一次
	SiO_2	$\mu g/L$	<10	—	≤15	≤10	根据需要
	Na^+	$\mu g/L$	<5	—	≤5	≤2	根据需要
	Cl^-	$\mu g/L$	—	—	≤5	≤2	不定期
	TOC	$\mu g/L$	—	—	≤200	—	抽查

取样点	监督项目	单位	DL/T 805.1—2002		DL/T 912—2005		监督频率
			监督标准	期望值	监督标准	期望值	
主蒸汽	氢电导率	μS/cm	<0.15	—	<0.20	<0.15	连续
	溶解氧	μg/kg	—				连续
	Fe	μg/kg	<5	≤3	≤10	≤5	每周一次
	Cu	μg/kg	<3	≤1	≤3	≤1	每周一次
	SiO_2	μg/kg	<10	—	≤15	≤10	根据需要
	Na^+	μg/kg	<10	—	≤5	≤2	根据需要
凝结水泵出口凝结水	氢电导率	μS/cm	≤0.3	—	<0.3	—	连续
	溶解氧	μg/L	—				根据需要
	Na^+	μg/L	<10	—	≤10	—	连续
凝结水精处理出口凝结水	氢电导率	μS/cm	≤0.10	—	<0.12	<0.1	连续
	Fe	μg/L	<5	≤3	≤5	≤3	根据需要
	Cu	μg/L	<3	≤1	≤2	≤1	根据需要
	SiO_2	μg/L	<10	—	≤10	≤5	根据需要
	Na^+	μg/L	<1	—	≤3	≤1	连续
	Cl^-	μg/L	—	—	≤3	≤1	同给水
补给水	电导率	μS/cm	≤0.15	—	≤0.20	≤0.15	连续
	SiO_2	μg/L	<10	—	≤20	≤15	根据需要

① 氢电导率为水样经过强酸氢型阳离子交换柱后测定的电导率，表中各种电导率均要求在 25℃ 下测量。

（3）pH 值。给水的 pH 值过低，水的缓冲性差，特别是当水的 pH（25℃）<7.0 时，碳钢会遭受到强烈的腐蚀；pH 值过高，会使凝结水精处理系统的运行周期缩短。我国的标准推荐将给水的 pH 值控制在 8.0～9.0 范围内。对于有铜热力系统，给水 pH＝8.5～9.0。对于不同的机组，最佳的 CWT 给水 pH 值范围应该根据实际情况通过试验确定。

联合水处理是维持给水含氨量为 40～50μg/L、将 pH 值提高到 8.0～9.0 时通过加氧的方法提高氧化还原电位来实现的。给水主要指标为：氢电导率≤0.15μS/cm，氧含量为 100～300μg/L，全铁含量≤10μg/L，全铜含量≤3μg/L。

试验表明，铜合金在 pH＝8.5～9.3 时表面膜稳定，在有氧时，如果 pH 值减小则其表面膜会溶解而导致铜合金腐蚀。所以，对于有铜设备的系统不宜用中性水处理方式，但可以采用联合水处理方式。

联合水处理由于是提高加氧进行钝化，所以对水的纯度要求很高。因此，只适于直流锅炉的给水处理，不适于汽包锅炉的给水处理。

由于中性水处理和联合水处理是靠表面膜实现钝化的，所以使锅炉保持连续运行是保证钝化膜起作用的关键。因此，这类加氧钝化处理方式适于连续运行的锅炉，频繁停炉将使表面膜转变为腐蚀产物，破坏保护作用，甚至会引起腐蚀。

随着科学技术的不断发展和对热力设备水汽理化过程，特别是金属腐蚀与钝化过程认识的逐步加深，直流锅炉的水化学工况也在不断发展，从除氧的碱性全挥发性处理，到加氧的中性水处理，再到目前应用越来越广泛的加氧与加氨的联合水处理。这些方法的采用对直流锅炉汽轮机机组的安全、经济运行起到了重要作用。

（二）超临界、超超临界压力直流锅炉的水化学工况

直流锅炉的水化学工况就是指直流锅炉给水的处理方式及其所控制的水质标准。直流锅炉水化学工况的基本要求如下：

（1）尽量减少直流锅炉内的沉积物，延长清洗间隔时间。在直流锅炉内，特别是下辐射区水冷壁管内总是不可避免地会产生沉积物（主要是氧化铁），为了排除这些沉积物以保证锅炉安全运行，应定期进行化学清洗。直流锅炉水化学工况的基本要求之一就是必须使机组两次化学清洗间隔的时间能与设备大修的间隔时间相适应。

（2）尽量减少汽轮机通流部分的杂质沉积物。超临界压力以上直流锅炉，蒸汽参数很高，蒸汽溶解杂质的能力很强，给水中的盐类物质几乎全部被蒸汽溶解带到汽轮机中。超临界压力蒸汽溶解铜化合物的能力很强，铜化合物在压力超过 24MPa 的蒸汽中的溶解度远远超过其在亚临界压力蒸汽中的溶解度。在汽轮机内，当蒸汽压力从 24MPa 降低到 20～17MPa 时，在汽轮机最前面的级中就可能产生铜的沉积物。解决汽轮机内铜沉积的最根本的办法是热力设备完全不用铜合金，我国已投运的亚临界压力或超临界压力机组，使用铜合金材料的设备如低压加热器、凝汽器铜管、射汽抽气器冷却器等。如何使给水铜含量达到水质标准的要求、防止铜沉积也是超临界压力和亚临界压力机组水化学工况的基本要求之一。

由此可知，超临界压力以上机组的水化学工况应能保证锅炉受热面管内，汽轮机通流部分、凝结水 - 给水系统管壁内不产生沉积物，并保证热力设备水汽侧不发生腐蚀。

超临界、超超临界压力直流锅炉机组常用的水化学工况主要有以下两种：

1）全挥发性处理。通过对给水进行热力除氧，同时向给水中加入联氨和氨，除尽给水中的溶解氧，并使之呈碱性，以使钢表面上形成较稳定的 Fe_3O_4 保护膜。这就是联氨 - 氨碱性水化学工况，常称为全挥发性处理。

2）联合水处理。通过向给水中加气态 O_2 和氨的方法，使给水中含有微量溶解氧，并呈碱性，以使钢表面上形成致密的 $Fe_3O_4 - Fe_2O_3$ 双层保护膜。这是加氧处理和加氨碱化处理的联合应用，称为联合水处理。

直流锅炉给水加氧处理（OT）是一项新的给水处理技术，且是比给水全挥发性处理更为有效的处理方法。国内部分直流锅炉机组采用该技术已经取得了令人满意的效果。

该法对介质进行处理的目的是降低介质的腐蚀性，促使金属表面钝化。通常可采用以下方法：

1）控制介质中溶解氧等氧化剂的浓度。例如，为了控制超临界压力机组锅炉和炉前系统热力设备的氧腐蚀，不仅可采取给水除氧的方法，而且可采取给水加氧（钝化）的方法；锅炉酸洗过程中，为了抑制 Fe^{3+} 的腐蚀作用，可向酸洗液中添加适量的还原剂以控制的 Fe^{3+} 浓度。

2）提高介质的 pH 值。提高介的 pH 值（如给水的 pH 值调节）一方面可中和介质中的酸性物质，防止金属的酸性腐蚀，如游离二氧化碳腐蚀；另一方面，可促进金属的钝化。

3）降低气体介质中的湿分。如在热力设备停用保护采用的烘干法、干燥剂法等。

4）向介质中添加缓蚀剂。在腐蚀介质中加入少量缓蚀剂就能大大降低金属的腐蚀速度。

（三）超临界、超超临界压力机组的给水质量标准

由直流锅炉的工作原理可知，超临界压力以上机组对凝结水和给水的纯度，以及凝结水-给水系统腐蚀的控制要求非常高。对于给水带入炉内的杂质在炉管中沉积和被蒸汽携带的情况，与各种杂质在给水中的含量及其在蒸汽中的溶解度等因素有关，因为随给水进入锅炉的杂质，除了被蒸汽携带的部分外，其余的部分就沉积在炉管中，而蒸汽携带的量主要与杂质在蒸汽中的溶解度有关。

1. 杂质在过热蒸汽中的溶解度

由给水进入锅炉的杂质有钙、镁化合物，钠化合物，硅酸化合物和金属腐蚀产物等。它们在过热蒸汽中的溶解度，随蒸汽压力提高而增大，但随温度的变化规律较复杂，与杂质的种类、蒸汽的压力和温度范围有关。在超临界压力（29.4MPa）的蒸汽中，几种钠盐和钙盐溶解度的数量级为：$NaCl$，100mg/kg；$NaOH$ 和 Na_2SiO_3，10mg/kg；$CaCl_2$，1mg/kg；Na_2SO_4 和 $Ca(OH)_2$，10μg/kg；$CaSO_4$，1μg/kg；SiO_2（硅酸化合物）在过热蒸汽中的溶解度很大，在超临界压力下高达几百（mg/kg），即使在3.5MPa的中等压力下也可达到10（mg/kg）以下。在腐蚀产物中，铁的氧化物在亚临界和超临界压力的过热蒸汽中的溶解度只有10～15μg/kg，并且在压力一定时随温度的提高而降低；铜的氧化物在过热蒸汽中的溶解度，在亚临界压力（16.66MPa）下很小，只有2～6μg/kg，但在超临界压力下可达几十（μg/kg）。可见，各种杂质在过热蒸汽中的溶解度差别很大。

试验表明，蒸汽温度从400～650℃时，这些盐类物质在蒸汽中的溶解度顺序为 $NaCl>CaCl_2>Na_2SiO_3>Na_2SO_4>Ca(OH)_2>CaSO_4$，$NaOH$ 在蒸汽中的溶解度随着蒸汽温度的提高而降低。金属腐蚀产物铁的氧化物在过热蒸汽中的溶解度很小，蒸汽压力一定时，铁的氧化物在蒸汽中的溶解度随着蒸汽温度的提高而降低。由于能被过热蒸汽带走的铁的氧化物量很小，所以，当水中含铁量增加时，沉积在炉管中的量就增加。

2. 杂质在直流锅炉内的沉积特性

如上所述，各种杂质在过热蒸汽中的溶解度差别很大。另外，有些杂质在高温下还会发生水解等化学反应，如 $CaCO_3$ 和 $CaCl_2$ 水解生成 $Ca(OH)_2$，后者失水变成在蒸汽中溶解度同样小的 CaO；镁盐水解生成 $Mg(OH)_2$ 和 $Mg(OH)_2·MgCO_3·2H_2O$，因此各种杂质在直流锅炉内的沉积特性不同。

如果不考虑炉水过饱和及其杂质沉积，某种杂质在过热蒸汽中的溶解度大于它在给水中含量，则它就会完全被过热蒸汽溶解并带入汽轮机；反之，就会部分或全部沉积在炉管中。因此，根据正常情况下各种杂质在给水中的含量及其在过热蒸汽中的溶解度可知，对于超临界参数以上的机组来说，炉管中的沉积物可能主要是铁的氧化物，钙镁化合物和 Na_2SO_4 等在过热蒸汽中的溶解度较小的钠化合物，并且它们在给水中的含量越高，沉积量就越大；被过热蒸汽带入汽轮机的杂质则主要是硅酸化合物和铜的氧化物，并且它们在给水中的含量越高，带入汽轮机的量就越大。

3. 影响杂质沉积过程的因素

除了上述杂质在给水中的含量及其在蒸汽中的溶解度外，还有杂质在高温炉水中的溶解度、水冷壁管的热负荷、锅炉的运行工况等也会影响杂质的沉积。

在高温锅炉水中，钙镁等盐类的溶解度随温度的升高而降低。锅炉参数越高，水中杂质就越容易达到饱和度，于是在蒸汽湿分较高的区域中就开始沉积。炉管热负荷越高，靠管壁

的液流边界层因强烈受热温度较高，炉水急剧蒸发变浓，杂质很快浓缩到饱和浓度而在管壁上沉积。

锅炉的运行工况的变化可以使本已沉积在炉管中的钠盐又有一部分被蒸汽带入汽轮机。

4. 杂质在直流锅炉中的沉积部位

如上所述，直流锅炉炉管内的沉积物主要是铁氧化物、钙镁化合物和 Na_2SO_4 等钠盐。这些杂质随给水进入直流锅炉后，由于水的急剧蒸发而在尚未汽化的水中迅速浓缩、饱和、析出。直流锅炉运行参数越高，炉管中沉积过程开始得就越早。在超临界压力下运行时，当水被加热到相应压力下的相变点温度即全部汽化时，不再出现汽水混合物的两相区。因此，沉积物主要沉积在蒸汽微过热的管区。

为了防止热力系统腐蚀，使给水中铁、铜含量符合标准，还应按照给水 CWT 或 AVT 的要求，对给水氢电导率、溶解氧含量、pH 值、联氨过剩量等各项指标作出规定。

总之，超临界压力以上机组的各项水处理工作以保证给水质量，机组运行时水汽质量达到 DL/T 912—2005《火力发电机组及蒸汽动力设备水汽质量》所规定的水质标准。为此，应根据机组的运行状态合理地应用水化学工况，并按水化学工况的要求严格地监督和控制水汽品质。

第六节　锅炉的应力腐蚀

应力腐蚀是指金属材料在某些腐蚀性介质和机械应力的联合作用下发生的裂纹损坏，这是一种特殊的腐蚀形式。锅炉的应力腐蚀有应力腐蚀破裂及苛性脆化、腐蚀疲劳等。

一、应力腐蚀破裂

应力腐蚀破裂是奥氏体钢在应力和腐蚀介质的共同作用下发生的腐蚀损坏。它是一种极为隐蔽的危险的局部腐蚀形式，往往在没有明显预兆时，就造成灾难性事故。热力设备中与水和湿蒸汽接触的金属都有发生应力腐蚀破裂的可能。

1. 应力腐蚀破裂的特征

应力腐蚀裂纹起源于与腐蚀介质相接触的表面。裂纹源通常是表面保护膜的局部破口处，常常是发生点蚀的部位。

宏观的应力腐蚀裂纹基本上垂直于拉伸应力，应力腐蚀裂纹的形状呈树枝形。应力腐蚀裂纹扩展过程中会发生裂纹的分叉现象，因此裂纹的宏观或微观形态往往为树枝形。裂纹扩展时有一主裂纹扩展最快，其余是扩展较慢的支裂纹。可根据应力腐蚀裂纹的特征来区别应力腐蚀破裂、腐蚀疲劳、晶间腐蚀等破裂形式。

应力腐蚀破裂宏观断口为脆性断口，没有明显的塑性变形、断口与拉伸应力方向垂直。断口表面无金属光泽，为褐色或暗色，说明已发生腐蚀或氧化。氧化物或腐蚀产物分布不均，在裂纹源处最多。

通常碳钢及低合金钢的应力腐蚀断口大部分是沿晶开裂，裂纹沿大致垂直于所施应力的晶界延伸。断口为沿晶断口，断口表面可清晰地看到腐蚀痕迹。腐蚀痕迹的形态特征随钢的成分、应力大小和腐蚀时间的长短而异。当在腐蚀环境中暴露的时间很长时，整个断口被腐蚀产物覆盖。在含 Cl^- 的介质中，奥氏体不锈钢常为穿晶断裂，而铬不锈钢则是呈现沿晶断裂。

应力腐蚀破裂可分为裂纹的孕育期和扩展期两个阶段。孕育期的长短取决于合金的性能、环境的特性和应力大小，短则几分钟，长则可达几年甚至几十年。孕育期通常是使用寿命的主要部分。对于不同合金，在裂纹形成后的扩展期的扩展速度大致是相同的。

2. 环境因素的影响

腐蚀环境和金属材料只有在特定的体系中才会发生应力腐蚀破裂。例如，奥氏体不锈钢在含 Cl^- 的溶液中，碳钢在碱性溶液中等。

金属材料与特定的腐蚀介质联合作用导致应力腐蚀破裂，它发生在一定的电位范围内，一般是钝化-活化的过渡区或钝化-过钝化区。图 10-10 所示为低碳钢在 80℃ 时于 35% NaOH 溶液中的阳极极化曲线，应力腐蚀破裂发生在 $-0.8\sim+1.0V$ 之间，其电位范围在活化-钝化过渡区。

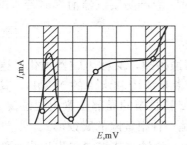

图 10-10　低碳钢在 NaOH 溶液中的阳极极化曲线及 SCC 所发生的电位区间（阴影区）

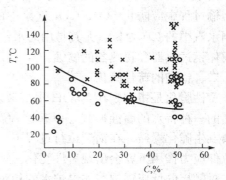

图 10-11　温度与浓度对碳钢在 NaOH 溶液中发生 SCC 的影响

○—不破裂；×—破裂

溶液的温度和浓度对应力腐蚀破裂的影响如图 10-11 所示。有些腐蚀体系存在一个临界破裂温度。奥氏体不锈钢在含 Cl^- 的水溶液中，在 90℃ 以下不会发生应力腐蚀破裂。临界破裂温度与溶液浓度有关，如碳钢在 NaOH 溶液中，NaOH 温度越高，临界破裂温度就越低。

一些杂质有加速应力腐蚀破裂的作用，如奥氏体不锈钢在 Cl^- 水溶液中的破裂，含氧时只需几个（mg/L）的 Cl^- 溶液就足以导致破裂。

3. 应力腐蚀破裂引起的锅炉失效

锅炉在制造、安装或检修过程中，过热器和再热器管经焊接或弯管工艺后，管材内部可能有些残余应力。锅炉化学清洗时，含氯化物、硫化物、氢氧化物的水溶液进入或残留在过热器或再热器内，当锅炉启动时，由于这些残存水很快蒸发，水中杂质会被浓缩到很高的浓度，在这种侵蚀性浓溶液和应力的联合作用下，奥氏体钢就会产生腐蚀裂纹。因此，应力腐蚀破裂是发生在高参数锅炉的过热器和再热器等奥氏体钢部件上的一种特殊的应力腐蚀故障。

尽管锅炉各部分所承受的应力在金属强度的允许范围内，并保留了一定的裕度，但是，由于锅炉结构复杂，运行因素多变，蒸发受热面管可因许多因素使其所承受的应力扩大或增添附加应力。例如，炉膛局部热负荷提高或火焰偏斜，使该处受热面管热应力增加；负荷和参数的提高使金属所受应力增加；由于管壁腐蚀减薄而使应力值增大等。

在应力作用下，金属材料的腐蚀过程被强化，既加速了腐蚀的进程，也增强了金属的破坏过程。在腐蚀和应力的共同作用下，炉管的损坏提前发生，常以爆破的形式出现，其危害极大。

由酸腐蚀引起的应力腐蚀破裂时有发生，这种故障发展快，锅炉损坏范围大，有时可引起全炉大部分炉管损坏失效。对安全的威胁超过碱腐蚀引起的应力腐蚀破裂。

4. 应力腐蚀破裂的控制

为了防止应力腐蚀破裂，在锅炉的制造、安装和检修时都应尽可能消除钢材的内应力，在锅炉化学清洗或水压试验时，要避免含有氯化物、硫化物和氢氧化物的水溶液进入或残留在过热器和再热器管中。

由于 Cl^- 和 OH^- 等侵蚀性离子易引起奥氏体钢发生应力腐蚀破裂，故应对其加强保管，在运输过程中应防止 SO_2、CO_2 气氛中的大气腐蚀；还应加强运行中的水质管理，如严格控制水汽中的 Cl^- 含量。尤其是用海水作循环冷却水时，应严防凝汽器泄漏时带入的 Cl^- 对奥氏体钢过热器和再热器的腐蚀。

二、锅炉的苛性脆化

苛性脆化是指碳钢在 $NaOH$ 水溶液发生的应力腐蚀破裂，又称为碱性脆化。这是锅炉金属的一种特殊的腐蚀形式，引起这种腐蚀的主要因素是应力和水中的 $NaOH$，其结果是金属发生脆化爆破。在锅炉运行过程中，如果在水冷壁和联箱的局部位置出现游离 $NaOH$，在拉伸应力作用下就会出现苛性脆化。锅炉苛性脆化是一种很危险的腐蚀形式。

对铆接的低压锅炉，如果炉水的相对碱度超过 0.2，且炉水在铆缝内出现局部浓缩，锅炉整体的膨胀不良及铆接处有巨大应力，从而会发生脆爆。在采用胀接结构时，胀缝内炉水的局部浓缩与该处应力的集中也会导致腐蚀破裂。采用全焊接结构以及锅炉可自由膨胀后，苛性脆化转变为碱腐蚀引起的应力腐蚀破裂。

锅炉炉水中含有游离 $NaOH$。在发生局部浓缩的部位，游离 $NaOH$ 可能会达到危险浓度。据研究，$NaOH$ 的危险浓度下限为 5%～10%，低于这个浓度不会产生腐蚀。这个危险浓度随着温度升高而下降。如果锅炉大面积结焦，使水冷壁管局部热负荷增大，管内浓缩炉水的危险浓度就会较低，最终在该处产生应力腐蚀破裂。

1. 锅炉苛性脆化的特征

锅炉苛性脆化是应力腐蚀破裂的一种，不仅具有应力腐蚀破裂的一般特点，又具有某些自身特点。苛性脆化裂纹分布于金属中拉应力最大的地方，裂纹与应力方向垂直，裂纹有分枝。一般说来，铆钉孔所产生的苛性脆化裂纹为沿圆周分布的辐射裂纹，管子胀接处为环形裂纹，铆钉的裂纹为环向，在铆钉头上沿过渡处为辐射裂纹，焊缝根部未焊透处也会产生碱脆裂纹，如图 10-12 所示。

在断裂处，工件无塑性变形，为脆性断裂。碱脆裂纹大多数是沿晶型的，也有少量穿晶型或穿晶沿晶混合型的。苛性脆化的断口呈脆性断口特征，断口颜色发暗，断口有黑色腐蚀产物 Fe_3O_4，断口附近常见积有盐垢。与机械断裂不同，机械断裂断口有金属光泽。

2. 锅炉苛性脆化产生的条件

锅炉苛性脆化是一种很危险的腐蚀形式，对锅炉的安全运行会造成严重威胁。所以，研究苛性脆化发生的条件和规律，从而采取有效的防止措施，对保证锅炉安全运行有重大意义。

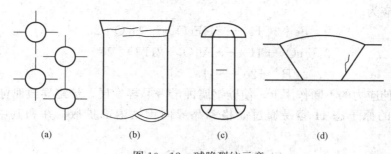

图 10 - 12　碱脆裂纹示意
（a）铆钉孔；（b）胀管；（c）铆钉；（d）焊缝未焊透

　　锅炉使用的材料大多数是碳钢，而碳钢在一定介质中对应力腐蚀破裂较敏感。实践证明，发生苛性脆化的锅炉，必定有如下三个因素同时存在：

　　（1）炉水中含有一定量的游离 NaOH 而具有侵蚀性。如果锅炉补给水的碳酸盐碱度过高，炉水处理不当，炉水中就会产生较高浓度的游离 NaOH，使炉水具有侵蚀性。通常用相对碱度表示炉水的侵蚀性，即

$$[相对碱度]_1 = 游离\ NaOH/总含盐量$$

表示炉水中的 OH⁻ 碱度与总含盐量的比值。相对碱度越高，炉水的侵蚀性就越大。当 ［相对碱度]_1 ≤ 0.2 时，炉水没有侵蚀性，即

$$[相对碱度]_2 = 炉水中\ Na_2SO_4\ 含量/游离\ NaOH$$

表示炉水中 Na_2SO_4 含量与游离 NaOH 的比值越小，炉水侵蚀性就越大。当 ［相对碱度]_2 ≥ 5.0 时，炉水没有侵蚀性。

　　（2）炉水发生局部浓缩。如果炉水具备浓缩的条件，例如锅炉是铆接或胀接的，在铆接处或胀接处可能有不严密的地方，含游离 NaOH 的炉水就会从这些不严密的部位往外泄漏，致使其蒸发浓缩，使 NaOH 达到危险的浓度。

　　（3）受拉伸应力的作用。锅炉金属材料大多采用碳钢，而碳钢在一定的腐蚀性介质中对应力腐蚀破裂是敏感的。当炉水局部含高浓度的 NaOH 时，加上锅炉受到拉伸应力的作用，就会使锅炉遭受应力腐蚀破裂。

　　以上三种因素，缺少任何一种都不会产生锅炉的苛性脆化。若炉水中不含游离 NaOH，不可能发生苛性脆化；即使炉水中含游离 NaOH，若不发生局部浓缩，也不可能产生苛性脆化；即使炉水中含游离 NaOH 且炉水发生局部浓缩，若无拉伸应力作用，同样不会发生苛性脆化。所以，锅炉只有同时具备上述三方面的条件，才有可能发生苛性脆化。

　　应当指出，不仅在锅炉的铆接处和胀接处具备苛性脆化的条件，其他部位也可能具备产生苛性脆化的条件。例如，在焊口附近，可能存在焊接应力。在热负荷较高的区域，可能存在拉伸应力。如果炉水中含游离 NaOH，并具备炉水浓缩的条件，也会出现苛性脆化。

　　3. 锅炉苛性脆化的机理

　　根据膜破裂理论，对苛性脆化的机理可解释如下：

　　（1）碳钢在有合适氧化剂存在的碱性溶液中，会出现不完整的钝化。

　　（2）钝化膜在拉伸应力作用下破裂。

　　（3）在浓 NaOH 溶液中，裸露的金属晶粒和晶界在高应力下产生电位差，形成微腐蚀

电池，电极反应为

阳极

$$Fe+3OH^- \longrightarrow HFeO_2^- +H_2O+2e$$

$$3HFeO_2^- +H^+ \longrightarrow Fe_3O_4+2H_2O+2e$$

阴极

$$2H^+ +2e \longrightarrow H_2$$

（4）在拉伸应力的不断作用下，使碳钢腐蚀沿着晶界发展，最终导致腐蚀破裂。另外，阴极反应产生的原子态 H 容易通过晶格和晶界向钢铁内部扩散，并和其中的碳发生反应，即

$$Fe_3C+4H \longrightarrow 3Fe+CH_4$$

$$C+4H \longrightarrow CH_4$$

甲烷在钢中的扩散能力很低，易聚集在晶界原有的微观空隙内，随着 CH_4 量不断增多，形成局部高压，使金属的结构疏松，促使裂纹发展。实验表明，产生苛性脆化的电位范围为 $-800 \sim -600mV$，为阳极极化曲线上开始钝化至完全钝化的过渡区，在该电位范围内碳钢表面尚未形成完整的钝化膜。

4. 锅炉苛性脆化的控制

（1）消除应力。现代电厂锅炉都采取焊接结构和悬吊式安装，锅炉的附加应力小，严密性好，已消除了金属过高应力与炉水局部高度浓缩的结构因素。

为了降低局部拉伸应力，在给水短管或加药短管上应安装保护套，以防止给水或磷酸盐溶液与炉水之间的温差所引起的巨大应力。在安装汽包和连接导管时应保证它们能在锅炉启动和运行中能自由膨胀，以降低应力。避免温度较低的给水直接流至汽包，给水沿汽包长度分布应均匀，以防汽包受力变形。锅炉启停时，不要使汽包各部分温度差异变化太大，以减小温差应力。

（2）消除炉水的侵蚀性。对于中参数及其以上的锅炉，应使用化学除盐水作为补给水。目前，锅炉的补给水采用化学除盐水，大容量高参数锅炉炉水中 PO_4^{3-} 很低，炉水的相对碱度很小。在这种情况下，已不宜采用维持炉水相对碱度的方法来防止苛性脆化，而是通过调整合理的水化学工况，采取合适的防腐蚀措施，减少受热面沉积物的积累，防止局部浓缩，以消除炉水的侵蚀性。

锅炉采用全焊接结构后，锅炉的腐蚀失效主要表现为碱腐蚀引起的应力腐蚀破裂。防止苛性脆化的经验，对于防止高参数锅炉的碱腐蚀脆裂是有意义的。

应尽量减小炉水的侵蚀性，使炉水的相对碱度 $\leqslant 0.15$，碱度 $\leqslant 1mmol/L$，酚酞碱度 $\leqslant$ 总碱度，$pH \leqslant 10.5$。对于高压和超高压锅炉，进行炉水协调磷酸盐 - pH 处理，可以消除炉水中的游离 NaOH。

（3）加强锅炉检查，保持良好的运行工况。对锅炉水冷壁管有腐蚀减薄处、焊缝泄漏处或有宏观缺陷处应进行探伤和金相组织检查，进行金属机械性能试验，注意其强度和韧性下降程度。运行中可以用专用的试验装置检验锅炉炉水的水质是否有致脆倾向。

改善锅炉的运行工况，使锅炉的负荷保持稳定，不要周期地向锅炉大量加入不给水等。

三、锅炉的腐蚀疲劳

金属在腐蚀环境中，在反复或交变应力的同时作用下导致金属破裂的过程称为腐蚀疲劳。其危害程度比单纯的腐蚀及单纯的疲劳所造成的危害之和要大得多。

每种材料都有一个疲劳极限，若没有腐蚀介质作用，材料只受到单纯的交变应力作用，

只要应力不超过材料的疲劳极限它就不会受到破坏。而在腐蚀介质中，金属产生疲劳裂纹所需的应力大大减小，且没有真正的疲劳极限，因为交变应力循环的次数越多，产生腐蚀裂纹所需的交变应力就越低。应力对失效的循环次数作图称为 s - N 曲线，如图 10 - 13 所示。

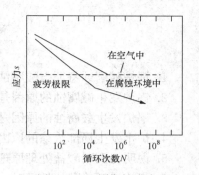

图 10 - 13　周期性应力作用下钢的 S - N 曲线

图中右上方的实线表示在相应的应力值下该循环次数导致失效，但当应力降到疲劳极限值时，即使循环无限多次也不会发生断裂。然而，在腐蚀介质中，只要循环次数足够多，在任何外应力下都可能会发生失效。

腐蚀疲劳与应力腐蚀破裂不同，在发生腐蚀疲劳时，并非是特定的离子和特定的金属组合才会发生腐蚀损害。造成腐蚀疲劳的水溶液环境多种多样，没有专一性。通用的规则是金属材料在一定介质中均匀腐蚀速度越大，最终的疲劳寿命就越短。

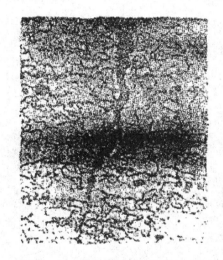

图 10 - 14　腐蚀疲劳裂纹（250 倍）

典型的腐蚀疲劳裂纹是穿晶的，常带有分枝，如图 10 - 14 所示。腐蚀疲劳中点蚀可能发生在金属表面裂纹起始的根部，但点蚀并非是失效的必要条件。

1. 锅炉发生腐蚀疲劳的部位

锅炉各部件内受高温高压的水和蒸汽的作用，外受火焰加热。温度的交变、工作介质冲击力的强弱变化及锅炉所受振动的作用，再加上腐蚀的作用，使金属材料提前产生失效。

锅炉的集汽联箱（即联箱的排水孔处）是易发生腐蚀疲劳的部位。主要是由于管板连接不合理，蒸汽中的冷凝水和热金属周期接产生交变应力。属于交变应力与腐蚀介质共共同作用引起的失效。如某厂 220t/h 锅炉盐段蒸汽引出管弯头多次在运行中爆破。汽包和管道的结合处也会产生腐蚀疲劳，主要是由于给水、磷酸盐溶液和排污水的温度交变引起的腐蚀疲劳失效。

此外，汽轮机叶片也会产生腐蚀疲劳，其腐蚀部位位于湿蒸汽区的叶片，特别是蒸汽开始凝结的地方。其原因是湿蒸汽区的叶片表面有湿分，若蒸汽中含有 Cl^-、S^{2-} 等腐蚀物质，便形成腐蚀环境。汽轮机叶片在运行中由于振动等原因受到交变应力作用，在腐蚀环境和交变应力作用下引起腐蚀疲劳。

2. 腐蚀疲劳的控制

腐蚀疲劳的控制主要应从减小锅炉设备及汽轮机的交变应力和减小介质的腐蚀性两方面考虑。如机、炉的启停次数不要太频繁，锅炉负荷波动不要太大，尽量保证炉水、蒸汽质量，做好停用保护等。

思 考 题 与 习 题

1. 锅炉碱腐蚀特征与酸腐蚀特征有何区别?
2. 锅炉发生碱腐蚀的原因是什么? 说明碱腐蚀的机理。
3. 锅炉发生酸腐蚀的原因是什么? 说明酸腐蚀的机理。
4. 炉水发生局部浓缩的原因是什么?
5. 说明协调磷酸盐处理原理, 为什么说它是防腐防垢兼顾的锅内处理方法?
6. 实施协调磷酸盐处理时, 如何控制水质?
7. 何种情况不可使用协调磷酸盐处理? 为什么?
8. 应力腐蚀破裂发生的条件是什么? 哪些体系易发生应力腐蚀破裂?
9. 锅炉的碱腐蚀与苛性脆化有何区别?

第十一章 凝汽器的腐蚀与控制

凝汽器也称为冷凝器，是驱动汽轮机做功后排出的蒸汽变成凝结水的热交换设备，其作用是把汽轮机的排汽冷凝成水，是汽轮发电机组重要的辅助设备。常规的凝汽器是以水作为冷却介质，通过凝汽器管进行表面式冷却。在缺水地区使用空气作为冷却介质时，也是通过水间接换热，即先用除盐水与蒸汽进行混合式热交换或表面式热交换，再用空气冷却吸热后的纯水。为防止凝结水中含氧量增加而引起管道腐蚀，现代大容量汽轮机的凝汽器内还设有真空除氧器。

常规的管壳式凝汽器，管内通过循环冷却水，如果是用淡水作为循环冷却水，则循环水中盐类物质含量可比天然水高一倍以上；如果缺乏淡水，则使用咸水或海水冷却。凝汽器管外侧（蒸汽侧）是汽轮机排汽和凝结水，由于排汽凝结时体积缩小，凝汽器的蒸汽侧是真空状态。显然，当凝汽器管泄漏时，冷却水将向蒸汽侧泄漏，造成凝结水污染。

大型锅炉的给水水质要求很高，水的缓冲性小，如果凝汽器发生泄漏，不仅会使凝结水水质恶化，还造成锅炉腐蚀、结垢，甚至汽轮机积盐。碳酸根受热分解，既可引起锅炉碱腐蚀，又会引起水汽系统的酸腐蚀；用海水作为冷却水时，如果凝汽器发生泄漏，则将引起酸腐蚀甚至导致锅炉脆爆；盐类物质浓度升高，既促进腐蚀，又影响蒸汽质量。实践证明，凝汽器的腐蚀损坏是影响高参数发电机组安全运行的主要因素。防止凝汽器腐蚀泄露对锅炉机组的经济、安全运行是很重要的。

第一节 凝汽器管与管板材料

凝汽器泄漏的主要原因为凝汽器管腐蚀穿孔或断裂，在腐蚀介质中管板也可腐蚀损坏，凝汽器壳体则极少腐蚀穿透。我国用于凝汽器管的材质主要有含砷普通黄铜、锡黄铜、铝黄铜、白铜、不锈钢以及工业纯钛。

凝汽器管采用的不锈钢有奥氏体不锈钢、铁素体不锈钢、双相不锈钢。牌号有 304、304L、304N、316、316L、316N、317 等。在冷却水中，不锈钢会发生点蚀、缝隙腐蚀、晶间腐蚀、应力腐蚀。不锈钢管壁厚 0.7mm。不锈钢管在中性和碱性溶液中具有良好的耐蚀性，在运行工况下不会发生均匀腐蚀和氨蚀。其钝化性能和机械强度较高，耐冲刷腐蚀性能优良，可大幅提高管内冷却水流速。维护重点是防止结垢和生物腐蚀，防止凝汽器管过热。

凝汽器管采用工业纯钛时，其壁厚为 0.5～0.7mm，管板使用钛板。

铜合金具有良好的导热性和塑性，我国所用的凝汽器管多为铜合金。在淡水中使用的凝汽器铜管大多数是黄铜，有的机组空冷区使用白铜管，或全部凝汽器管都采用白铜管。

凝汽器管内侧受冷却水的腐蚀，也受水中携带的漂砂、气泡及水流本身冲击的侵蚀；其外侧受蒸汽携带水滴的侵蚀，也受蒸汽中的氨、二氧化碳等物质的腐蚀。因此要求凝汽器管应具有足够的耐蚀性。

凝汽器管外径基本统一为 25mm。当使用铜管时其壁厚一般为 1mm，长度与机组容量有关。例如 200MW 以上的机组管长超过 8m，有的长达 13m 以上。在汽流冲刷处铜管壁厚可达 2mm。

对于 1000MW 的火力发电机组，根据冷却水水质，凝汽器管材可选用 TP304、TP316 等不锈钢，钛或白铜 B30。凝汽器管采用不锈钢或钛管时，为了防止电偶腐蚀，常采用在碳钢管板外侧包覆不锈钢或钛板的复合材料做管板。同时，为了适应给水加氧处理的要求，超临界参数机组低压加热器管材常采用 TP304 不锈钢，高压加热器管材一般采用低合金耐热钢，这样整个水汽系统没有铜或铜合金部件，为无铜热力系统。

一、黄铜

1. 黄铜的化学成分

黄铜是铜锌合金，根据黄铜中锌含量的不同，可有六种固溶体，即 α、β、γ、δ、ε、η 相。能作为实际结构材料使用的只有 α 和 $\alpha+\beta$ 两种结构的黄铜。

α 固溶体的含锌量为 39％以下。凝汽器铜管的含锌量为 20％～30％。这种固溶体具有良好的韧性与冷热加工性能。

由铜锌两种元素组成的黄铜为简单黄铜。为了提高其抗蚀能力，常添加其他元素，如锡、铝等，称为特种黄铜。还可添加微量元素，如砷等，改善其耐蚀性能。

黄铜的牌号命名规定：字母 H 代表黄铜，H 后列出除锌以外的主要添加元素符号、含铜量数字（铜百分含量）、添加元素的量。我国生产的黄铜管大都添加微量砷，在其牌号最后标以 A 表示。常用的黄铜凝汽器管牌号为 68A 黄铜（代号 H68A）、70 - 1A 锡黄铜（代号 HSn70 - 1A）、77 - 2A 铝黄铜（代号 HAl77 - 2A）。

2. 黄铜的腐蚀特性

黄铜中铜的含量占 70％～80％，所以研究铜的腐蚀特性，可以说明黄铜的腐蚀行为。由图 2 - 9 所示的铜 - 水体系的电位 - pH 图可知，铜是热力学稳定的金属，其热力学免蚀区的电位较高，在电极电位为 -0.30～$+0.1V$ 以下的区域，可使铜处于免蚀区（酸性环境中为 $+0.1V$，中性与碱性环境中为 -0.30～$0.0V$）。

如果水中没有氧，铜很稳定。在有氧或氧化剂、NH_3、CN^-、Cl^- 等存在时，铜以离子或络离子形式存在，如 Cu^+、Cu^{2+}、CuO_2^{2-}、$[Cu(NH_3)_4]^{2+}$、$[Cu(CN)_2]^-$、$CuCl_2^-$ 等。铜发生腐蚀时生成氧化物或其他腐蚀产物，如 Cu_2O、CuO、$Cu(OH)_2$、$CuCO_3 \cdot Cu(OH)_2$ 等，其中 Cu_2O 和 CuO 具有一定的保护作用。

黄铜中锌的热力学稳定性及其腐蚀行为对黄铜影响较大。由图 2 - 12 所示的 Zn - 水体系的电位 - pH 图可知，锌在 pH < 7.0 时以 Zn^{2+} 形式溶解，在 pH > 10.0 时以 $HZnO_2^-$ 形式溶解。只有当电极电位为 $-1.0V$ 以下时才能进入免蚀区，而且在碱性环境中很难得到阴极保护。pH = 7.0～10.0 时，会形成 ZnO 表面膜而具有很好的耐蚀性，如果没有特殊的腐蚀物质，在中性环境中，黄铜能表现出较好的耐蚀性能。

如果黄铜遭受腐蚀，热力学稳定性较差的锌优先溶出。当有 NH_3 存在时，有残余应力的黄铜管会发生应力腐蚀破裂。

二、白铜

1. 白铜的化学成分

白铜是铜与镍的合金。当镍含量高时材料呈银白色金属光泽，所以称为白铜。镍含量为

10%以下的白铜为金红色。这类材料耐蚀性能强，尤其在海水中较稳定，耐氨腐蚀的性能优于黄铜，价格比黄铜高。从 20 世纪 70 年代后期，我国以海水作冷却水的凝汽器管开始使用白铜管。

白铜成分中镍与钴常合并计算，铁和锰含量也较高，但它们不影响白铜的耐蚀性。若镍的含量超过 50%，则为镍基合金。对于含镍＋钴 63%～65%、铁 1%～3%、锰 1%～2%、铜 28%～34%的合金，俗称蒙乃尔合金。它具有优良的耐腐蚀性能，在大气、淡水、海水及各种有机酸溶液及氢氟酸中很稳定。

白铜牌号的命名是以字母 B 表示铜镍合金，字母 B 后的数字表示含镍量。

2. 白铜的腐蚀特性

镍的热力学稳定性与铜相近，但是实际的综合耐蚀能力比铜好。这是由于镍在空气或水中产生纳米级的钝化膜，这种膜致密、稳定、自修复速度快。因此镍在高含盐量水中和海水中耐蚀性能比黄铜好，常把白铜管用于海水等强腐蚀介质中。随着白铜中镍含量的增加，其抗点蚀能力和抗氨蚀能力均有显著提高。

当白铜遭受腐蚀时，由于铜镍两种元素的氧化还原电位不同，表现为脱镍。白铜不易发生应力腐蚀破裂，但在缺氧的情况下，容易发生点蚀。

青铜是铜锡合金、铜铝合金、铜铅合金的总称。

第二节　凝汽器铜管的腐蚀形态

用于凝汽器管材的主要有含砷普通黄铜、锡黄铜和白铜，在水中铜合金表面是否能形成和保持完整的、具有保护性的氧化膜是关键。在有溶解氧的情况下，铜合金在除盐水或含盐量较低的冷却水中，其表面因均匀腐蚀会生成具有双层结构的氧化膜，图 11-1 所示为这种双层结构氧化膜形成的示意。氧化膜底层是氧化亚铜，这是由于在铜合金与水的界面上，铜合金被直接氧化，反应式为

$$2Cu+H_2O \rightleftharpoons Cu_2O+2H^++2e$$

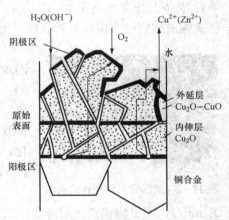

图 11-1　铜合金表面保护膜形成示意

该层是由铜合金材料的原始表面向金属内部逐渐生长的，称为内伸层。同时，铜和锌以及其他合金元素如镍、铝、铁等也分别被氧化生成 Cu^{2+}、Zn^{2+} 等。

氧化性物质进入金属或者金属离子从金属中迁出的途径有两条：一是穿过氧化亚铜层固相迁移，二是通过充满水的氧化层中的小孔液相迁移，通常是以后者为主。从金属中迁移到内伸层表面的 Cu^+ 和 Zn^{2+}，一部分被水流带走，另一部分则在内伸层的外表面上还原生成 Cu_2O 和 CuO 表层，反应为

$$2Cu^++H_2O+2e \rightleftharpoons Cu_2O+H_2$$

$$Cu^++H_2O+e \rightleftharpoons CuO+H_2$$

$$2Cu^++1/2O_2+2e \rightleftharpoons Cu_2O$$

$$Cu^++1/2O_2+e \rightleftharpoons CuO$$

这一层是从材料的表面向水相延伸生长，称为外延层。外延层的水相界面是阴极区，除上述阴极反应外，主要阴极反应是水中溶解氧的还原，反应为

$$O_2+2H_2O+4e \Longleftrightarrow 4OH^-$$

阳极反应区在内伸层的 Cu_2O 与金属界面上，电子通过导电的 Cu_2O 层从阳极区迁移到阴极区。

当水中含盐量（如氯化物）较大时，膜的氧化物晶格中的 O^{2-} 可能被 Cl^- 所取代，从而改变表面膜的性质。腐蚀产物主要是碱式铜盐，其保护性比氧化亚铜保护膜差，结果使铜合金的腐蚀速度加快 10～20 倍。所以在新的凝汽器铜管投入运行时，应尽量使用含盐量低的冷却水，以生成较好的初始表面保护膜。

凝汽器铜管表面的具有双层结构的膜质与水的温度有关。在较低温度时膜的形成速度较慢，生成的膜薄而且完整；在温度较高时膜的生成速度很快，但膜质较差。

若铜管表面在运行初期已形成良好的保护膜，运行期间不会再发生均匀腐蚀。但是，若保护膜破裂可能会发生局部腐蚀。由于凝汽器铜管壁厚只有 1mm，受到局部腐蚀时很易穿孔，使冷却水漏入凝结水，从而造成凝结水污染。在运行期间，铜管在水中可能会发生多种形态的局部腐蚀。

一、选择性腐蚀

选择性腐蚀是指合金中各组成元素在腐蚀介质中不按其比例溶解的现象，通常是合金中电位较低、相对较活泼的一种元素因电化学作用而被选择性溶解到介质中，电位较高的成分则留在合金中。例如，凝汽器黄铜管在冷却水中的脱锌腐蚀，锌优先溶出；对于铜镍合金，镍的优先溶出造成脱镍腐蚀等。

1. 黄铜脱锌腐蚀的分类

黄铜脱锌腐蚀有层状脱锌和栓（塞）状脱锌。

图 11-2　黄铜管层状脱锌的组织

（1）层状脱锌。黄铜管层状脱锌腐蚀的特征是在铜管的水侧表面出现范围较大的发红区域，这是一层不太致密的、连续的紫铜层。被腐蚀铜管的剖面有较明显的分层现象，在铜合金原来的金黄色层上有一层紫红色的紫铜层。铜管管壁没有或只有很少的减薄，几何形状没有明显变化，但机械强度却明显降低。黄铜管层状脱锌的组织如图 11-2 所示。

黄铜管的层状脱锌有两种情况，一是腐蚀速度小于 0.01mm/a，不影响铜管使用寿命；二是腐蚀速度超过 1mm/a，甚至大于 10mm/a，这会使铜管在几个月甚至几十天内大量腐蚀失效。

在低硬度、pH 值较低、含盐量较大的水中铜管易发生层状脱锌腐蚀。因而在海水作冷却水的凝汽器铜管中常见脱锌腐蚀。水中氯化物含量较高时，产生脱锌腐蚀的倾向增大。因为这类水的电导率很高，而且 Cl^- 容易穿透铜管表面的保护膜。

层状脱锌的腐蚀速度很高。H68 铜管在含盐量为 5000mg/L 以上的水中产生这种腐蚀。当黄铜管腐蚀减薄到 0.3mm 以下时，出现大量穿孔泄漏，有时剩余的黄铜厚度仅 0.1～0.2mm，这时铜管很容易断裂，会使冷却水大量漏入凝结水而污染凝结水。严重的层状脱锌使铜管丧失韧性，出现密集的小孔，表面产生裂纹或者开裂，甚至用手可把铜管捏碎。

(2) 栓（塞）状脱锌。与层状脱锌腐蚀相比，黄铜管的栓状脱锌腐蚀是更危险的一种腐蚀形式，因为这种腐蚀沿管壁垂直方向纵深发展，乃至穿透管壁，造成铜管泄漏。

栓状脱锌的特点是在水侧产生直径约 2mm 的圆形腐蚀斑点，上面有灰白色或淡绿色的腐蚀产物，主要是锌盐，如 $ZnCl_2$、$ZnCO_3$、和 $Zn(OH)_2$，清除腐蚀产物后，在铜管出现海绵状的紫铜塞。

当冷却水的含盐量超过某种黄铜管所能耐受的极限时，例如 H68 黄铜管在水中含盐量超过 400mg/L、HSn70-1 铜管在水中含盐量超过 3000mg/L 的情况下将产生栓状脱锌。当冷却水的 pH＞9.0 或 pH＜6.5 时，也可产生栓状脱锌。栓状脱锌腐蚀主要发生在铜管表面上保护膜不完整的部位，或有沉积物、水流动不畅、供氧不充分的部位。例如，在排水后未经吹干的凝汽器，与不流动的水相接触部位的铜管就可能遭受栓状脱锌腐蚀。

2. 黄铜脱锌腐蚀机理

对于黄铜的脱锌腐蚀机理有两种解释，即锌选择性溶解和溶解-沉淀历程。

锌选择性溶解是基于铜锌热力学稳定性不同，遭受介质腐蚀时，黄铜表面层中电极电位较低的锌优先溶出，表层下合金组织中的锌通过表层中的锌空位扩散出来继续溶解，合金中的铜仍留在原位。从金相组织看，脱锌处的黄铜变为紫红色的紫铜，但仍保持和基体金属相似的金相结构，这种历程称为锌的选择性溶解。溶解-沉淀历程认为，在黄铜遭受腐蚀时，铜和锌两种成分同时发生氧化溶解，但是由于铜离子的析出电位高于黄铜的自腐蚀电位，铜离子又对黄铜产生腐蚀使锌溶解而自身沉积在腐蚀部位上，形成一层紫铜层。这一层铜的金相组织与原来的黄铜组织不同，因而形成独立的相，称为溶解-沉淀历程。研究结果表明，这两种历程各自适用于不同条件，在不同腐蚀环境中，铜管的脱锌腐蚀按不同历程进行。

上述两种黄铜脱锌历程的解释，都是基于氧的阴极还原过程，但是对黄铜溶解的阳极历程解释不同，选择性溶解历程见式（11-1）；溶解-沉淀历程见式（11-2）和式（11-3）。

$$Cu-Zn \longrightarrow Cu+Zn^{2+}+2e \tag{11-1}$$

$$Cu-Zn \longrightarrow Cu^{2+}+Zn^{2+}+4e \tag{11-2}$$

$$Cu^{2+}+Cu-Zn \longrightarrow 2Cu+Zn^{2+} \tag{11-3}$$

通常认为，在黄铜的腐蚀速度小于 0.01mm/a 时，是较均匀的层状脱锌，黄铜以溶解-沉淀历程腐蚀，腐蚀速度低，对铜管寿命无影响；在较强烈的腐蚀介质中，黄铜产生局部腐蚀，是在有缺陷和耐蚀性薄弱处锌选择性溶解。这种选择性腐蚀的速度为 0~1mm/a，该速度对铜管使用有影响；如果腐蚀介质的腐蚀性很强，则对黄铜中的铜锌均产生腐蚀，但是铜离子和锌离子的表现行为不同，锌离子留在溶液中，铜离子又和铜发生电化学置换反应而析出，其腐蚀速度大于 3mm/a，为破坏性很强的层状脱锌。

3. 脱锌腐蚀的控制

铜管的腐蚀是由于循环冷却水的侵蚀性所致，影响脱锌腐蚀的主要因素是管材和水质。为使管材适应水的腐蚀性，应根据水质特点选取管材。

为了防止脱锌腐蚀，应防止凝汽器管壁有沉积物，必须维持管内冷却水的合适流速，以防管壁冷却不足、温度过高和冷却不均匀。在凝汽器停运时应排尽其中的水使之干燥保养。此外，向水中添加化学缓蚀剂可有效地抑制黄铜管的脱锌腐蚀。

二、铜管的点蚀

凝汽器铜管在冷却水中发生的点蚀是比较隐蔽、危害较大的一种腐蚀形式。因为腐蚀部位的尺寸很小，腐蚀坑大小往往只有 1~2mm，但其腐蚀速度很快，在短时内会使凝汽器管壁穿孔损坏。

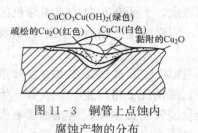

图 11-3 铜管上点蚀内
腐蚀产物的分布

1. 铜管点蚀的特征及机理

凝汽器铜管的点蚀坑大多集中分布在水平管道的底部，点蚀坑大致呈半球形或茶盘形。蚀坑中腐蚀产物的结构和排列具有相似的特征：白色的 CuCl 沉淀，其上有疏松的红色 Cu_2O 结晶，蚀坑表面上盖有一层绿色的碱式碳酸铜 $CuCO_3 \cdot Cu(OH)_2$ 和白色的 $CaCO_3$，如图 11-3 所示。

点蚀通常起源于铜管表面原有氧化膜的破裂处，此处电位较低，铜氧化生成的 Cu^+ 离子，与水中 Cl^- 离子生成 CuCl。在点蚀的初始阶段 CuCl、Cu^{2+}、Cu^+ 不稳定，发生水解生成更稳定的 Cu_2O，并使溶液局部酸化，反应为

$$2CuCl + H_2O == Cu_2O + 2H^+ + 2Cl^-$$
$$2Cu^{2+} + H_2O + 2e == Cu_2O + 2H^+$$
$$2Cu^+ + H_2O == Cu_2O + 2H^+$$

生成的 Cu_2O 晶体支撑着蚀坑口上的氧化亚铜膜。由于氧化亚铜膜具有电子导电的性质，因此蚀坑内一部分 Cu^+ 扩散迁移到蚀坑表面的氧化亚铜膜的内表面上时，被氧化为 Cu^{2+}，Cu^{2+} 又与基体金属铜作用生成 Cu^+，即

$$Cu^{2+} + Cu == 2Cu^+$$

导致蚀坑的扩展。蚀坑中另一些 Cu^+ 通过氧化膜上的破裂或缺陷处扩散到膜外而被水中的溶解氧氧化成 Cu^{2+}，即

$$4Cu^+ + O_2 + 2H_2O == 4Cu^{2+} + 4OH^-$$

然后在氧化亚铜膜的外表面上又被还原为 Cu^+，即

$$Cu^{2+} + e == Cu^+$$

腐蚀的二次过程在蚀坑口上形成碱式碳酸铜和碳酸钙等，反应为

$$4CuCl + Ca(HCO_3)_2 + O_2 == CuCO_3 \cdot Cu(OH)_2 + CaCO_3 + 2CuCl_2$$

这些产物堆积在蚀坑口形成一个突起的圆盖封住蚀坑。蚀坑内由于溶液的酸化和 Cu^+ 浓度的增加，促使生成稳定的 CuCl。上述铜管表面点蚀历程如图 11-4 所示。由此可见，铜管表面上的氧化亚铜膜在点蚀的形成过程中，其外表面起阴极作用，内表面起阳极作用，成为一种双极性的膜电极，从而在蚀坑内溶液酸性条件下形成基体金属铜的自催化氧化直至管壁穿透。

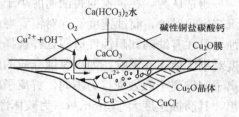

图 11-4 铜管表面点蚀形成历程示意

2. 铜管点蚀的原因及控制

多种因素会促进凝汽器铜管的点蚀，如当铜管内有沉积物时，造成沉积物下和溶液之间金属离子或供氧浓度有差异，形成腐蚀电池而导致局部铜管腐蚀；受污染冷却水中的硫化物会破坏铜管上的保护膜，且促使铜管发生点蚀，此外，温度差引起的热电偶腐蚀电池，往往会造成铜管的高温部位发生点蚀。

为了防止铜管在冷却水中发生点蚀，应当保持铜管表面清洁，在机组停用时应放掉凝汽

器中的存水。设法除去管内表面残留的如碳膜等电位较高的物质。采用阴极保护法，使铜管的电位降低到免蚀区。另外，向冷却水中持续不断地添加 Fe^{2+}，如投加 $FeSO_4$ 或电解金属铁，Fe^{2+} 在凝汽器管中发生腐蚀的部位氧化为高价氧化物，从而降低铜的电位。由于凝汽器管内冷却水流速太低时，有沉积物或滋生微生物，形成铜管表面局部闭塞电池的条件，易发生点蚀。为此，应经常用胶球连续清洗凝汽器管水侧表面，并对冷却水进行加氯杀菌处理，以保持铜管表面清洁，同时应保持管内水的流速应不低于 1m/s。

三、铜管的冲刷腐蚀

凝汽器铜管的冲刷腐蚀既可发生在水侧，又可发生在汽侧。这是由于水的冲击性或含有研磨粒子时，引起的机械损伤和腐蚀。

1. 铜管水侧的冲刷腐蚀

由于冷却水的湍流以及进入水流的漂砂或气泡等异物的冲刷作用，使凝汽器管产生冲刷腐蚀，这具有对黄铜管的机械冲刷使局部保护膜破坏和引起腐蚀的双重作用。保护膜被破坏部位的金属在冷却水中具有较低的电位而为阳极，保护膜完整部位电位较高为阴极，导致金属进一步腐蚀。

阳极过程　　　　　　　　$Cu \longrightarrow Cu^{2+} + 2e$

阴极过程　　　　　　$O_2 + 2H_2O + 4e \longrightarrow 4OH^-$

冲刷腐蚀的形貌特征是蚀坑沿水流方向分布，并且腐蚀坑为马蹄状顺着水流方向剜陷，蚀坑里无腐蚀产物，表面呈铜合金的本色。

冲刷腐蚀一般发生在流速高、水流流动紊乱和不断形成湍流的部位，例如凝汽器管水的入口端。

由于冲刷腐蚀既包含了机械力的作用，又有腐蚀作用，因此对一般腐蚀有影响的因素都对冲刷腐蚀有影响，其中主要因素有金属表面膜的性能、水的流速和水质等。

水的流速在冲刷腐蚀中起重要作用。随着水流速度加快和湍流的不断形成，对管壁的冲刷力也增大。特别是当水流中有气体而形成气泡时，可能在局部位置完全破坏管壁的保护膜和磨损基体金属，加剧冲刷腐蚀。冷却水中含砂粒时，砂粒对保护膜有冲刷腐蚀作用，含砂量及其种类对冲刷腐蚀有明显影响。

为了防止凝汽器铜管的冲刷腐蚀，应限制管内冷却水流速。一般情况下，黄铜管最高允许流速不超过 2.0～2.2m/s。在此流速范围内，含砂量和悬浮物低于 50mg/L 的清洁海水中，宜采用铝黄铜管；含砂量和悬浮物低于 300mg/L 的淡水中，宜采用锡黄铜管；普通黄铜管一般只适用于含砂量和悬浮物低于 100mg/L 的淡水中；白铜 B30 管的耐冲刷腐蚀性能较好，适于含砂量和悬浮物为 500～1000mg/L、允许最高流速达 3.0m/s 的海水中使用。

应防止水流在铜管内形成湍流状态，尤其在凝汽器铜管水的入口端，若使管口呈扇形，则流速变化缓慢，有利于防止湍流。

在冷却水中添加 $FeSO_4$，会在铜管表面形成沉积性的保护膜，有相当的抗冲刷腐蚀能力，而且能保护整根铜管不受侵蚀。

凝汽器铜管入口端 100～150mm 以内的管段，因受较强烈的湍流冲击，磨损比较严重。为防止该段的冲刷腐蚀，可以采用安装尼龙或聚氯乙烯衬套管的方法，但有时出现冲刷腐蚀内移现象，也可在铜管入口管壁涂刷添加增韧剂或聚硫橡胶的环氧树脂胶，以保护管口端不受冲刷腐蚀，还可采用阴极保护法，将铜管的管端电位控制为 $-1.0 \sim -0.9V$（相对 Ag/

AgCl），所需阴极保护电流密度为每平方米数百至数千毫安。

2. 黄铜管汽侧的冲刷腐蚀

由汽轮机排出的蒸汽流中含有大量水滴，其流速相当高，对凝汽器上部铜管有侵蚀作用。当锅炉机组的蒸汽参数较低时，或者低负荷运行时，汽轮机的排汽中水滴的冲刷作用增强，将引起铜管冲刷腐蚀。其特点是在迎着汽轮机排汽的一侧，铜管表面被排汽中的水滴冲刷成海绵状，比较轻的部位表面粗糙，表面膜被冲刷磨去后露出黄铜的光泽，严重的部位则出现针状孔的穿透。因此，在该部位可使用壁厚 2mm 的铜管。

当使用铝黄铜管时，由于两个隔板间铜管有一定垂度，铜管之间互相摩擦，可造成机械损伤，甚至穿孔，这种损坏主要发生在凝汽器上部迎着蒸汽的部位。蒸汽的冲击引起铜管振动，是铜管互相碰撞摩擦的主要原因。为消除铜管的振动摩擦损伤，可在铜管与隔板间插入竹片。

四、铜管的氨腐蚀

凝汽器铜管汽侧接触的是蒸汽或凝结水，其含盐量是非常低的。但是为了防止锅炉给水系统的腐蚀，通常对给水采用联氨进行化学除氧和加氨来提高 pH 值。由于蒸汽中的氨在空气冷却区和抽出区发生局部富集，并且该区域蒸汽凝结量很少，因而在凝汽器空抽区刚凝结的水滴中氨的浓度大大超过主蒸汽中氨的浓度，若同时有溶解氧存在，便会使这一区域的铜管汽侧发生氨腐蚀。

1. 铜管汽侧氨腐蚀的特点

黄铜管的氨腐蚀是由蒸汽侧向水侧腐蚀穿透，氨腐蚀失效的铜管集中在空冷区。氨腐蚀部位的合金呈金黄色，表明铜被腐蚀溶解，而且看不到腐蚀产物，表明腐蚀产物在水中是可溶性的。腐蚀形状呈虫蛀状，似小虫在泥地上爬行留下的痕迹，也像水流冲刷腐蚀而成。在腐蚀严重部位铜管被腐蚀穿透。

氨腐蚀的特征常常表现为铜管外壁的均匀减薄，有时在管壁上形成横向条状腐蚀沟，这多见于铜管支撑隔板的两侧。根据各种凝汽器的氨腐蚀可知，空冷区上部开放的氨腐蚀较轻，有隔板覆盖的氨腐蚀较严重，空冷区位于凝汽器中部的氨腐蚀更为严重。

2. 铜管的氨腐蚀机理

研究表明，在氨含量小于 100mg/L 时，纯铜和黄铜均无显著腐蚀；在氨含量大于 500mg/L 时，纯铜和黄铜都产生腐蚀，而且腐蚀速度随氨含量增加而增大。加除氧剂时腐蚀速度比未加除氧剂时低得多，而且黄铜的腐蚀速度比纯铜低。这表明，在含氧的溶液中，铜的氨腐蚀加剧，腐蚀速度与氧和氨的含量有关。

黄铜在有氧的水中，铜失去电子转移到溶液中，氧得电子还原为 OH^-。Cu^{2+} 与 OH^- 形成氢氧化铜，并可进一步转化为氧化铜，反应为

$$Cu \longrightarrow Cu^{2+} + 2e$$
$$O_2 + 4e + 2H_2O \longrightarrow 4OH^-$$
$$Cu^{2+} + 2OH^- \longrightarrow Cu(OH)_2$$
$$Cu(OH)_2 \longrightarrow CuO + H_2O$$

当水中氨含量大于 300mg/L 时，氨与氢氧化铜生成铜氨络离子，反应为

$$Cu(OH)_2 + 4NH_3 \longrightarrow [Cu(NH_3)_4]^{2+} + 2OH^-$$

由于腐蚀产物是可溶性的络离子，腐蚀过程会不受阻止的进行下去。

运行实践表明，凝汽器铜管氨腐蚀主要集中在空冷区，并非在所有凝汽器铜管上都发生腐蚀，说明氨在空冷区富集。因此，凝汽器铜管汽侧氨腐蚀的主要原因有以下几点：

（1）空冷区的水汽中氨含量高于主凝汽区。由铜管汽侧氨腐蚀的分布区域和部位可知，铜管氨腐蚀发生在空冷区，对同一根铜管而言，氨腐蚀发生在接近管板的隔板处，这是由于含氨水滴在铜管表面缓慢流动造成的腐蚀。

汽轮机的排汽在凝汽器中凝结。进入空冷区的有氮、氧、二氧化碳和氨以及少量蒸汽。由于空冷区凝结水量很少，蒸汽凝结水沿管板或隔板流动，含氨的水滴沿着铜管表面缓慢流动，就形成了既像虫蛀，又像水流蚀刻的痕迹。

（2）空冷区的特殊构造使氨含量局部过高。通过对多台凝汽器空冷区的水进行测定，空冷区凝结水中氨含量高于主凝结水，而且不同构造的凝汽器，氨含量差别很大。

凝汽器空冷区布置在凝汽器下部的两侧，空冷区内不设挡板，这类凝汽器空冷区的水中含氨量比主凝结水高 10～30 倍；如果在空冷区设置小挡板，使进入空冷区的蒸汽进一步减少，则其凝结水的含氨量比主凝结水高 50～400 倍。

有的机组凝汽器的空冷区布置在凝汽器中间位置，这类机组铜管的氨腐蚀相当严重。其原因是进入空冷区的蒸汽量少，且由于空冷区位置较高，蒸汽中不带水滴，氨可在水中富集到 300mg/L 以上，引起该区域铜管汽侧氨腐蚀。

3. 汽侧铜管氨腐蚀的控制

凝汽器空冷区的结构对该区内铜管的氨腐蚀有较大影响。凝汽器空冷区内不应设置铜管，否则会影响气体从凝汽器中引出，使氨富集程度加剧。

在凝汽器空冷区装设耐氨腐蚀性能较好的管材以防止氨腐蚀。试验表明，白铜 B30、不锈钢均具有很好的耐氨蚀性能，在含氨量达 7000mg/L 的水中仍无明显的氨腐蚀。此外，钛管耐氨腐蚀的性能更加优良。

在凝汽器空冷区加装喷水装置，向空冷区喷入少量凝结水或联氨溶液，使该区凝结水中氨的浓度稀释至 10mg/L 以下，同时还可以降低空冷区的氧含量，并增强黄铜管表面膜的保护性能。

溶解氧加速铜管氨腐蚀，因此，应保证机组运行中汽轮机低压缸与凝汽器的严密性，防止空气漏入。另外，在保证给水系统 pH 值合格的前提下，应尽量降低加氨量，既能减轻空冷区氨腐蚀，又可延长凝结水处理系统中混床的运行周期。

五、铜管的应力腐蚀破裂

黄铜的应力腐蚀破裂是最典型的特定材料在特定介质中的腐蚀，凝汽器铜管的应力腐蚀破裂后果很严重。

凝汽器铜管的应力腐蚀主要发生在机组投产后的三年内，尤其在冬季更容易发生，因此，曾被称为黄铜的"季节裂"。发生应力腐蚀破裂的黄铜管断口为整齐的脆断。在断口有时可看到腐蚀痕迹，但是大多无明显腐蚀。

黄铜管应力腐蚀破裂的特征是在铜管上产生纵向或横向裂纹，严重时甚至裂开或断裂，裂纹以沿晶裂开为主。

1. 黄铜管应力腐蚀破裂

材料发生应力腐蚀破裂的条件是材料本身对应力腐蚀破裂敏感、足够大的拉伸应力、特定的介质环境。导致凝汽器黄铜管发生应力腐蚀破裂的应力来自两方面：一是在铜管生产、运输和安装过程中的残余应力;二是运行过程中外界施加于铜管的应力。此外,在运输、安装时受到机械碰撞,以及在与管板胀接的过程中,都会造成铜管内有较大的残余应力。

凝汽器运行时,支撑铜管的隔板之间有一定距离,在自重和冷却水重量的作用下,铜管往往发生弯曲,使管材内应力增大。此外,由于凝汽器铜管与凝汽器外壳材料的膨胀系数不同,而且受到汽轮机排汽和凝结水的冲击,铜管发生振动等原因也会使铜管的内应力增大。能够引起黄铜管应力腐蚀破裂的环境因素主要有氨、胺类、汞盐及含硫氧化物的溶液等。在凝汽器运行条件下,其空冷区和空抽区水中氨的浓度比较高,而且随空气漏入氧,形成铜管应力腐蚀破裂的环境。

试验表明,在 pH=7.1~7.3 及 pH=11.2~11.5 两个范围内,电位分别为 0.25V 和 -0.04V 时,黄铜发生应力腐蚀破裂的速度较快。

黄铜管在含氨的溶液中发生应力腐蚀破裂时,裂纹的尖端为阳极,合金成分不断溶解生成 $[Cu(NH_3)_4]^{2+}$ 和 $[Zn(NH_3)_4]^{2+}$,使裂纹不断扩展,而裂纹两侧则为 Cu_2O 膜所保护,铜和锌与氨生成的可溶性络离子,加速了黄铜管的应力腐蚀破裂。

黄铜管的应力腐蚀破裂与合金中锌的含量、内应力大小及周围介质成分有关。锌的含量低于 6% 时不产生应力腐蚀破裂。随着锌含量升高,应力腐蚀破裂倾向明显增大,含锌量为 40% 的黄铜开裂倾向为含锌量 10% 时的 10 倍以上。

2. 控制途径

防止凝汽器铜管的应力腐蚀破裂,应从管材的选择、消除铜管的内应力及改善介质条件等方面采取措施。

各种铜合金耐应力腐蚀破裂的性能有很大差别。铜镍合金以及含锌量在 20% 以下的黄铜耐应力腐蚀破裂性能较好。含锌 20% 以上的黄铜,特别是锡黄铜在氨性环境中对应力腐蚀破裂敏感。在淡水中铝黄铜管也容易发生应力腐蚀破裂。

应尽量减小铜管的应力,铜管的残余应力大于 80MPa 时,在运行中很容易出现破裂;低于 20MPa 时,在运行中产生破裂的倾向明显降低。为保证机组安全运行,尽量使其内应力不大于 10MPa。当发现铜管有残余内应力时,可使用 350℃ 以上蒸汽加热退火,时间不少于 3h。检查黄铜管内应力一般使用氨熏法。

在所有腐蚀介质中,氨引起腐蚀破裂的倾向最大。在能保证钢铁设备不受腐蚀的前提下,尽量降低氨的含量,不仅对防止铜管氨腐蚀有利,也利于防止应力腐蚀破裂。另外,防止空气漏入系统,降低水中的溶解氧也有利于防止黄铜管应力腐蚀破裂。

六、黄铜管的腐蚀疲劳

凝汽器铜管发生的腐蚀疲劳,多在其中段出现较短的横向裂纹,分支较少,并且呈穿晶型腐蚀特征。通常裂纹起源于一些点腐蚀或铜管表面的某些薄弱点。

在运行中,凝汽器铜管受到汽轮机高流速排汽的冲击,铜管受交变应力的作用,管束发生振动,易使铜管的表面膜破裂,产生局部腐蚀,形成点蚀,使材料疲劳极限降低。由于应力集中在蚀点处,使点蚀坑底部产生裂纹,在水中 NH_3、O_2、CO_2 等的侵蚀下逐渐扩展破裂。这种腐蚀疲劳破裂易发生在铜管的两个支撑隔板所跨的中段。铜管在汽轮机排汽的冲击下,常常呈扭曲状振动。此外,腐蚀介质温度交变也会使铜管内产生交变应力,同样会导致铜管的腐蚀疲劳破裂。

为防止铜管产生腐蚀疲劳,应改进凝汽器的结构和安装方式,防止运行中凝汽器铜管发生剧烈振动，并且尽量降低水的侵蚀性。

七、电偶腐蚀

凝汽器管所用材料与管板材料往往不同。例如，用淡水作冷却水的凝汽器，管材通常选用黄铜或白铜，管板材料选用碳钢或锡黄铜 HSn62-1；用海水作冷却水的凝汽器，管材常用铝黄铜、白铜以及钛，或耐海水腐蚀的奥氏体不锈钢，管板采用锡黄铜 HSn62-1 或使用与凝汽器管材相同的材质。由于管材与管板材质在冷却水中的电位不同，所以在凝汽器管与管板之间存在电偶腐蚀的可能。

试验表明，以淡水或海水作冷却水时，凝汽器黄铜管与碳钢管配合的情况下，碳钢的电位比黄铜的电位低得多，因而使碳钢管板腐蚀加快。但碳钢管板的厚度一般为 25～40mm，因此在清洁淡水中，电偶引起的腐蚀对使用安全性影响不大。但在污染的水质中，有其他腐蚀因素的影响，与铜管接触处的碳钢管板将严重腐蚀，其表面凹凸不平，形成较深的腐蚀坑，沿胀口处的腐蚀可能造成凝汽器泄漏。

因此，在冷却水中，凝汽器管板除了自身的腐蚀外，还会发生电偶腐蚀。可采取阴极保护的方法防止管板腐蚀。

八、微生物腐蚀

冷却水中 S^{2-} 的含量大于 $0.02mg/L$ 时，会加速铜合金的腐蚀损坏。水中的硫化物来源于含硫有机物的腐败所产生的有机硫和水中的硫酸盐在缺氧条件下被硫酸盐还原细菌还原生成的 H_2S，其反应为

$$SO_4^{2-}+8H \xrightarrow{\text{细菌}} H_2S+2H_2O+2OH^-$$

1. 微生物腐蚀的机理

冷却水中的硫化物能破坏铜管表面的氧化亚铜保护膜，它与铜生成硫化亚铜，其晶格有缺陷而没有保护性，会加速铜合金腐蚀。一般地，海水中 S^{2-} 含量为 $0.05mg/L$ 时，就会引起铜合金的严重点蚀或晶间腐蚀。

在凝汽器碳钢管板上的微生物活动，会促进碳钢在冷却水中的电化学腐蚀过程，加速管板腐蚀，称为微生物腐蚀。微生物腐蚀具有点蚀的特征，一般只发生在凝汽器进水侧的管板上铜管胀口的周围。腐蚀部位有泥渣沉积和腐蚀产物时，清除泥渣和腐蚀产物后可见到腐蚀坑，腐蚀坑内靠近金属表面的腐蚀产物为黑色、有臭味。腐蚀产物及沉积物内有机质含量可达 20%、硫化亚铁达 3%～5%。在污泥中常检测到硫酸盐还原细菌，因此，这是一种由硫酸盐还原细菌导致的微生物腐蚀。

硫酸盐还原细菌是一种厌氧菌，其生存和繁殖条件为温度 25～40℃，pH＝5.5～9.0。硫酸盐还原细菌促进钢铁腐蚀的历程为

阳极反应　　　　　$4Fe \longrightarrow 4Fe^{2+}+8e$，$8H_2O \longrightarrow 8H^++8OH^-$

阴极反应　　　　　$8H^++8e \longrightarrow 8H$（析出的氢原子吸附在铁表面）

细菌的阴极去极化

$$SO_4^{2-}+8H \text{（吸附）} \xrightarrow{\text{细菌}} S^{2-}+4H_2O$$

腐蚀产物的生成

$$Fe^{2+}+S^{2-} \longrightarrow FeS$$
$$8Fe^{2+}+6OH^- \longrightarrow 3Fe(OH)_2$$

总反应为

$$4Fe+SO_4^{2-}+4H_2O \xrightarrow{\text{细菌}} FeS+3Fe(OH)_2+2OH^-$$

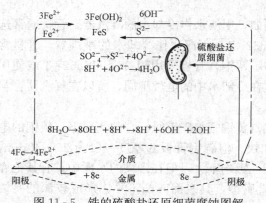

图 11-5 铁的硫酸盐还原细菌腐蚀图解

图 11-5 所示为铁的硫酸盐还原细菌的腐蚀历程示意。由图可知，硫酸盐还原细菌在钢铁表面的阴极区，把硫酸盐生物催化还原为硫化物，在此过程中消耗了在金属表面上的吸附 H 原子，从而降低阴极极化，加剧钢铁腐蚀。

冷却水中常存在另一种好氧菌即铁细菌，它依靠 $Fe^{2+} \longrightarrow Fe^{3+}+e$ 过程中释放的能量来维持生命活动。生成的 Fe^{3+} 在细菌表面生成 $Fe(OH)_3$ 沉淀，其底部形成缺氧条件，为厌氧的硫酸盐还原细菌提供了合适的生存环境。因此，在铁细菌和硫酸盐还原细菌的联合作用下，钢铁腐蚀就更加严重。

2. 微生物腐蚀的控制

通过在冷却水中投加 $FeSO_4$，在凝汽器铜管表面生成保护膜，在碳钢管板表面涂刷掺有杀菌剂的保护层，对冷却水进行加氯处理等，防止微生物腐蚀。

在冷却水中加 $FeSO_4$ 控制硫化物对铜管的腐蚀，必须在凝汽器投运前进行。用含 $FeSO_4$ 的清洁水对铜管进行预处理，使铜管表面形成具有保护性的氧化膜。

冷却水中加入氯气或液氯可以防止微生物腐蚀，主要是由于氯在水中水解生成强氧化性的 HClO 可杀死微生物和细菌，反应为

$$Cl_2+H_2O \longrightarrow HClO+HCl$$

次氯酸在水中进一步发生电离，即

$$HClO \Longrightarrow H^++ClO^-$$

电离度取决于水的 pH 值，一般在 pH>6.5 时发生强烈电离。pH>7.5 时，电离产生的 H^+ 会被中和，因此会加速 HClO 的电离，从而加速氯的水解。这样，使冷却水中投加的氯很快被消耗，随着水的 pH 值升高，氯的杀菌效果下降。这是由于起杀菌作用的主要是 HClO 分子，ClO^- 的杀菌作用极微。所以，在水的 pH 值比较低的条件下，加氯处理效果更好。

一般在冷却水中只要保持 0.20~0.25mg/L 的余氯，就能有效控制水中的微生物，同时也不会对凝汽器铜管产生危害。水中含有 Fe^{2+}、H_2S 等时，它们会与氯或次氯酸作用而消耗氯，降低杀菌效果。若水中有氨，Cl_2 与氨反应生成氯胺类化合物 NH_2Cl、$NHCl_2$、NCl_3 等，使杀菌效果大大降低。

还可采用二氧化氯（ClO_2）处理冷却水。ClO_2 是氧化型的杀菌剂，在 pH=6.0~10.0 范围具有较好的杀菌作用，不受氨的影响，并且加药量少、作用快，杀菌能力为氯气的 25 倍。ClO_2 不仅能杀死细菌、藻类等微生物，还能杀死病毒。ClO_2 对金属的腐蚀也比氯轻，因此，对于防止循环冷却水系统的微生物腐蚀，是一种较好的药剂，但 ClO_2 易发生爆炸，所以必须在现场生产。

第三节 凝汽器腐蚀的控制

一、凝汽器管材的选择

在一般情况下，应保证凝汽器管的使用年限不少于 15 年。应根据水质选取凝汽器管材，若管材不能适应水的侵蚀性，则会在短期内失效。

根据水中各种成分对管材耐蚀性的影响程度，以水中溶解固形物和 Cl^- 含量、悬浮物和含砂量以及表示水质污染的指标作为选材的主要依据。

冷却水中的悬浮物和砂粒是引起凝汽器管冲刷腐蚀和沉积物下局部腐蚀的重要原因，无论在海水或淡水中对管材的腐蚀都有较大的影响。

根据凝汽器管材在冷却水中的腐蚀特性和主要影响因素以及运行经验，管材选择原则见表 11 - 1。

表 11 - 1 不同水质下的管材选择原则

管材	pH 值	溶解固形物（mg/L）	悬浮物（mg/L）	流速（m/s）	说明
H68A	7.5～8.2	≤300	<100	≤2.2	直流冷却、水体清洁
HSn70 - 1A	7.5～8.5	≤1000	<200	≤2.5	防垢、防垢处理、水体清洁
HSn70 - 1B	7.5～8.5	≤3000	<200	≤2.5	防垢处理、pH 值调节、水体清洁
HAl77 - 2A	7.5～8.5	3000、海水	<50	≤2:0	漂砂小于 20mg/L、水体清洁
B10	7.5～9	3000、海水	<100	≤2.2	漂砂小于 50mg/L、咸水、水体清洁
B30，BFe30+1	7～10	海水、空冷区	<500	≤2.5	海水、空冷区防氨蚀
Ti	不限	海水	<1000	≤3.5	海水、核电厂

（1）H68A 黄铜管适于在直流冷却的淡水中使用。H68A 抗脱锌能力差，在 pH＝7.5～8.0 的清洁淡水中能长期使用，水的溶解固形物应低于 300mg/L，Cl^- 含量应小于 50mg/L，并且允许的冷却水流速最大不超过 2.0m/s。

使用江河水直流冷却时，冷却水质可满足上述要求，因此，可选用 H68A 铜管。当冷却水为循环方式时，由于要投加阻垢剂类水处理药剂，水的 pH＞8.3。同时，在水的浓缩倍率较高时，水中溶解固形物和侵蚀性离子的含量也提高，不宜使用 H68A 铜管。

（2）HSn70 - 1A 锡黄铜管是国内外在淡水中使用较广泛的管材，一般用于溶解固形物小于 1000mg/L、Cl^- ＜150mg/L 的冷却水中。锡黄铜管比 H68A 铜管抗脱锌能力强，在 pH＝7.5～8.5 的清洁淡水中耐蚀性良好。该管材抗冲刷腐蚀能力强，当水中悬浮物含量低于 300mg/L，或者漂砂含量低于 10mg/L 时，可正常使用。冷却水最高允许流速不超过 2.5m/s。在管表面有碳膜等有害膜及沉积物的情况下，容易发生点腐蚀。但如果在投入使用初期形成了良好的保护膜，往往有较长的使用寿命。

在我国，大多天然水中溶解固形物低于 300mg/L，当采用循环冷却方式时，水的浓缩倍率不超过 3.5，可使用 HSn70 - 1A 铜管。这种情况下可采用的循环水处理方法如水质稳定剂处理、进行 pH 值调节的石灰处理、硫酸中和处理等。

　　（3）HAl77 - 2A 铝黄铜可用于清洁海水中，但铝黄铜管不耐冲刷腐蚀，当水中悬浮物含量达 50mg/L，或者漂砂含量达 20mg/L 时，在其入口可发生冲刷腐蚀，腐蚀速度达 0.05～0.15mm/a。在使用海水作冷却水时，水流的最高允许流速不能超过 2.4m/s。铝黄铜管在淡水中容易发生应力腐蚀破裂、腐蚀疲劳和点蚀等。因此，HAl77 - 2A 管在咸水、淡水交替的冷却水中不宜使用。

　　（4）B30 白铜管耐磨蚀、耐氨蚀和耐海水腐蚀性能较好，可用于悬浮物和含砂量较高的水中或凝汽器氨富集浓度较高的空冷区。B30 白铜管耐冲刷腐蚀性能优于黄铜管，因此可在冷却水流速较高的情况下使用。在淡水中允许流速可达 4.5m/s，在海水中允许 3.6m/s。B30 铜管在清洁海水中耐腐蚀，但表面有污垢、沉积物时易发生点蚀。

　　（5）钛管在海水、淡水中均有很好的耐蚀性，但价格昂贵。

　　（6）凝汽器采用不锈钢管（如 AlSi304，316 管）具有机械性能好、耐冲刷腐蚀等优点，允许冷却水流速较高（大于 3.0m/s）。但不锈钢管在海水中易发生点蚀、缝隙腐蚀及应力腐蚀破裂，故一般只用于淡水中。

　　对于凝汽器管板材料的选用，溶解固形物含量小于 2000mg/L 的冷却水，可选用碳钢板，但必须加防腐蚀涂层。海水作冷却水的凝汽器，管板材料可选用 HSn62 - 1 黄铜板或采用与凝汽器管材质相同的管板。

二、凝汽器铜管的维护

　　凝汽器铜管在投运 3 年后进入稳定运行的阶段，在 10 年之内泄漏率很低。但是如果维护不当，也会在 5～10 年内失效。期间如果循环水处理不当，铜管会产生脱锌或点蚀，也可因冲刷腐蚀导致泄漏。

　　酸洗可使铜管表面膜全部破坏，如果酸洗后未进行硫酸亚铁成膜保护，就会发生腐蚀。当凝汽器停用时间较长而未放水时，铜管可产生停用腐蚀，白铜管更为明显。

　　为了防止凝汽器铜管腐蚀，必须对循环水进行阻垢、防垢处理。对铜管表面进行处理，投放胶球，保持铜管表面清洁，在冷却水中加 $FeSO_4$ 成膜处理或加铜试剂和缓蚀剂，使铜管表面形成保护膜，尽量保持循环水的 pH 值为 7.5～8.5。

三、凝汽器铜管的表面保护处理

　　保持凝汽器铜管表面清洁，并有良好的保护膜是十分重要的。这不仅能减轻因铜管表面有沉积物而影响换热，并且能减少铜管发生腐蚀的可能性，延长凝汽器的使用寿命。减少运行中的泄漏，更主要的是减轻了锅炉的腐蚀与结垢。

（一）胶球清洗

　　用胶球清洗凝汽器管内表面可在运行中连续清理铜管表面污垢、沉积物。胶球是由发泡橡胶制成的多孔隙、能压缩的圆球，有普通胶球和金刚砂胶球两种。胶球吸满水后，其密度与水相近，其直径比凝汽器管径约大 1mm。

　　胶球投入冷却水中后，利用冷却水的流动压力，胶球随冷却水流通过铜管，依靠胶球与铜管内壁的连续摩擦作用，将管壁上的附着物擦去，同时防止新的附着物黏着在管壁上。因此，在恢复凝汽器真空度和防止铜管腐蚀方面很有效，胶球清洗装置如图 11-6 所示。

　　胶球清洗的频率和用球量视具体情况而异。根据凝汽器管内附着沉积物的种类及沉积速度，通过试验确定清洗频率和投球量。一般每台凝汽器所需胶球量为凝汽器管总数的 5%～10%。一次清洗每根管平均通过 3～5 个球。每次投球清洗间隔时间根据试验而定，每星期一次或每天一次。

如果凝汽器管壁脏污严重或者新铜管表面有碳膜等有害膜，可根据情况采用表面粘有碳化硅磨料的胶球来清洗，这种胶球俗称金刚砂球。使用金刚砂球要慎重，可能会擦伤铜管的表面保护膜，特别是当铜管表面有点蚀坑时，会"撕裂"

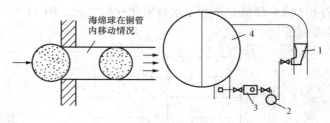

图 11-6 凝汽器胶球连续清洗系统
1—回收器；2—循环泵；3—加球室；4—凝汽器

蚀坑下较薄的管壁而造成泄漏。即使用普通胶球清洗，也要选择适宜的清洗条件，清洗频率不宜过高，否则也会损害铜管保护膜。

采用胶球清洗还可以间接减少冷却水中的加氯量，有时甚至可以不再加氯。此外，在用 $FeSO_4$ 进行铜管表面保护处理时，同时加胶球清洗，可以改善表面保护膜的质量，使化学药剂成膜效果更好。

（二）化学成膜保护

在冷却水中加化学药剂进行铜管表面膜保护处理会有效解决凝汽器铜管的多种腐蚀问题。明显改善铜管的耐冲刷腐蚀性能，减小铜管对点蚀的敏感性。

1. $FeSO_4$ 成膜保护

用 $FeSO_4$ 进行凝汽器铜管表面保护处理，$FeSO_4$ 在铜管表面能形成沉积性的保护膜，有相当强的抗冲刷腐蚀性能，能保护整根铜管不受侵蚀。

往冷却水中加 $FeSO_4$，或用铁作阳极的电解法使水中含有 Fe^{2+}，会在铜管表面原有的氧化铜膜的基础上形成一层铁的氧化物保护膜。在这种情况下，铜管的表面膜由两层氧化膜组成，外层膜主要是无定形或微晶的水合氧化铁 γ-FeOOH，厚度大约 $50\mu m$，内层膜主要是氧化亚铜和少量锌的氧化物或氢氧化物，仅有极少量的水合氧化铁，厚度为 $10\sim15\mu m$。依靠两层中间的铁、铜、锌等元素的分布交错将两层膜紧密联系在一起。将 $FeSO_4$ 加入水中后，进行水解和氧化，最终生成水合氧化铁，反应为

$$FeSO_4 + 2H_2O \longrightarrow Fe(OH)_2 + 2H^+ + SO_4^{2-}$$
$$4Fe(OH)_2 + O_2 + H_2O \longrightarrow 4Fe(OH)_3 \longrightarrow 4\gamma\text{-}FeOOH + 4H_2O$$

因 $Fe(OH)_3$ 的溶解度极小，在中性或弱酸性溶液中优先沉淀。沉淀出来的 $Fe(OH)_3$ 立即转化成水合度更低的 γ-FeOOH 胶体离子，形成的 FeOOH 胶体离子带负电荷，被铜管表面因均匀腐蚀形成 Cu_2O 膜的正电场（Cu_2O 的动态电位多为正）所吸引，而电泳沉积到铜管表面上。

保持铜管表面有一层新鲜、完整、表面清洁的 Cu_2O 对铜管表面形成良好的水合氧化铁膜是很重要的。如果铜管表面比较清洁，则不必酸洗，用胶球清洗即可。有时胶球清洗后，再用 1%NaOH 溶液循环 2h，排放后再用冷却水冲洗。若铜管表面有污垢，则必须酸洗，酸洗后用水冲洗，用 $0.5\%\sim1\%$ 的 NaOH 溶液循环 2h，再用水冲洗。通过小型试验，确定合适的条件，力求使铜管表面形成良好的 Cu_2O 膜。

影响 $FeSO_4$ 成膜的因素主要有水中 Fe^{2+} 浓度、Fe^{2+} 的水解氧化时间、水温和 pH 值，以及水中溶解氧的含量、水的流速等。

水中加入的 Fe^{2+} 浓度越大，生成的水合氧化铁量也就越多；但若 Fe^{2+} 浓度太大，则水

的 pH 值会降低，不利于水合氧化铁的生成。图 11-7 所示为水中水合氧化铁浓度与 Fe^{2+} 浓度的关系。

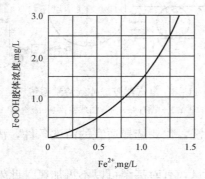

图 11-7 水中 FeOOH 浓度与
Fe^{2+} 浓度的关系

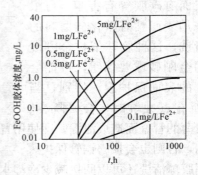

图 11-8 水中 FeOOH 浓度与
反应时间的关系

将 Fe^{2+} 加入冷却水后水解氧化生成水合氧化铁的过程需要一定的时间，图 11-8 所示为水中水合氧化铁的浓度与反应时间的关系。可见，冷却水系统中 $FeSO_4$ 加入点离铜管的距离要合适。用电解铁阳极法产生的 Fe^{2+} 活性较大，一般将铁阳极设置在凝汽器水室中。

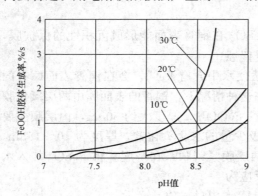

图 11-9 FeOOH 生成速度与 pH 值的关系

水中水合氧化铁的形成速度与水温和 pH 值有关。形成速度随水温提高而增大，一般以 10～35℃ 为佳，水温太低，水合氧化铁的形成速度太慢；水温高于 40℃ 时，由于 Fe^{2+} 氧化过快会影响膜的质量。在一定范围内水合氧化铁的形成速度随 pH 值的增加而增大。pH 值低时，水解氧化生成的水合氧化铁浓度太低，不易形成良好的保护膜；当 pH>8.5 时，水中的铁大量沉淀为氢氧化物影响膜质。一般在采用大剂量 $FeSO_4$ 一次造膜工艺时，应控制溶液的 pH=6.5～7.5 范围内。图 11-9 所示为水合氧化铁生成速度与 pH 值的关系。

水中溶解氧含量对 $FeSO_4$ 造膜的膜质影响较大。因为 Fe^{2+} 只有氧化为水合氧化铁胶体后才能成膜。当水中溶解氧含量不足时，Fe^{2+} 不能充分氧化，可生成含 Fe^{2+} 和 Fe^{3+} 的绿色或黑色的氧化膜而影响膜质，所以应保证足够的氧化时间。若采用敞口系统而且用工业水调节 pH 值，则可得到改善。也可在铜管接触 $FeSO_4$ 溶液一段时间后排空溶液，将铜管表面暴露在空气中进行"曝光氧化"，反复多次进行，使所成的膜均匀、致密。

凝汽器管均为水平安置，在大剂量 $FeSO_4$ 一次造膜工艺中，$FeSO_4$ 循环泵的容量小，溶液在铜管内流速较低，一般为 0.1m/s，因此会在管的下半部沉积大量氢氧化铁，影响膜质。所以应尽可能提高流速，最好达到 1m/s。

$FeSO_4$ 成膜保护的方法一般有一次性造膜工艺和运行中造膜工艺。

一次性造膜工艺就是在新机组投产前或停机检修时，设置专门的系统，用大剂量 $FeSO_4$ 溶液进行造膜处理。图 11-10 所示为一次性造膜工艺的装置系统。一次性造膜工艺条件为：

Fe^{2+} 浓度 200mg/L，不低于 50～100mg/L；pH＝6.5～7.5；溶液温度为 10～35℃；循环流速大于 0.2m/s；循环时间为 96h。

运行中造膜工艺可采用胶球清洗和 $FeSO_4$ 处理相结合的方式。一般在凝汽器正常运行后进行经常性的运行中造膜处理。工艺条件为：凝汽器投运前，先通冷却水，使其流速达到 1～2m/s，投入胶球清洗，使铜管表面清洁无污垢，在凝汽器入口冷却水中连续加入浓度为 10% 的 $FeSO_4$ 溶液，控制入口水中 Fe^{2+} 浓度为 1～3mg/L 或出口水中 Fe^{2+} 浓度不低于 0.5mg/L。连续处理 90～150h。处理过程中每 6～8h 进行胶球清洗 0.5h，以除去造膜过程中铜管表面疏松的沉积物。$FeSO_4$ 溶液的加入点应设在距凝汽器入口 15～20m 的位置，冷却水温度应高于 10℃。在凝汽

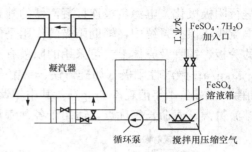

图 11-10　凝汽器 $FeSO_4$ 一次性造模工艺装置系统

器正常运行后，每天或每两天向冷却水中加一定浓度的 $FeSO_4$，控制入口水中 Fe^{2+} 浓度低于 1mg/L。如果采用铁阳极电解法，因 Fe^{2+} 活性很高，应使 Fe^{2+} 浓度在 0.01～0.05mg/L。

运行中 $FeSO_4$ 处理与加氯处理不能同时进行，因为氯是氧化剂，会迅速氧化 Fe^{2+}，使两者的处理效果都降低。若两者错开 1h 以上，则无影响。

$FeSO_4$ 处理使铜管表面生成水合氧化铁膜，提高了铜管腐蚀过程中阴、阳极的极化率，对阴极过程的阻滞比对阳极过程的阻滞显著。因此，水合氧化铁膜主要起阴极缓蚀作用，是一种比较安全的膜。但是，如果在有膜的管内表面污脏、有沉积物，在沉积物处仍有可能诱发点蚀。

2. 铜试剂成膜保护

铜试剂即二乙氨基二硫代甲酸钠，分子式为 $(C_2H_5)_2NCSSNa \cdot 3H_2O$。凝汽器铜管用铜试剂造膜处理是保护铜管的有效方法，铜试剂与铜反应能形成具有良好保护性的络合物膜。

铜试剂造膜工艺要求对旧铜管要进行酸洗，新铜管可用 1%～2% 的 Na_3PO_4 清洗，以保证铜管表面无垢、无油污。用凝结水配成 0.2%～0.4% 的铜试剂溶液，溶液温度保持为 55～60℃，pH＝7.0～10.0。在铜管中进行循环，每循环 0.5h，静泡 2h，反复进行 40h，然后将溶液排放。最后，在铜管外侧通入 70～80℃ 的热水以烘干在管内表面的保护膜。待管内表面的保护膜彻底烘干后即可投入运行。

铜试剂所成的膜烘干后硬度较高、耐磨，但未烘干时很容易被擦掉。膜呈棕黄或棕红色，有光泽。使用铜试剂造膜价格较昂贵。

此外，还可使用 MBT（2-巯基苯并噻唑）对凝汽器管进行造膜处理，控制溶液中 MBT 为 40～60mg/L，溶液 pH＝9.0～10.0，循环 170h 以上。

四、凝汽器的阴极保护

为控制和减缓凝汽器的腐蚀，可用阴极保护技术。将阴极电流施加到凝汽器被保护部位的金属表面，使之进行适当的阴极极化，降低金属在介质中的电极电位以减小其腐蚀速度。在凝汽器中装设阴极保护装置，可防止管板的电偶腐蚀和铜管端部应力腐蚀、脱锌腐蚀、冲刷腐蚀等。牺牲阳极保护法一般只适用于小型凝汽器，大型凝汽器则使用外加电流的阴极保

护系统。

外加电流阴极保护法是依靠外部的直流恒电位电源提供阴极电流，对被保护部位的金属进行阴极极化。电源负极连接凝汽器的外壳，正极与装在凝汽器内的辅助阳极相连。在外加电流阴极保护系统中，辅助阳极的作用是使电流从电源经阳极通过冷却水介质传输到被保护的管板、铜管及壳体上。可采用的阳极有三大类，即可溶性阳极（如碳钢、纯铁），年消耗率 9kg/a；微溶性阳极（如硅铸铁、铅银合金），年消耗率 $0.05\sim1.0$kg/a；不溶性阳极（如铂钛、铂铌），年消耗率 6mg/a。其中铂钛、铂铌阳极具有体积小、外形可塑性大、质量小、排流量大、寿命长等优点，适用于各种海水和淡水冷却的凝汽器。

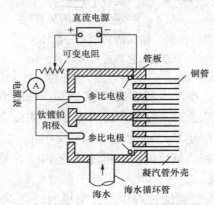

图 11 - 11　凝汽器阴极保护系统示意

某热电厂使用海水作为循环冷却水，所用外加阴极电流的阴极保护系统如图 11 - 11 所示。其中辅助阳极为镀铂钛阳极，参比电极为 Ag/AgCl 电极。在阴极保护过程中，将铜管管端的电位控制为 $-1.0\sim-0.9$V（相对于 Ag/AgCl 电极），铜管的保护电流密度为 150mA/m^2。水室的保护电流密度为 10mA/m^2。运行 5 年后，仅有 3 根铜管泄漏，年泄漏率降低到 0.012%。

由于淡水电阻率大，浓差、迁移影响较大，阴阳极反应阻力高。在淡水冷却凝汽器上实施阴极保护难度较大。目前已在 600MW 机组和 125MW 机组等凝汽器上成功地设计、安装、投运了外加电流阴极保护系统，并已取得明显效果。

采用阴极保护时，可以同时在水室及管板上涂刷防护涂层，保护效果更好。阴极保护可使涂层更牢固，更主要的是可以防止因涂层缺陷导致局部腐蚀。凝汽器采用阴极保护，设备投资和运行、维护费用较低，效果明显。因此，凝汽器阴极保护技术有较大推广应用价值。

思 考 题 与 习 题

1. 我国目前常用的凝汽器管材主要有哪些？它们适用的水质范围是什么？
2. 凝汽器铜管可能会发生哪些形态的腐蚀？
3. 凝汽器管材的选择原则是什么？
4. 凝汽器铜管有哪些表面保护处理方法？
5. 简述凝汽器铜管表面 $FeSO_4$ 造膜的原理、工艺条件及影响因素。
6. 简述凝汽器铜管表面铜试剂造膜的工艺条件。
7. 怎样对凝汽器进行阴极保护？

第十二章　汽轮机与过热器的腐蚀与控制

热力系统中的工作介质是水，锅炉中流动的介质是蒸汽和水的混合物，蒸汽和水的物理化学过程对腐蚀过程有一定影响。过热器、再热器、汽轮机中流动的介质是蒸汽，其腐蚀原因和表现形式各具特点。本章将介绍过热器、再热器及汽轮机设备的腐蚀与控制。

第一节　汽轮机的腐蚀与控制

汽轮机由带叶片的转子、隔板和汽缸组成。蒸汽流过汽轮机时做功，使转子以 $3000r/min$ 的速度带动发电机转动，同时蒸汽参数由高温高压的干蒸汽变成带水的低温低压蒸汽。蒸汽带盐及汽轮机组的应力会使汽轮机产生腐蚀。低压缸的酸性腐蚀也危及汽轮机的安全运行。

蒸汽参数越高，对某些物质的溶解能力就越强。在临界点压力 $p=22.146MPa$，温度 $t=374℃$ 时，汽水界面消失，蒸汽与水的密度相同。研究表明，高参数水蒸气由缔合的 H_2O 分子组成，并非简单的 H_2O 分子，分子结构类似于液态水。因此，高参数蒸汽也像水那样能溶解某些物质。饱和蒸汽因溶解而携带水中某些物质的现象称为蒸汽的溶解携带。随着蒸汽压力的增加蒸汽携带显著增加。

一、汽轮机内积盐

进入汽轮机的过热蒸汽中可能含有四种形态的杂质：①固态杂质，主要是剥落的氧化铁微粒，对于高压及以下压力锅炉，过热蒸汽中还可能携带在过热器中蒸干析出但未沉积的固态钠盐；②汽态杂质，主要是蒸汽溶解的硅酸和各种钠化合物；③液态杂质，指中、低压锅炉的过热蒸汽中微小的 $NaOH$ 浓缩液滴；④气体杂质，在锅炉工况不良的情况下，蒸汽中可能含有 H_2S、SO_2、有机酸等气体。若杂质随蒸汽进入汽轮机，则可能会引起积盐、腐蚀等问题。

汽包引出的饱和蒸汽携带的杂质有两种存在状态。一是直接溶解在蒸汽中，主要有硅酸；二是在蒸汽携带的水滴中主要是各种钠化合物，如 Na_2SO_4、Na_3PO_4、Na_2SiO_3、$NaCl$、$NaOH$ 等。含有杂质的过热蒸汽一旦进入汽轮机后，由于压力和温度的降低，钠化合物和硅酸在蒸汽中的溶解度随之减小，最终以固态析出并沉积在蒸汽通流部件上。此外，蒸汽中所含的微小 $NaOH$ 浓缩液滴也可能黏附在汽轮机的蒸汽通流部分而形成沉积物。

在汽轮机不同级中沉积物的化学组成不同，而且在同一级中分布也不均匀。图 12-1 所示为超高压汽轮机叶轮上沉积物的化学组成及其分布示意。

对于现代大容量高参数汽轮发电机组，对凝结水进行 100% 净化处理，蒸汽中含钠和硅极少，在这种情况下，沉积在汽轮机内的物质主要是铁的氧化物。对于供热机组和调峰机组，由于启停频繁，会有部分蒸汽凝结成水，这对沉积的易溶盐具有溶解作用，所以，在汽轮机内形成的沉积物较少。在汽轮机内，过热蒸汽中的主要杂质的沉积特性如下。

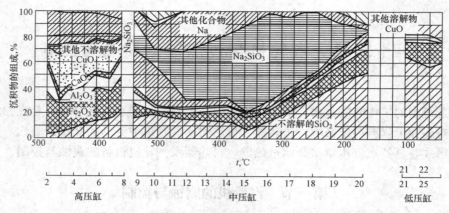

图 12-1　超高压汽轮机叶轮上沉积物的化学组成

1. 钠化合物

由过热蒸汽带入汽轮机的钠化合物，一般为 Na_2SO_4、Na_3PO_4、Na_2SiO_3、$NaCl$、$NaOH$ 等，这些物质很容易从蒸汽中析出，其中因 Na_2SO_4、Na_3PO_4 和 Na_2SiO_3 在蒸汽中溶解度较小最先析出，所以主要沉积在汽轮机的高压级，$NaCl$ 和 $NaOH$ 在蒸汽中溶解度较大，主要沉积在汽轮机的中压级，而且在同一级中分布也不均匀。

在汽轮机内，蒸汽中的 $NaOH$ 与硅酸发生反应为

$$2NaOH + H_2SiO_3 \longrightarrow Na_2SiO_3 + 2H_2O$$

生成的 Na_2SiO_3 沉积在高、中压级。蒸汽中 $NaOH$ 与金属表面上的 Fe_2O_3 反应生成难溶的 $NaFeO_2$，反应为

$$2NaOH + Fe_2O_3 \longrightarrow 2NaFeO_2 + H_2O$$

2. 硅酸

硅酸（H_2SiO_3 或 H_4SiO_4）在蒸汽中的溶解度较大，饱和蒸汽中所携带的硅酸总量远远小于它在过热蒸汽中的溶解度，因此，饱和蒸汽中的水滴在过热器内蒸发时，水滴中的硅酸全部转入饱和蒸汽中，不会沉积在过热器内。溶解在蒸汽中的硅酸随蒸汽进入汽轮机，当汽轮机中蒸汽的压力降低时析出。失水后所形成的 SiO_2 不溶于水、质地坚硬，常有不同的结晶状态。

饱和蒸汽中的含硅量 S_B 与锅炉水中含硅量 S_G 的关系为

$$S_B = K_{SiO_2} S_G$$

式中　K_{SiO_2}——硅酸的溶解携带系数。

3. 铁的氧化物

蒸汽中铁的氧化物主要呈固态微粒。微粒状铁的氧化物在汽轮机各级中都可能沉积，其沉积情况主要与蒸汽流动工况、微粒大小及蒸汽通流部分金属表面的粗糙程度有关。

随过热蒸汽进入汽轮机的杂质，并非全部都沉积在汽轮机内。这是由于从汽轮机排出的蒸汽尽管参数很低，但仍具有溶解微量物质的能力。

由于汽轮机积盐增加了叶片所受应力，尤其是碱性组分在汽轮机的运行温度下对叶片等部位产生强烈腐蚀，会引起应力腐蚀开裂及叶片的腐蚀疲劳。

二、汽轮机的酸性腐蚀

锅炉补给水采用化学除盐水以后，减轻了热力设备的结垢和腐蚀危害程度。但由于水、汽品质很纯，其缓冲能力相对减小。如果漏入锅炉水中的杂质在锅炉中产生酸性物质，且酸性物质被蒸汽带入汽轮机，则可能导致汽轮机的酸性腐蚀。

汽轮机的酸性腐蚀主要发生在低压缸的入口处，汽缸本体、隔板、叶轮等均可发生酸性腐蚀。实践表明，受腐蚀部件的表面保护膜被均匀地或局部地破坏，金属晶粒裸露，表面呈现银灰色，类似钢铁受酸浸洗后的表面状态，而且常出现带方向性的冲刷痕迹，这主要是汽流中夹带水滴产生的冲刷及磨蚀。隔板导叶根部常形成腐蚀坑，蚀坑可达 5mm，以至影响叶片与隔板的结合，危及汽轮机的安全运行。所有受酸性腐蚀的部件，其材质均为铸铁或普通碳钢，而合金钢部件不产生酸性腐蚀。

由理论分析可知，汽轮机发生酸性腐蚀的部位恰好是蒸汽刚出现凝结水滴的部位，显然这与初凝水的化学性质有关。在产生初凝水的部位，汽轮机中的工质由单相（汽）转变成两相（汽、液），此时，过热蒸汽所携带的化学物质在蒸汽相和初凝水中重新分配，其浓度取决于它们在汽液两相中分配系数的大小。若某种物质分配系数较大，则该物质在蒸汽相中的浓度将超过它在初凝水中的浓度；相反，若某种物质的分配系数较小，则在蒸汽形成初凝水时，该物质溶入初凝水的倾向大，该物质在初凝水中的浓度大。

过热蒸汽中所携带的酸性物质的分配系数通常都很小。所以，当蒸汽中形成最初凝结水时，这些酸性物质将溶入初凝水，酸性物质在初凝水中富集与浓缩。

高参数机组通常使用挥发性氨来提高给水的 pH 值，以减轻热力系统金属的腐蚀。但由于氨在汽、液两相中的分配系数不同，在汽包和汽轮机尾部湿蒸汽区汽液两相共存的部位，氨大部分在蒸汽相中。这样，初凝水中浓缩的酸性物质就不能被氨中和，初凝水呈酸性，甚至成为较高浓度的酸性溶液。酸性物质只有被初凝水带到流程中温度更低的区域时才会被稀释。因此，即使在给水中加入足够的氨，在产生初凝水部位的液相中氨的含量仍然不足，导致初凝水的 pH 值低于蒸汽相的 pH 值。实际上，氨将富集在凝汽器空冷区的凝结水中。而且，由于氨是弱碱，它只能部分地中和初凝水中的酸性物质。测定结果表明，初凝水的 pH 值可能降到中性甚至酸性 pH 值范围。这样的初凝水对形成部位的金属具有侵蚀性。

碳钢等金属材料在含氧的酸性溶液中的腐蚀速度要比无氧时大得多。因此，当空气漏入热力设备水汽系统使蒸汽中氧的含量增大时，蒸汽初凝水中溶解氧含量也会增加，这样就大大增加了初凝水对低压缸金属材料的侵蚀性。

因此，引起汽轮机酸性腐蚀的主要原因是蒸汽初凝水的 pH 值过低及溶解氧含量较高，并且酸根离子会促进腐蚀。锅炉在正常运行条件下，蒸汽中无机酸阴离子的含量比较低，并且与 Na^+ 含量有适当的比例，这样的蒸汽不会引起汽轮机的酸性腐蚀。但是，如果除盐设备在运行中出现出水品质不良，泄漏了较大量 Cl^-、有机物及破碎的树脂进入锅炉，就会大大增加蒸汽中阴离子的含量，使水汽中 Na^+ 与阴离子含量的比例失调。而且，由于氨的分配系数较大，造成蒸汽初凝水的 pH 值下降，使汽轮机低压段金属材料受到腐蚀。若有空气漏入汽轮机会加剧腐蚀。

三、汽轮机腐蚀的控制

1. 保证除盐水质量

制取合格的除盐水是防止汽轮机腐蚀的关键。实践证明，应严格保证补给水的电导率小于 0.2μS/cm（25℃），这样就不会发生明显的汽轮机酸性腐蚀。此外，应设法去除水中有机物，防止离子交换树脂漏入热力系统水汽中，以免它们在锅炉内高温高压条件下分解，影响汽水中离子间的平衡而形成腐蚀环境。对于大容量高参数机组，对凝结水进行全部处理。

对于汽包锅炉，应严格控制炉水的 Na^+/PO_4^{3-} 摩尔比在所要求范围内，提高蒸汽质量，防止蒸汽通流部分积盐。

在热力设备水汽系统中加入分配系数小的挥发性碱（如吗啉、环己胺、六氢吡啶、二乙氨基乙醇等）也可以防止汽轮机酸性腐蚀。在低压蒸汽条件下，联氨具有非常有利的分配系数，80℃时为 0.027，此时若蒸汽中联氨含量为 20μg/L，则金属表面的蒸汽初凝水膜中联氨浓度可达 700μg/L 以上。这样的碱性水膜对金属具有良好的保护作用，联氨不仅使水膜的 pH 值提高，还可使金属表面保护膜稳定。在汽轮机低压缸有空气漏入时，联氨又能起到除氧剂的作用。所以，将联氨或催化联氨喷入汽轮机低压缸的导气管中，可减轻汽轮机产生初凝水区域的酸性腐蚀。

为防止隔板、汽缸的冲刷，增强酸性腐蚀区材质的耐蚀性能，可采取涂料涂覆或刷镀等措施，如等离子喷镀或电涂镀处理等。

2. 清除汽轮机内积盐

汽轮机在运行中承受很大的应力，在汽轮机的叶片故障中应力腐蚀起一定作用。汽轮机内积盐会增加其应力腐蚀，故应及时清除汽轮机内的积盐。

沉积在汽轮机内的易溶盐，可用湿蒸汽清洗的办法除掉。对于非易溶盐，一般是在汽轮机大修时，用机械方法清除，例如用喷砂法清除汽轮机转子和隔板上的积盐。

对于参数较低的机组，可采用湿蒸汽清洗法除去积盐，即在汽轮机不停止运行的情况下，向送往汽轮机的蒸汽中喷加水来进行清洗。可以在汽轮机空载运行时进行，也可以在带负荷下进行。这种清洗能除去所有易溶盐和部分无定形的二氧化硅。

第二节　过热器、再热器的腐蚀

过热器、再热器的腐蚀包括超温时的高温氧化及运行或停用中的电化学腐蚀。前者引起的腐蚀失效居多，常导致过热器管在运行中超温爆管。

一、过热器的超温爆管

过热器管内壁积盐影响传热，使金属温度升高，可引起过热器管内壁、外壁的高温氧化。当过热器设计与结构方面存在缺陷时，可使过热器管内蒸汽流量分布不均，烟气温度过高，可引起超温。材质选用不当、燃料品种改变均可使过热器管产生高温氧化。

1. 材质不良引起的过热器爆管

材质不良引起过热器爆管是指错用钢材或使用有缺陷的钢材造成过热器管寿命达不到设计要求，过早损坏。

错用钢材往往是指把性能比较低的钢材用到高参数的工况下，实际上是一种超温运行。一旦发生爆管事故，是属于长时间超温爆管，其爆破口的宏观特征和微观组织的变化基本上与长时间超温爆管相同。爆管后对该管段进行化学成分分析就很容易检查出事故的原因。

在制造、安装和检修时，若选用了低一级的钢材，即为错用钢材。管理不善也往往会错用钢材，例如蒸汽参数为 535℃、10MPa 的主蒸汽管道，应使用 12Cr1MoV 钢，若错用 20

钢，由于该钢用于主蒸汽管道的允许温度是 450℃，因此只要运行几千小时就会发生爆破。

长时间超温爆管一般发生在高温过热器出口段的外圈向火侧。长时间超温爆管的破口呈粗糙脆性断口，管壁减薄不多，管子胀粗不很显著，爆破口附近往往有较厚的氧化铁层。

长时间超温爆管的显微组织虽无相变，但有碳化物球化、碳化物析出并聚集长大甚至还会出现石墨化等组织变化。

图 12-2 所示为某厂 12Cr1MoV 钢高温过热器管爆破后的实物图。该管材仅运行了 12000h，由于设计上的原因，造成长时间严重超温在 600℃ 仅运行近 10000h，是典型的长时间超温爆管。

发生超温现象的过热器管内壁有水蒸气作用产生的氧化腐蚀，外壁有氧的作用产生的氧化腐蚀。水蒸气腐蚀的典型产物是 Fe_3O_4，由于过热器管四周均受热，Fe_3O_4 在管内壁均匀生成，附着牢固，结构紧密，Fe_3O_4 层影响传热，可加速水蒸气腐蚀与金属蠕变。外壁的氧腐蚀产物是 Fe_2O_3，由于其膨胀系数与铁不同，常会局部剥离，而且发生金属蠕胀产生纵向裂纹。

图 12-2　长时间超温爆破的爆破口

内壁水蒸气氧化的反应为

$$3Fe + 4H_2O \xrightarrow{>560℃} Fe_3O_4 + 4H_2$$

外壁氧化的反应为

$$4Fe + 3O_2 \xrightarrow{>560℃} 2Fe_2O_3$$

由此可知，钢铁在发生水蒸气氧化腐蚀时放出 H_2，所以可根据过热蒸汽中含氢量的变化监测金属超温腐蚀程度。产生显著氧化腐蚀的温度界限，对于碳钢是大于 490℃；低合金耐热钢视其成分不同，温度界限可为 590～620℃；奥氏体钢为 670℃ 以上。

2. 积盐引起的过热器爆管

从汽包送出的饱和蒸汽所含的盐类物质，有的会在过热器内沉积，有的被过热蒸汽带出

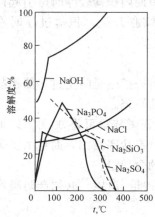

图 12-3　钠化合物在水中溶解度与温度的关系

锅炉在汽轮机内沉积。对于中、低压锅炉，一般来说，饱和蒸汽中的钠化合物主要沉积在过热器内，硅化合物主要沉积在汽轮机内，生成不溶于水的 SiO_2。对于高压、超高压锅炉，一般来说，饱和蒸汽中的各种盐类物质，除了 Na_2SO_4 能部分沉积在过热器内以外，都沉积在汽轮机内。对于亚临界压力锅炉，饱和蒸汽所含的盐类物质都被亚临界压力过热蒸汽溶解带走，并沉积在汽轮机内，严重影响汽轮机的运行。钠化合物的溶解度与温度的关系如图 12-3 所示。

饱和蒸汽中的 Na_2SO_4 和 Na_3PO_4，只有水滴携带的形态。在过热器内由于小水滴的蒸发，易形成其饱和溶液，它们在过热器内会因水滴被蒸干而析出结晶，这样就可能有一部分 Na_2SO_4 和 Na_3PO_4 沉积在过热器内。

NaOH 在水中的溶解度随温度升高而增大。所以，在过热器内 NaOH 不可能从溶液中以固相析出，只能形成 NaOH 浓度很高的液滴。对于高压锅炉，由于过热蒸汽的压力和温度较高，NaOH 在过热蒸汽中的溶解度较大，所以，NaOH 全部被过热蒸汽溶解带往汽轮机，不会在过热器内沉积。对于中、低压锅炉，由于 NaOH 在过热蒸汽中的溶解度很小，所以，会在过热器内形成 NaOH 的浓缩液滴，这种液滴虽然有的能被过热蒸汽带往汽轮机，但大部分会黏附在过热器管壁上。此外，NaOH 液滴还可能与蒸汽中 CO_2 发生化学反应，生成 Na_2CO_3 沉积在过热器内。沉积在过热器内的 NaOH，在锅炉停用时也会吸收空气中的 CO_2 生成 Na_2CO_3，反应式为

$$2NaOH + CO_2 \longrightarrow Na_2CO_3 + H_2O$$

当过热器内 Fe_2O_3 较多时，NaOH 会与 Fe_2O_3 反应，即

$$2NaOH + Fe_2O_3 \longrightarrow 2NaFeO_2 + H_2O$$

生成的 $NaFeO_2$ 会沉积在过热器内。

在高压锅炉内，饱和蒸汽所携带的 NaCl，一般不会沉积在过热器内，而是溶解在过热蒸汽中带往汽轮机。中压锅炉中，在过热器内有 NaCl 沉积。

饱和蒸汽携带的硅酸（H_2SiO_3 或 H_4SiO_4）在过热蒸汽中会变成 SiO_2。由于 SiO_2 在过热蒸汽中溶解度很大，所以它不会沉积在过热器。

表 12-1 是高压锅炉的过热器内盐类沉积物的组成。超高压及亚临界压力以上的锅炉，过热器内盐类沉积物较少，大都转入汽轮机中。

表 12-1　　　　某高压锅炉（蒸汽压力为 11.76MPa）过热器中盐类沉积物组成

组成物	含量（%）	组成物	含量（%）
Na_2SO_4	94.88	Na_2SiO_3	0.08
Na_3PO_4	5.00	NaCl	0.04

在各种压力汽包锅炉的过热器内，除可能沉积各种盐类外，还可能沉积铁的氧化物，它主要是过热器本身的腐蚀产物。铁的氧化物在过热蒸汽中的溶解度很小，绝大部分会沉积在过热器内。

过热器积盐程度不同所引起的过热器管超温氧化程度不同。短期内积盐较厚时可引起以蠕胀为主的短期超温过热爆破，积盐速度较慢，可引起氧化与蠕胀开裂，积盐过厚时在100h 后就可使过热器超温爆管。

3. 过热器超温蠕胀及氧化的控制

过热器管的超温蠕胀及氧化腐蚀多由积盐引起，所以有效的防护措施是防止过热器积盐和清除积盐。此外，还应合理选材，消除锅炉结构与燃烧中存在的缺陷。

（1）提高蒸汽质量。锅炉蒸汽依靠水汽分离装置净化，水汽分离装置可将 99.9% 以上的盐分分离除去。炉水含盐量过高将会降低水汽分离效率，使蒸汽带盐率增加，而且由于炉水含盐量的提高，增加了蒸汽带盐量。为此，应尽量降低补给水的含盐量。

使用给水作为蒸汽减温水时，必须使给水质量达到蒸汽质量标准。所以，必须严防凝汽器泄漏，或对凝结水进行处理。

（2）及时清除过热器积盐。通过对蒸汽质量监测发现汽水品质不合格，或通过对过热器管壁温度监督发现有所升高，或过热器的阻力有所增加时，应考虑过热器有积盐现象。停炉

时向过热器中灌水以溶解盐垢，由于盐垢易溶，用水冲洗可有效地将其清除。

（3）检查过热器管。金属材料长期在不变的温度和不变的应力作用下，发生缓慢的塑性变形的现象，称为蠕变。发生蠕变的部件如主蒸汽管道、锅炉联箱、汽水管通、高温紧固件、汽轮机汽缸等。由于金属蠕变的累积，使金属部件发生过量的塑性变形而不能使用，或者蠕变进入加速发展阶段，发生蠕变破裂，均会使部件失效损坏，甚至发生严重事故。检修时应认真检查过热器，过热器管外壁氧化变色说明金属过热，氧化皮越厚说明过热程度越严重。当过热器长期超温时，将出现蠕胀和鼓包现象，宏观检查较易发现。如果过热器管胀粗达 2%，应及时切除更换。此外，当燃料品种有较大改变时，应及时调整风量与燃料的配比，防止在过热器处烟温过高。

二、过热器的腐蚀

运行中过热器管的腐蚀与盐类对金属材料的侵蚀有关，停用时立式过热器下弯头管中的存水不易放出，不可避免地发生停用腐蚀。

1. 蒸汽带盐引起的过热器腐蚀

中、低压锅炉蒸汽质量较差，蒸汽携带的盐分沉积在过热器管中可对金属基体产生腐蚀其腐蚀程度有时比水冷壁管还严重。

蒸汽带盐可引起过热器碱腐蚀，也可引起过热器酸腐蚀。如前所述，对于中、低压锅炉，因为 NaOH 在过热蒸汽中的溶解度很小，所以会在过热器内形成 NaOH 的浓缩液滴。若炉水中游离 NaOH 含量高，则蒸汽碱度可接近 0.2mmol/kg，过热器会产生强烈的碱腐蚀，反应式为

$$Fe + 2NaOH \longrightarrow Na_2FeO_2 + H_2$$
$$2Fe + 2NaOH \longrightarrow 2NaFeO_2 + H_2$$

在腐蚀过程中 NaOH 基本不消耗，这是因为 Na_2FeO_2 和 $NaFeO_2$ 可水解生成 NaOH，反应式为

$$Na_2FeO_2 + 2NaFeO_2 + 2H_2O \longrightarrow Fe_3O_3 + 4NaOH$$

上述反应可表示为

$$3Fe + 4H_2O \xrightarrow[\Delta]{NaOH} 4H_2$$

在金属超温的情况下，不需要外界提供氧，水蒸气的氧化作用就可实现以上反应。某 2.3MPa、22t/h 低压锅炉过热器曾发生水蒸气腐蚀及碱腐蚀现象。过热器中布满直径为 10～15mm、深 1～2mm 的腐蚀坑，通过对过热器管中的存水进行分析，水中 NaOH 含量为 27.36g/L，NaCl 含量为 22.4g/L。由于腐蚀，过热器经常泄漏，而且也发生因积盐使过热器蠕胀和因水蒸气氧化腐蚀减薄的现象。

低压锅炉蒸汽带盐引起的酸腐蚀，主要是炉水中 $MgCl_2$ 水解所致，此外，在被积盐覆盖的腐蚀坑内 Cl^- 的作用及 $FeCl_2$ 的水解也是重要的原因。

2. 过热器的停用腐蚀

中参数以上锅炉的过热器腐蚀以停用腐蚀为主，停用腐蚀多发生在过热器管下弯头积水处，其腐蚀形式多为穿孔。

三、再热器的腐蚀

再热器是大容量机组配置的提高蒸汽参数的换热装置，其工作压力相当于中压锅炉，介

质温度相当于高参数锅炉。再热器用于把在汽轮机中做过部分功的蒸汽再次升温，其进口蒸汽温度为 320℃，压力为 2.5MPa；出口蒸汽温度 540℃，压力为 2.3MPa，1000MW 机组再热器出口温度达 596℃。再热器使用材料为低合金耐热钢，如低合金珠光体耐热钢、马氏体耐热钢，甚至奥氏体耐热钢等。与过热器一样，再热器也存在腐蚀和超温蠕变胀粗等问题。

对于中间再热式直流锅炉，在再热器中，特别是出口管段可能会有铁的氧化物沉积。因为铁的氧化物在蒸汽中的溶解度随蒸汽温度的升高而降低，而再热器出口管段的温度最高。除了再热蒸汽中铁的氧化物之外，再热器本身的腐蚀也会使再热器中沉积铁的氧化物，这可能导致再热器管过热而损坏。

某 200MW 锅炉机组投产一年后，再热器管热段爆管、爆口呈鼓包破裂状、但尺寸较小，边缘较厚，内壁有 1mm 以上的 Fe_3O_4 层，外壁有 1mm 以上的氧化皮，呈局部剥落状。而且发现再热器弯头处被 Fe_3O_4 粉堵塞。检查分析可知，有蒸汽正常流通的未堵塞再热器管的内、外壁均无氧化腐蚀现象。被堵塞的再热器管，由于气流受阻，流通量减少，金属有一定程度过热，外壁产生氧化腐蚀，内壁产生水蒸气氧化腐蚀，再热器管减薄较快而发生蠕变胀粗甚至破裂。为了防止再热器腐蚀，应做到以下几点：

（1）对新安装锅炉应认真通球，在吹管前应清除异物堵塞和气塞，保证蒸汽吹扫起到净化作用。

（2）在检修中对再热器进行全面检查，凡是外壁有氧化皮及胀粗的部位应及时处理。如果外壁氧化层厚度大于 1mm 或管壁蠕变胀粗大于 2% 时应考虑及早换管。

（3）用检点锤敲打管壁，认真观察外壁氧化情况，发现有局部或全部堵塞的管子应处理。

思 考 题 与 习 题

1. 汽轮机内积盐对汽轮机造成哪些危害？
2. 为什么给水要进行加氨处理，汽轮机低压缸还会发生酸性腐蚀？
3. 如何防止汽轮机的酸性腐蚀？
4. 为什么说蒸汽带盐会引起过热器腐蚀？
5. 用钠化合物溶解度与温度的关系说明有关盐在过热蒸汽中的分布。
6. 如何防止过热器超温爆管？

第十三章 锅炉的化学清洗

在锅炉水冷壁（受热面）形成的钙、镁水垢、硅酸盐垢、氧化铁垢等导热性很差，会引起水冷壁管的过热，导致水冷壁管鼓包或爆管。用化学药剂可清除锅炉水汽系统内金属表面的各种腐蚀沉积产物，使金属表面洁净并形成良好的保护膜，称为化学清洗。化学清洗是防止锅炉受热面腐蚀结垢、提高锅炉热效率、保证锅炉安全运行的重要措施。

第一节 锅炉化学清洗的目的

新建锅炉在启动前要进行化学清洗，锅炉运行一定时间后也有必要进行化学清洗。

新建锅炉化学清洗的目的是除去在制造、安装、储运等过程中产生的氧化皮、腐蚀产物和焊渣，清除内部的砂尘和保温材料碎屑等含硅杂质、油脂类防腐剂等，以防在锅炉投运后造成以下危害：

(1) 炉水的含硅量等指标长期不合格，导致蒸汽品质不良，影响机组正常运行。

(2) 影响炉管管壁传热，造成炉管过热或损坏，并增大燃煤消耗量。

(3) 沉渣会堵塞炉管，破坏正常的水汽流动工况。

(4) 易发生沉积物下腐蚀，加剧介质浓缩腐蚀，导致炉管减薄，严重时引起穿孔和爆管。

因此，对新建锅炉进行化学清洗不仅可改善锅炉启动时的水汽质量，而且可以节能降耗、保证锅炉安全运行。

投运后的锅炉运行一定时间以后，热力系统不可避免地会腐蚀、结垢，蒸汽品质劣化。所以，运行锅炉也要进行化学清洗，以除去运行中产生的水垢、金属腐蚀产物及其他沉积物，保证锅炉安全经济运行。

确定锅炉是否需要进行化学清洗的方法主要有两种：①根据其运行年限确定；②割管检查，根据管内实际的结垢、腐蚀产物量确定。也可综合以上两方面因素来确定。如果采用割管检查，应选在最易发生结垢的受热面热负荷最高的部位，如燃烧器附近、燃烧带上部距炉膛中心最近的位置、焊口处等。此外，由于炉管向火侧比背火侧热负荷高，结垢和腐蚀较严重，所以应根据向火侧的沉积物量来确定锅炉是否需要清洗。表13-1是我国电力行业规定的确定锅炉化学清洗的条件。

表 13-1　　　　　　　　确定锅炉化学清洗的条件

锅炉类型	汽包锅炉			直流锅炉	
出口主蒸汽压力（MPa）	≤5.8	5.88~12.64	≥12.74	亚临界压力	超临界压力
沉积物量（g/m²）	600~900	400~600	300~400	200~300	150~200
清洗间隔时间（a）	一般为12~15	10	6	4	—

注　1. 燃烧方式以燃煤为主。

2. 燃油或燃用天然气的锅炉和液态排渣炉，可按表中出口蒸汽压力高一级的数值考虑。

一般当锅炉水冷壁管内的沉积物量或锅炉化学清洗间隔超过表 13-1 中的要求时，应进行化学清洗。还可根据运行水质的异常情况和大修时锅炉的检查情况，对清洗间隔做适当的调整。

第二节　化学清洗常用药品

化学清洗通常分为水冲洗、碱洗或碱煮、酸洗、漂洗、钝化等。酸洗阶段所用药品的选择和使用最为重要，包括清洗剂和添加剂。

一、清洗剂

酸洗过程的主要作用是去除金属表面的金属氧化物，对于清洗剂的选择，要考虑其对附着物的溶解去除能力、经济廉价；对金属材料的腐蚀程度；酸洗废液是否易处理等。常用的清洗剂可分为无机酸和有机酸两类。

（一）无机酸

适用于锅炉化学清洗的无机酸有盐酸和氢氟酸。

1. 盐酸

盐酸（HCl）是一种清洗能力强、价廉的清洗剂。盐酸不仅能将金属表面的附着物溶解，而且还具有使附着物从金属表面脱落的作用。以清洗金属表面氧化皮为例，钢材表面的氧化皮是由靠金属基体的 FeO 与外表面的 Fe_3O_4、Fe_2O_3 等氧化物组成，酸洗过程反应为

$$FeO + 2HCl \longrightarrow FeCl_2 + H_2O$$
$$Fe_2O_3 + 6HCl \longrightarrow 2FeCl_3 + 3H_2O$$
$$Fe_3O_4 + 8HCl \longrightarrow FeCl_2 + 2FeCl_3 + 4H_2O$$

在清洗过程中，HCl 并非是将金属氧化物完全溶解，而是破坏氧化皮和金属表面的结合，使氧化皮层由金属表面脱落。

除此之外，夹杂在氧化皮中的铁也会与 HCl 反应释放氢气，反应为

$$Fe + 2HCl \longrightarrow FeCl_2 + H_2$$

氢气的产生会促进金属氧化物的剥离，加速清洗过程。此外，盐酸还能溶解钙、镁等垢类，反应为

$$CaCO_3 + 2HCl \longrightarrow CaCl_2 + H_2O + CO_2$$
$$MgCO_3 \cdot Mg(OH)_2 + 4HCl \longrightarrow 2MgCl_2 + 3H_2O + CO_2$$

在用盐酸进行清洗时，也会发生金属的腐蚀。裸露金属表面会与清洗液中的 HCl 和 $FeCl_3$ 发生反应，即

$$Fe + 2HCl \longrightarrow FeCl_2 + H_2$$
$$Fe + 2FeCl_3 \longrightarrow 3FeCl_2$$

所以在盐酸清洗液中的溶解铁主要以 Fe^{2+} 形式存在。清洗时加入缓蚀剂可抑制这两个反应以防止腐蚀发生。

盐酸清洗也有其局限性：①盐酸溶液中 Cl^- 会促使奥氏体钢发生应力腐蚀，因而盐酸不能用于清洗奥氏体钢制造的设备；②盐酸去除硅酸盐类水垢的能力较差，加氟化物能对此类垢有较好的清洗效果。尽管如此，盐酸仍是普遍应用的清洗剂。

2. 氢氟酸

氢氟酸（HF）是一种弱酸，对铁的氧化物具有酸溶和络合的双重作用。氢氟酸与铁的氧化物反应速度快，可用于直流锅炉的通过式清洗（开路清洗）。

氧化铁在氢氟酸溶液中溶解成铁离子进入溶液，具有很强络合能力的 F^- 与铁离子络合，对铁氧化物的溶解能力很快，反应为

$$Fe_3O_4 + 8H^+ \longrightarrow 2Fe^{3+} + Fe^{2+} + 4H_2O$$
$$Fe_2O_3 + 6H^+ \longrightarrow 2Fe^{3+} + 3H_2O$$
$$2Fe^{3+} + 6F^- \longrightarrow Fe[FeF_6]$$
$$3Fe^{2+} + 6F^- \longrightarrow Fe[Fe_2F_6]$$

提高 HF 浓度会抑制其离解，尽管酸性增加，但 F^- 浓度不增加，络合作用受限制，对清洗效果无明显改善。因此，HF 清洗宜用较低的浓度。HF 对硅酸盐为主的水垢也有较好的清除效果，反应为

$$SiO_2 + 6HF \longrightarrow H_3SiF_6 + 2H_2O$$

由于氟离子与钙离子生成难溶的 CaF_2，因此 HF 不适于清洗含钙水垢。

HF 可用来清洗奥氏体钢制造的锅炉。HF 适用于新建直流锅炉的整体清洗，无须安装专门的清洗循环系统，可清洗由凝汽器出口到过热器出口的全部钢铁设备和管道。由于采用一次通过式清洗，所需清洗时间较短。另外，HF 对金属的腐蚀很轻，如果添加适量的缓蚀剂，可使钢材的腐蚀速度小于 $1g/(m^2 \cdot h)$。

HF 有毒、易烧伤。因此使用时要注意安全，废液也需进行处理。

（二）有机酸

锅炉化学清洗常用的有机酸有柠檬酸、乙二胺四乙酸（EDTA）、甲酸、羟基乙酸、酒石酸、顺丁烯二酸、邻苯二甲酸等。

有机酸作清洗剂的特点是通过其与铁离子的络合作用来去除附着物，而不是单纯的酸溶作用去除附着物。因此，酸洗过程中不会产生大量沉渣和悬浮物而堵塞管道，有利于清洗结构复杂的高参数大容量机组。另外，如果系统结构复杂，一般很难将酸洗废液全部排净，使用有机酸清洗时，残留的有机酸在高温下可分解为 CO_2 和水，因此危险性较小。目前，越来越多的高参数大容量机组采用有机酸进行化学清洗。

1. 柠檬酸

柠檬酸是一种白色晶体，分子式 $H_3C_6H_5O_7$，结构式为

$$\begin{array}{l} CH_2COOH \\ | \\ HO-C-COOH \\ | \\ CH_2COOH \end{array}$$

在水溶液中是三元酸，其离解度随 pH 值的增加而增加。

单纯利用柠檬酸进行清洗时，柠檬酸与 Fe_2O_3 直接反应，生成难溶解的柠檬酸铁沉淀，其反应为

$$Fe_2O_3 + 2H_3C_6H_5O_7 \longrightarrow 2FeC_6H_5O_7 \downarrow + 3H_2O$$

如果加氨将清洗液 pH 值提高至 3.5～4.0，清洗液中的主要成分为柠檬酸单铵，清洗过程的化学反应为

$$Fe_3O_4 + 3NH_4H_2C_6H_5O_7 \longrightarrow NH_4FeC_6H_5O_7 + 2NH_4(FeC_6H_5O_7OH) + 2H_2O$$

两种络合产物均易溶于水，所以有很好的清洗效果。同时，由于 Fe^{3+} 形成络合物，降低了水中游离态 Fe^{3+} 的浓度，有利于减缓 Fe^{3+} 对金属的腐蚀。

根据经验，用柠檬酸作为清洗剂时保证以下条件：柠檬酸溶液的浓度应大于 1%（常用 3%），温度大于 80℃，pH<4.5，Fe^{3+} 浓度小于 0.5%；否则，容易产生柠檬酸铁沉淀。清洗完毕，不能将废液直接排放，必须使用热水或柠檬酸单铵的稀溶液置换废液；否则，清洗液中的胶态柠檬酸铁铵络合物能附着于金属表面，成为很难冲洗掉的有色膜状物质。

柠檬酸清洗的优点是清洗中不会形成大量悬浮物和沉渣，清洗安全可靠，可用以清洗奥氏体钢和其他钢材制造的锅炉设备；其缺点是清除附着物的能力比盐酸差，只能清除铁垢，不能清除铜垢、钙镁垢和硅酸盐垢等。清洗时要求较高的温度和流速，价格也较贵。一般在不宜使用盐酸的情况下，才使用柠檬酸或其他有机酸。

2. 乙二胺四乙酸（EDTA）

近年来，国内外一些大型锅炉采用 EDTA 及其钠盐、铵盐作为锅炉的清洗剂。EDTA 除了具有一般有机酸清洗的优点外，还对氧化铁垢、铜垢、钙镁垢均具有较强的清洗能力，但不宜清除硅酸盐含量高的水垢。清洗时溶液浓度较低，清洗时间较短，对金属腐蚀性很小。清洗过程中，清洗液的 pH 值不断上升，达到铁钝化的 pH 值，清洗后金属表面能形成良好的保护膜，无须另行钝化处理，可用于清洗较复杂的锅炉和奥氏体钢制造的设备。

EDTA 价格较贵，但是可以由清洗废液中回收 EDTA，具体方法是在废液中加入硫酸或盐酸酸化，使溶液 pH<1.0，此时 EDTA 的金属盐转化为 EDTA 沉淀出来，而铁、铜、钙、镁等金属离子留在溶液中，如此可分离回收 EDTA。在低 pH 值下，Fe^{2+} 转变为 Fe^{3+}，影响回收率，通过向溶液中投加联氨，其含量为 500mg/L，可防止 Fe^{2+} 转变为 Fe^{3+}。

表 13-2 为几种常用有机清洗剂的性质及用途。

表 13-2　　　　　　　　　　锅炉化学清洗常用有机清洗剂

序号	名称	结构式	用途	性质
1	柠檬酸	$\begin{array}{c} CH_2—COOH \\ \| \\ HO—C—COOH \\ \| \\ CH_2—COOH \end{array}$	清洗剂（配成柠檬酸单铵使用）	无色结晶，易溶于水和乙醇
2	EDTA（乙二胺四乙酸）	$\begin{array}{c} HOOC-CH_2 \qquad\qquad CH_2-HOOC \\ N-CH_2-CH_2-N \\ HOOC-CH_2 \qquad\qquad CH_2-HOOC \end{array}$	清洗剂（配成 EDTA 铵盐使用；也可将 EDTA 和其他有机酸组合使用）	白色结晶，在 240℃ 分解，略溶于水，不溶于普通有机溶剂
3	甲酸（蚁酸）	$\begin{array}{c} O \\ \| \\ H—C—OH \end{array}$	清洗剂（常与氢氟酸共用，可与羟基乙酸组合使用）	无色、有刺激性的液体，沸点 100.8℃，能与水互溶
4	邻苯二甲酸	苯环—COOH、—COOH	清洗剂	白色结晶，加热至 200～230℃ 时失水成为邻苯二甲酸酐。酸酐为白色固体，不易溶于水，溶于乙醇

续表

序号	名称	结构式	用途	性质
5	酒石酸	COOH | HC—OH | HC—OH | COOH	清洗剂（可与EDTA组合使用）	透明结晶，极易溶于水
6	顺丁烯二酸（失水苹果酸）	CH—COOH || CH—COOH	清洗剂	无色晶体，密度 $1.59g/cm^3$（$20℃$），熔点 $130.5℃$，在 $135℃$ 时分解，溶于水、乙醇和乙醚。受热时易失水成为顺丁烯二酸酐
	顺丁烯二酸酐（失水苹果酸酐）	CH—C⟨=O, —O, =O⟩ || CH—C	清洗剂（常与EDTA组合使用）	无色结晶粉末，有强烈刺激气味，密度 $1.48g/cm^3$，熔点 $52.8℃$，沸点 $200℃$，易升华，溶于水、乙醇和丙酮。与热水作用生成顺丁烯二酸
7	羟基乙酸	CH₂—COOH | OH	清洗剂（常与其他有机酸混合使用）	无色易潮解的晶体，密度 $1.49g/cm^3$，熔点 $79\sim80℃$，易溶于水和乙醇

二、添加剂

在化学清洗过程中，除了使用清洗剂外，常常还加入少量其他添加剂，如缓蚀剂、助溶剂、还原剂、掩蔽剂、表面活性剂等，以减轻在清洗过程中金属的腐蚀。

1. 缓蚀剂

可以防止或减缓金属材料腐蚀的化学物质或复合物称为缓蚀剂，也称为腐蚀抑制剂。它能有效防止或减缓清洗剂对金属的腐蚀作用，要求缓蚀剂的缓蚀性能要良好，不仅能降低总的腐蚀速度，还能降低局部腐蚀速度；用量为 $0.1\%\sim1\%$；不影响清洗剂的清除能力；对金属的机械性能和金相组织无任何影响；清洗后排放的废液不会造成环境污染。缓蚀剂的作用机理主要有以下两种：

（1）吸附理论大多数有机缓蚀剂均属于表面活性物质，其分子由亲水性的极性基团和疏水性的非极性基团组成，当缓蚀剂加入清洗液后，其极性基团定向吸附排列在金属表面，形成连续的吸附层，对金属起到隔离保护作用，从而抑制腐蚀过程。

（2）成膜理论成膜理论认为缓蚀剂的分子能与金属表面或溶液中的其他离子反应，在金属表面生成保护膜，阻止腐蚀反应的进行。

酸洗中使用的缓蚀剂大多为有机缓蚀剂。如乌洛托品、若丁、甲醛、硫脲、吡啶、咪唑等，它们含有碳、氢，氮、硫、氧等元素，具有很好的缓蚀作用。

不同的清洗剂应用不同的缓蚀剂。如盐酸清洗中常用的缓蚀剂有 IS-129、IS-156（咪唑啉衍生物）、二邻甲苯基硫脲等；柠檬酸清洗时常用二邻甲苯基硫脲等；氢氟酸清洗时常用缓蚀剂 F-102 等；EDTA 清洗时常用吡啶、硫脲、噻唑等衍生物组成的复合缓蚀剂。几种缓蚀剂的性质见表 13-3。

表 13-3　　　　　　　　　　常用缓蚀剂的性质和用途

名称	构式	用途	性质
二邻甲苯基硫脲	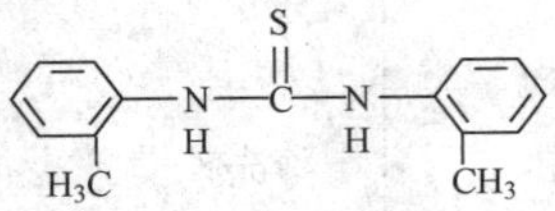	缓蚀剂（用于柠檬酸中）	白色结晶粉末，难溶于水，在酸中微溶，易溶于冰醋酸
吡啶		缓蚀剂（用作混合缓蚀剂的组分）	无色或微黄色液体，有特殊的臭味，密度 0.978g/cm³，熔点-42℃，沸点 115.56℃，易溶于水和乙醇，溶于水后显弱碱性
巯基苯并噻唑	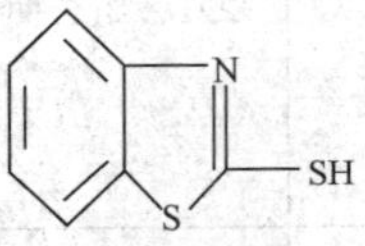	缓蚀剂（用于柠檬酸或盐酸中，也用于混合缓蚀剂的组分）	淡黄色粉末，有微臭和苦味，不溶于水，溶于乙醇、氨水、NaOH 等碱性溶液
苯并三唑	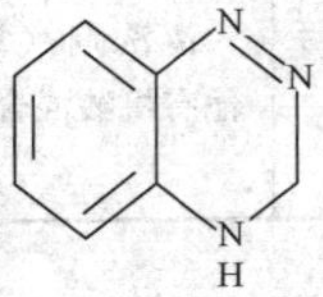	缓蚀剂（用作混合缓蚀剂的组分）	为淡黄色或白色针状结晶，熔点 90～95℃，在 98～100℃升华，水溶液成弱酸性，易溶于甲醇、乙醚、丙酮、难溶于水
乌洛托品（六次甲基四胺）	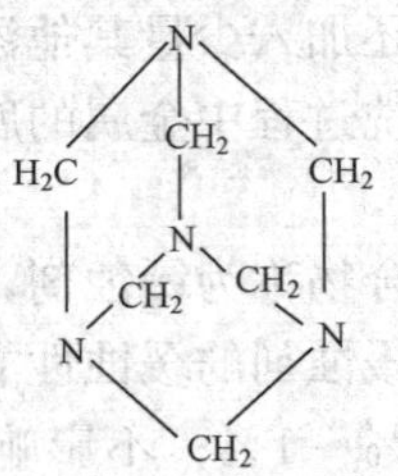	缓蚀剂（用于盐酸中）	白色结晶粉末或无色有光泽的晶体，能溶于水和乙醇，对皮肤有刺激作用，密度 1.27 g/cm³（25℃），在约 263℃时升华并部分分解
硫脲	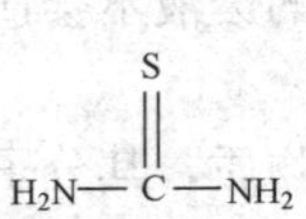	缓蚀剂（用作混合缓蚀剂的组分）	白色而有光泽的晶体，味苦，密度 1.405 g/cm³，熔点 180～182℃，溶于水，加热时溶于乙醇

2. 助溶剂

锅炉内附着物中铜垢和硅酸盐垢不易被清洗液溶解，氧化铁的溶解速度也较慢，为此需在清洗液中加入少量助溶剂，以加快附着物的溶解速度。

氟化物可与 Fe^{3+} 发生络合反应，降低清洗液中游离 Fe^{3+} 浓度，利于氧化铁溶解。因此，加入氟化氢铵（NH_4HF_2），加入量为清洗液的 $0.2\%\sim0.3\%$，可获得较好的清洗效果。

用盐酸清洗时，若附着物中有硅酸盐垢，由于盐酸对硅酸盐垢的溶解能力较差，加入氟化物能促进硅酸盐垢的溶解，一般为氟化钠和氟化铵，用量为清洗液的 $0.5\%\sim2.0\%$，氟化物在盐酸溶液中生成氢氟酸。

3. 还原剂

清洗过程中溶解的 Fe^{3+} 可与金属铁发生反应，即

$$2Fe^{3+} + Fe \longrightarrow 3Fe^{2+}$$

结果造成钢铁的腐蚀，特别是在 Fe^{3+} 浓度高时，钢铁的腐蚀显著增加，严重时会造成点蚀。加入缓蚀剂对这种腐蚀无效。据资料，清洗液中 Fe^{3+} 含量应小于 $300mg/L$，如果超过此值，就需投加还原剂将 Fe^{3+} 还原为 Fe^{2+}。例如在盐酸清洗液中可添加氯化亚锡，反应为

$$2Fe^{3+} + Sn^{2+} \longrightarrow 2Fe^{2+} + Sn^{4+}$$

在有机酸清洗液中可添加联氨、草酸等作为还原剂。

4. 掩蔽剂

如果清洗液中 Cu^{2+} 过多，会与钢铁发生反应，即

$$Cu^{2+} + Fe \longrightarrow Cu + Fe^{2+}$$

结果使钢铁腐蚀，而铜会在金属表面析出。可在清洗液中添加适量硫脲、NH_3 等作掩蔽剂。例如，硫脲与 Cu^{2+} 的络合反应为

从而阻止铜的析出。

5. 表面活性剂

表面活性剂是一类分子中具有两性基团的物质，分子的一端是亲水憎油的极性基团，另一端是亲油憎水的非极性基因。表面活性剂在水溶液中常集中在水与另一相的界面间，改变水的表面张力，使某些物质润湿、某些物质在水中发生乳化和促使某些溶质在水中分散。

表面活性剂分为阳离子型、阴离子型、非离子型。因阳离子型价格较高，所以化学清洗中一般使用阴离子型（如烷基磺酸钠、肥皂等）和非离子型（如平平加和 OP 等）表面活性剂。

锅炉化学清洗时添加表面活性剂的作用有以下几点：

（1）酸洗前用来洗净锅内油污等，利于清洗。一般采用合成洗涤剂如 401 和 601 等，可将清洗剂与 $NaOH$、Na_3PO_4、Na_2HPO_4 等具有去污能力的药品复合使用。

（2）降低清洗液的表面张力，使清洗液更易在金属或附着物表面渗透。常用平平加－20，其亲水基为羟基或聚氧乙烯基。

（3）促使混合缓蚀剂中难溶组分的分散乳化，使混合缓蚀剂形成乳状液，这类表面活性剂有 OP‐15 和农乳 100 等。

第三节 化学清洗方案的确定

进行锅炉化学清洗，必须预先制订清洗方案。这不仅需考虑清洗效果，而且需综合考虑

对设备的腐蚀、清洗时间、清洗费用等各种因素。清洗方案的包括拟定清洗工艺条件和确定清洗系统。

一、清洗的工艺条件

1. 清洗方式

化学清洗可分为静置浸泡和流动清洗两种方法。

静置浸泡法的优点是准备工作量小，耗酸量少，但其清洗效果较差。当锅炉需短时间内投运，或清洗范围仅限于水冷壁管时，经小型试验证明，静置浸泡能取得较好的清洗效果。

流动清洗也称为动态清洗，是采用较多的清洗方式，其优点是锅炉各个部位清洗溶液的浓度、温度及金属的温度等都较均匀，不致因温度差或浓度差而造成金属腐蚀。根据出口清洗液的分析结果很容易判断清洗进度和终点，溶液的流动可起到搅拌作用，有利于清洗和排除清洗废液中的沉渣和悬浮物。

2. 清洗剂的种类和用量

选择化学清洗药品时，主要考虑清洗液对所清洗范围内金属部件的腐蚀性，以及对附着物的去除效果。因此，应了解设备和部件所用的材料，分析测定附着物的性质，由此确定合适的清洗剂及其用量。

清洗剂和助溶剂等的用量应根据附着物的性质选择。一般应由小型试验来确定清洗剂和助溶剂的加药量。缓蚀剂的用量应以保证腐蚀速度最小为原则。

3. 清洗液的温度

清洗液的温度对清洗效果有直接影响。一方面，提高温度有利于增大清洗液对氧化铁等附着物的溶解速度；另一方面，提高温度会降低或失去缓蚀剂的缓蚀效果。因此，清洗液的温度必须合适。一般无机酸的使用温度为 $60\sim70℃$；有机酸的使用温度为 $90\sim98℃$。同时，不同缓蚀剂允许的最高温度不同，清洗液温度的上限主要取决于缓蚀剂的允许温度。

4. 清洗流速

提高流速可增加附着物的溶解速度，但同时会降低缓蚀剂的缓蚀效果，所以清洗流速不能太大。若清洗液流速太小，不能保证溶液在清洗系统各部分的充分流动，清洗效果较差。合适的最大和最小流速可通过动态小型试验确定。

5. 清洗时间

清洗时间是指清洗液在清洗系统中静置或循环流动的时间。清洗时间与清洗剂种类和附着物量等因素有关，一般根据试验结果和经验预定清洗时间，但实际的清洗终点应根据化学监督数据和监视管样清洗的情况来确定。

锅炉清洗时常用的工艺条件如下：

（1）盐酸清洗工艺。盐酸的质量分数一般为 $4.0\%\sim7.0\%$，缓蚀剂为 $0.3\%\sim0.4\%$，清洗液温度为 $50\sim60℃$，流速为 $0.2\sim1.0m/s$，清洗时间为 $4\sim6h$。

（2）氢氟酸清洗工艺。氢氟酸的质量分数为 $1.0\%\sim2.0\%$，缓蚀剂为 $0.3\%\sim0.4\%$，清洗液温度 $45\sim55℃$，最低流速为 $0.15\sim0.20m/s$，清洗时间为 $2\sim3h$。

（3）柠檬酸清洗工艺。柠檬酸的质量分数一般为 $2.0\%\sim4.0\%$，加氨水将溶液 pH 值调至 $3.5\sim4.0$，清洗液温度为 $90\sim98℃$，流速应大于 $0.3m/s$，但不得超过 $2m/s$，清洗时间为 $4\sim6h$。

（4）EDTA 清洗工艺。EDTA 清洗工艺各异。例如，清洗炉管内的氧化铁附着物，有的国家采用的工艺条件是：清洗剂为"EDTA＋NH$_3$"，添加复配的缓蚀剂，清洗液中 EDTA 的质量分数为 2.0％左右，pH＝9～9.5，温度 130～160℃，循环清洗时间为 6h 左右。我国部分电厂采用"协调 EDTA"清洗法，EDTA 的质量分数为 5.0％～10％（以清洗后剩余 EDTA 的质量分数为 1.0％～1.5％为宜），复合缓蚀剂 0.3％～0.5％，清洗液温度为 (137±3)℃，清洗开始时，清洗液的 pH＝5.3～5.8，清洗结束时，pH＝8.0～9.5，清洗流速应大于 0.1m/s，清洗时间为 12～15h。

二、清洗系统的确定

1. 化学清洗的范围

在拟定清洗系统之前，要根据锅炉的类型、参数和清洗种类（新建锅炉清洗或运行锅炉清洗）等确定化学清洗范围。一般运行后锅炉的清洗范围只限于锅炉本体部分的水汽系统，而新建锅炉因各部分均不同程度上存在脏污现象，清洗的范围较广。

新建高压及高压以下的汽包锅炉，清洗范围包括锅炉本体的水汽系统即省煤器、水冷壁和汽包等；新建超高压和超高压以上的汽包锅炉，除了锅炉本体的水汽系统外，还应考虑清洗过热器和凝结水系统和给水系统。新建直流锅炉的清洗范围一般包括锅炉全部水汽系统和凝结水系统，中间再热式机组的再热器也应进行清洗。凝汽器以及高、低压加热器的汽侧以及各种疏水管道，一般都不进行清洗，只用蒸汽和水冲洗。

2. 化学清洗系统

应根据锅炉的结构特点、附着物的状况以及热力设备和现场设备等具体情况来拟定化学清洗系统，应以系统简单、操作方便、安全可靠为原则。一般需考虑以下几点：

(1) 保证清洗液在清洗系统各部分有适当的流速，清洗结束时废液能顺利地排放。这需要根据系统的通流截面和流动阻力选择适当的清洗泵，使之具有足够的流量和扬程。要注意设备和管道的弯曲部分，避免因这些部位流速太低导致不溶性杂质沉积。

(2) 根据具体情况，可以将整个化学清洗系统分成几个独立的清洗回路分别清洗，以保证足够的清洗流速和效果。

(3) 清洗循环回路中应设清洗液箱，其作用是配制清洗液，便于清洗液循环。安装用蒸汽加热的表面式和混合式加热器，以保持清洗液温度。此外，清洗液箱还可以起到分离清洗液中沉渣的作用。

(4) 清洗系统中应安装由设备材质制成的试片。一般将试片安装在监视管段内、省煤器联箱、水冷壁联箱和汽包内。监视管段可安装在清洗用临时管道系统的旁路上，用于判断清洗终点。

(5) 清洗系统中要安装必要的仪器和取样点，以便测定清洗液温度、流量、压力及进行化学监督。

(6) 对不必清洗或不能与清洗液接触的部位和零件，如奥氏体钢、铜合金等材质制造的部件，应堵塞、拆除或绕过这些部位。例如，在清洗汽包时，为隔离过热器，可考虑在过热器内充满除氧的除盐水或 pH＝10.0 的氨-联氨保护溶液，或用木塞、特制塑料塞等将汽包蒸汽引出管堵塞。若由于汽包内部装置已焊死无法堵塞时，则应考虑严格控制汽包内的液位。此外，要将汽包内各种表计管、加药管、连续排污管以及洗汽装置的给水管堵塞起来，以防酸液进入。

(7) 清洗系统应设置引至室外的排氢管，以排除酸洗时产生的氢气，避免引起爆炸事故或产生气塞而影响清洗。为了排氢通畅，排氢管应尽可能减少弯头。当清洗汽包锅炉时，排氢管可以利用原有的汽包向空排汽管或用蒸汽管。

第四节　化学清洗步骤

制订好化学清洗方案后，应做好各项准备工作，包括清洗药品、清洗用水、热源、电源、清洗泵及备用泵、废水废气的排放等，并安装好清洗系统，落实各项安全措施。化学清洗应按一定的步骤进行，一般为水冲洗、碱洗或碱煮、酸洗、漂洗、钝化等。

1. 水冲洗

水冲洗的作用是除去清洗系统内能被水冲掉的物质。如新建锅炉内的焊渣、铁锈、尘土和氧化皮等，运行锅炉在运行过程中产生的部分附着物等。同时，通过水冲洗步骤可检查清洗系统是否漏水和畅通。

水冲洗的流速越大，冲洗效果就越好，水冲洗应进行到排水清澈时为止。水冲洗流速一般应保持为 $0.5 \sim 1.5 \text{m/s}$。

2. 碱洗或碱煮

碱洗或碱煮的作用是除去锅内油污，以便在酸洗阶段使酸液和被去除物质充分接触，同时，也有一定的去除硅酸盐垢的作用。碱洗是用碱液清洗，碱煮是在锅内加入碱液升火烧煮。要根据锅炉和附着物的具体情况确定采用碱洗还是碱煮。

新建锅炉一般采用碱洗，主要是要清除锅炉在制造、安装过程中涂在内部的防锈剂及沾染的油污等。碱洗液通常采用 $0.2\% \sim 0.5\% \text{Na}_3\text{PO}_4$、$0.1\% \sim 0.2\% \text{Na}_2\text{HPO}_4$（或 $0.5\% \sim 1.0\% \text{NaOH}$、$0.5\% \sim 1.0\% \text{Na}_3\text{PO}_4$）和 0.05% 左右的洗涤剂。如果清洗系统中有奥氏体钢制造的部位，不能用 NaOH 进行碱洗，因为奥氏体钢对 OH^- 敏感，有可能造成腐蚀。

在进行碱洗时，使系统内充以除盐水，循环加热到 $90 \sim 98 \text{℃}$，然后连续往清洗液箱中加入配好的浓碱液，维持碱液温度，使循环流速大于 0.3m/s，持续 $8 \sim 24 \text{h}$。碱洗结束后，先放尽碱洗废液，然后用除盐水冲洗系统，一直冲洗到出水 $\text{pH} \leqslant 8.4$，水质清澈为止。

运行锅炉一般也可采用碱洗，但当锅内沉积物较多或含硅量较高时，宜采用碱煮。碱煮的作用是去除油脂和 SiO_2，反应式为

$$\text{SiO}_2 + 2\text{NaOH} \longrightarrow \text{Na}_2\text{SiO}_3 + \text{H}_2\text{O}$$

而且能松动和清除部分附着物。碱煮采用 NaOH 和 Na_3PO_4 混合溶液，总浓度为 $1.0\% \sim 2.0\%$ 或更高，还可加入 $0.05\% \sim 0.2\%$ 的合成洗涤剂（如烷基磺酸钠等）。

碱煮是在锅内加入碱液，锅炉点火升温使锅内水煮沸，并且汽压到 $0.98 \sim 1.96 \text{MPa}$，在维持压力和排汽量为额定蒸发量的 $5\% \sim 10\%$ 的条件下，煮炉 $12 \sim 14 \text{h}$，碱煮过程中应反复几次"底部排污 - 补水"过程，直至洗净为止。当药液浓度下降到开始浓度的一半时，应适当补加药剂。碱煮后待水温降至 $70 \sim 80 \text{℃}$ 时，将碱洗废液全部排净，然后用除盐水冲洗，当水冲洗结束后，即可进行酸洗。

3. 酸洗

酸洗的清洗工艺与锅炉类型和清洗用酸种类有关。

用盐酸和柠檬酸清洗时，常采用闭式循环方式。将"碱洗 - 水冲洗"后留在系统内的除盐水在清洗系统内循环，并加热至所需温度，然后边循环边加入配好的浓药液。加药顺序是

先加缓蚀剂药液，待循环均匀后再加清洗剂溶液，这种方法一般用于高参数锅炉。对于小容量锅炉的酸洗，可在清洗箱中配好清洗液，加热到所需温度，然后用清洗泵灌注到清洗系统。

在酸洗过程中，应测定清洗液温度，一般每 30min 在各取样点采样一次，测定样品中铁的含量和酸的浓度。当用柠檬酸时，还要测定 pH 值和柠檬酸的浓度，如果柠檬酸浓度小于 2.0%，可适当加柠檬酸和缓蚀剂。当循环清洗至预定时间或测定清洗液中 Fe^{2+} 含量无明显变化时，结束酸洗。酸洗结束后不要用放空的方式排酸，以免空气进入系统造成严重腐蚀，可通过除盐水顶出酸液并进行水冲洗，冲洗至排水 pH＝5.0～6.0，Fe^{2+} 含量小于 20～50mg/L 为止。同时，要尽可能提高冲洗流速，以缩短冲洗时间，防止酸洗后金属表面生锈。

用 EDTA 清洗时一般要预先配好清洗液，然后注入锅内循环清洗。在溶药箱中用 NaOH 溶解 EDTA 并加入适量的缓蚀剂、掩蔽剂等，使浓度达到清洗所需浓度，pH＝4.5 左右。将配好的溶液加热或送入锅炉后辅助加热，使溶液温度达到（135±5）℃，此时络合清洗已自动进行。每隔 15～20min 采样一次，测量 pH 值、EDTA 浓度、Fe^{2+} 含量。循环到清洗液 pH＝8.2～8.5 时停止清洗。将清洗液放在清洗溶药箱待回收。EDTA 清洗后会形成金属表面钝化膜，不必再进行钝化。

用氢氟酸清洗时，一般采用开路方式，即用清洗泵以一定流速向清洗系统泵入已加热到一定温度的除盐水，然后在清洗泵出口管加入缓蚀剂、添加剂和清洗剂，使清洗液流经清洗系统后，再用除盐水顶出清洗液并冲洗，然后进行漂洗和钝化处理。

4. 漂洗

漂洗的作用是除去系统经酸洗后水冲洗过程中产生的二次锈，并排除系统内残留的铁离子，为钝化提供有利条件。

如果酸洗阶段采用盐酸或柠檬酸清洗，则在漂洗时常采用柠檬酸溶液。柠檬酸浓度一般为 0.1%～0.2%，加入适量的缓蚀剂，并用氨水调节 pH＝3.5～4.0，溶液温度维持为 75～90℃，循环冲洗 2～3h。漂洗后不再进行水冲洗，用氨水调节 pH＝9.0～9.5，然后进行钝化。

如果用氢氟酸进行酸洗，可用 pH＝3.0、含 0.1%缓蚀剂的氢氟酸溶液漂洗，然后用氨水调节 pH＝9.0 的除盐水冲洗一段时间，再进行钝化。

5. 钝化

钝化的作用是用钝化剂处理金属表面，使金属表面生成保护膜。钝化后金属表面变成银灰色，可大大提高金属的耐腐蚀性能。

（1）亚硝酸钠钝化法。用除盐水配制浓度为 1.0%～2.0%的 $NaNO_2$ 溶液，加氨水调节 pH＝9.0～10.0，温度为 50～60℃，在系统中循环 6～10h 后排出溶液，即完成钝化，也可在循环后再浸泡 1h。钝化时，一般先往系统中加氨水，快速调节使 pH＞9.0，再加 $NaNO_2$ 溶液。排出钝化液后，要用除盐水冲洗，以免残留的 $NaNO_2$ 在锅炉运行时造成腐蚀。

$NaNO_2$ 的钝化效果最好，形成的银灰色钝化膜致密。但由于钝化废液污染环境，在有其他钝化方案可供选择时，尽量不采用亚硝酸钠钝化法。

（2）联氨钝化法。用除盐水配制浓度为 300～500mg/L 的联氨溶液，加氨水调节 pH＝9.5～10.0，维持温度为 90～95℃，在系统内循环 24～30h。钝化结束后，可以将钝化液排净，也可留在设备内作防腐剂直至锅炉启动。

（3）碱液钝化法。用除盐水配制 1.0%～2.0% 的 Na_3PO_4 溶液，加热到 70～90℃，用清洗泵从水冷壁下部联箱泵入锅内，循环 10～12h 后，再用除盐水冲洗，直至排水的碱度和 PO_4^{3-} 接近锅炉正常运行时的水质标准为止。冲洗后将全部存水放净，钝化即可结束。该法钝化效果较差，一般只适用于中、低压汽包锅炉。

（4）丙酮肟钝化法。丙酮肟具有强还原性，对金属具有良好的钝化作用，是一种较好的金属钝化剂。钝化时将丙酮肟浓度控制在 500～600mg/L，用氨水调节 pH＝9.5～10.0，维持温度为 80～90℃，循环 20～24h。钝化结束后立即将系统中的钝化液排空，并及时打开汽包人孔门进行通风，利用系统的余热将钝化的金属表面烘干。

第五节　清洗效果检查和废液处理

一、清洗效果检查

进行化学清洗后，应对所清洗的设备进行全面检查，以确定清洗效果，包括：金属表面的洁净程度，残留沉积物量；金属基体是否受到严重腐蚀，钝化膜是否良好；清洗的水耗、药耗及清洗时间。

1. 检查锅炉能打开的部位

检查汽包、联箱和直流锅炉的启动分离器等能打开的部位是否清洗干净，同时清除沉积物，还应检查过热器、再热器的弯管底部和水冷壁节流圈附近是否有沉积物。

2. 割管检查

割取有代表性的管样，分别检查清洗效果和金属表面状态。通过计算代表性管样在清洗前、后内部附着物数量或厚度来判断清洗效率。金属表面的腐蚀程度和钝化膜质量可用直观检查或电子探针、X 射线衍射、电子显微镜等进行微观检查，还可以采用阳极极化法进行试验检查。

3. 测定腐蚀速度

采用失质法测定监视管内腐蚀试样的腐蚀速度，或使用电化学快速腐蚀速度测定仪连续测定腐蚀速度，根据测定结果来评定腐蚀速度。一般认为，金属基体在酸洗时的腐蚀速度应低于 10g/（m^2·h）。

此外，还可以根据锅炉启动时汽水品质达到正常运行标准所需的时间判断清洗效果，时间越短说明清洗效果较好。

二、清洗废液处理

由于大多清洗废液中含有毒有害物质，禁止直接排放，而且化学清洗废液排出流量大、时间短，因此在设计废液处理系统时，应有足够的容积。

1. 盐酸清洗废液

这种废液中主要是 pH 值、金属离子及悬浮物超标，多采用中和沉淀法处理，反应式为

$$HCl + NaOH \longrightarrow NaCl + H_2O$$

$$FeCl_3 + 3NaOH \longrightarrow Fe(OH)_3 + 3NaCl$$

如果清洗时加入了部分铜离子掩蔽剂（硫脲等）和抑制剂（有机胺等），还需采取氧化法以降低废液中的 COD。例如，硫脲中的 S^{2-}，可通过氧化反应生成硫酸钠后排放，反应式为

$$2S^{2-}+2H_2O_2+2NaOH \longrightarrow Na_2S_2O_3+3H_2O$$
$$Na_2S_2O_3+4H_2O_2+2NaOH \longrightarrow 2Na_2SO_4+5H_2O$$

2. 有机酸清洗废液

有机酸清洗废液的处理方法是焚烧，即利用锅炉的高温条件，将有机酸废液喷入炉膛，有机物燃烧分解为水和 CO_2，重金属离子生成金属氧化物。焚烧处理在国外应用较普遍，国内也在普及，并取得成功的经验。另外，还可利用粉煤灰吸附处理有机废液，但最终还应对粉煤灰进行焚烧处理。

3. 氢氟酸清洗废液

F^- 危害环境，将石灰粉或石灰乳与氢氟酸废液同时排入废液处理池，用泵使废液与石灰混合充分反应，生成无害的 CaF_2，直至 F^- 浓度小于 $10mg/L$，反应为

$$2HF+Ca(OH)_2 \longrightarrow CaF_2 \downarrow 2H_2O$$

4. 亚硝酸钠废液

$NaNO_2$ 与酸反应生成 NO_x 气体，污染环境。因此，$NaNO_2$ 清洗废液需单独处理。

（1）氯化铵处理。加 HCl 调节废液 pH＝5.0～9.0，然后加 NH_4Cl，通蒸汽加温至 70～80℃，反应为

$$NaNO_2+NH_4Cl \longrightarrow NaCl+N_2+H_2O$$

（2）次氯酸钙处理。常温下加入次氯酸钙，使 $NaNO_2$ 氧化生成 $NaNO_3$，反应为

$$NaNO_2+Ca(ClO)_2 \longrightarrow NaNO_3+CaCl_2$$

（3）尿素分解。采用尿素的盐酸溶液处理废液，反应为

$$NaNO_2+CO(NH_2)_2+2HCl \longrightarrow 2NaCl+2N_2+3H_2O+CO_2$$

将处理后的废液静置过夜再排放。

5. 联氨废液

联氨废液可用次氯酸钠分解处理，反应为

$$N_2H_4+2NaClO \longrightarrow 2NaCl+N_2+2H_2O$$

此反应一般仅需 $10min$，处理至水中残余氯含量不大于 $0.5mg/L$ 即可排放。

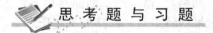 思 考 题 与 习 题

1. 锅炉为什么要进行化学清洗？

2. 确定清洗系统应考虑哪些因素？

3. 锅炉化学清洗过程有哪几个步骤？各步骤的目的是什么？

4. 如何检查清洗效果？

第十四章　核电设备的腐蚀与控制

核电厂利用重核的可控裂变反应产生的能量来发电。自 1954 年第一座核电厂建成至今，世界上利用核能发电有了很大发展。全世界已有近 450 台核电机组投入运行，总装机容量超过 3.53 亿 kW。

目前，工业规模应用的有压水堆、沸水堆、重水堆、气冷堆、快中子增殖堆 5 种堆型，核电厂中有 80% 以上是使用轻水（普通水）作慢化剂与冷却剂，称为轻水堆。在轻水堆中有压水堆（PWR）和沸水堆（BWR）两类。秦山核电厂（300MW）、大亚湾核电厂（900MW×2）及岭澳核电厂均是采用压水堆。

核电厂的水质保证与设备的腐蚀控制，与核电厂的生存密切相关。压水堆核蒸汽供应系统的蒸汽发生器吸收反应堆冷却剂的热量，使传热管外的水成为推动汽轮机做功的蒸汽。蒸汽发生器的传热管壁厚仅 1mm 左右，一旦腐蚀泄漏，其后果相当严重。如果无腐蚀泄漏，则核电厂被传热管分隔为完全分离的两个回路，在汽轮发电机组与给水、凝结水、冷却水系统中不会发生核污染。

核电厂一回路主要结构材料为镍基合金、锆合金，二回路的结构材料与火电厂类似。

第一节　核电设备与材料

一、压水堆核电设备

图 14-1 所示为压水堆核电厂工作原理。水在主泵的驱动下进入反应堆，如图 14-2 所示。在堆芯中吸收裂变热量之后，流出反应堆进入图 14-3 所示的蒸汽发生器，通过热交换管壁将热量传递给二回路给水使之汽化，然后由主泵重新送入反应堆。压水堆一般有几个此种传热回路，通称一回路（主回路）。相应的二回路则由蒸汽发生器、汽轮机、凝汽器、给水泵和给水加热器组成。压水堆的特点是一回路处于高压之下，使冷却剂流经堆芯时始终处

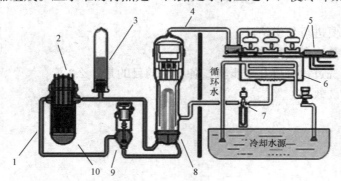

图 14-1　压水堆核电厂工作原理

1—回路系统；2—控制棒及驱动机构；3—稳压器；4—二回路系统；5—汽轮发电机；
6—凝汽器；7—给水泵；8—蒸汽发生器；9—主冷却剂泵；10—反应堆

于液体状态。这样可以在二回路得到较高的蒸汽参数，从而获得较高的电厂热效率。

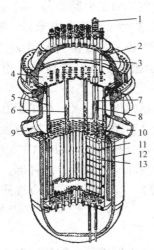

图 14-2　压水反应堆本体结构
1—控制棒驱动机构；2—顶盖；3—驱动轴；
4—压紧组件；5—吊篮部件；6—支承筒；
7—导向筒；8—控制棒；9—冷却剂
入口；10—冷却剂出口；11—堆芯
辐板；12—筒体；13—燃料组件

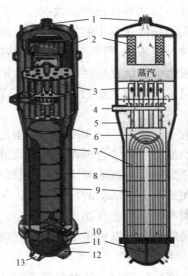

图 14-3　蒸汽发生器
1—蒸汽出口管嘴；2—蒸汽干燥器；3—旋叶式汽水分离器；
4—给水管嘴；5—水流；6—防振条；7—管束支撑板；
8—管束围板；9—管束；10—管板；11—隔板；
12—冷却剂出口；13—冷却剂入口

稳压器如图 14-4 所示，其作用是建立并维持一回路的压力，避免冷却剂在反应堆内发生容积沸腾，为一回路系统的缓冲容器。稳压器下部是水，上部是汽，底部有波动管与一回路相通。上部的喷雾器与一回路的冷段（蒸汽发生器出口至反应堆进口管路）相通。启动喷雾器以降低稳压器的温度，将稳压器上部饱和蒸汽的温度和压力维持在允许范围内，而水的不可压缩性则将压力通过波动管传遍整个回路。

压水堆核电厂都把一回路主要设备放在一个密闭耐压的钢筋混凝土大厅内，以确保正常运行或事故条件下放射性物质不外逸，故把大厅称为安全壳。安全壳采用球形或圆柱形设计，所有一回路设备及燃料元件水池都布置在安全壳内，钢制气密的安全壳及外面的混凝土二次屏蔽壳之间始终保持负压，以免在事故工况下放射性逸出。为了防止飞机冲撞可能造成的破坏，安全壳的混凝土屏蔽层的厚度达 2m。

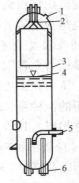

图 14-4　蒸汽稳压器示意
1—排汽管；2—喷淋头；3—壳体；
4—水位面；5—波动管；6—电加热器

除一回路外，压水堆还有许多辅助系统，如化学和容积控制系统，用来净化冷却剂和保持冷却剂水质。冷却水系统、停堆冷却系统、应急堆芯冷却系统、安全喷淋系统、三废（废水、废气、废固）处理系统等。将这些辅助系统置于辅助厂房内。主回路及其辅助系统组成压水堆核电厂的反应堆部分。对于现代核电厂，反应堆压力壳内径约 5m，由近 200 个核燃料组件组成的堆芯，含大约 100t 铀。

二、一回路结构材料

压水堆一回路具有强烈的放射性。为了防止燃料块中的放射性因包壳管腐蚀破坏进入冷却剂，进而防止冷却剂中的放射性因一回路压力边界的腐蚀破坏向二回路泄漏，对一回路结构材料的选择要求很严格。由于一回路冷却剂浸润表面积非常大（数万平方米），一旦发生腐蚀，不仅会增加活化腐蚀产物量和放射性检修工作量，更重要的是直接关系到反应堆的安全运行。只要蒸汽发生器数万根热交换管中的一根发生腐蚀破坏，就会导致整个电厂长期停运。

早期的一些核电厂，与冷却剂接触的材料几乎全部使用不锈钢。后来，使用耐高温腐蚀性能及核性能更佳的锆合金作为燃料元件包壳管，逐渐取代了不锈钢，同时，蒸汽发生器中的不锈钢热交换管也逐渐被镍基合金管取代，这是由于镍基合金具有更好的抗 Cl^- 应力腐蚀的性能。此外，一些活动的机械部件，如控制棒驱动机构、泵叶轮、轴承、阀杆等，采用耐磨高强度钢和硬质合金（如司太立合金、海因斯—25 合金等）。应该指出，反应堆回路中忌用含钴量高的合金，以免生成大量活化腐蚀产物 ^{60}Co。

1. 堆芯材料

（1）核燃料包壳管。核燃料包壳管两端由端塞焊接密封，以保护其中的核燃料不受冷却剂腐蚀破坏，并使燃料固定，防止裂变产物逸出到冷却剂中，同时由于包壳管的特殊机械性能，也保证了燃料棒操作过程中的安全及 UO_2 的经济燃耗。

压水堆中，可以用锆合金或镍铬钢做燃料包壳管。前者的优点是对中子的吸收非常少，对冷却剂侧的应力腐蚀不敏感，得到广泛应用。镍铬钢对应力腐蚀的敏感性，在包壳管表面出现沸腾时达到极大值。随着镍铬钢中镍含量的增加，这种腐蚀敏感性降低。

（2）燃料组件框架。一根根燃料棒通过组件框架组装成燃料组件。组件框架的组成为定位架、控制棒导向管、顶部件及底座。定位架是由锆合金或镍合金通过焊接制成。控制棒导向管、顶部件及底座采用锆合金或镍铬钢制成。

2. 堆内构件

一回路部件中，堆内构件包括一些小零件，如螺钉、螺栓、弹簧等，都是由具有高度抗腐蚀性能的奥氏体镍铬钢制成的。这一方面是由于这种不锈钢对中子辐照脆化敏感性很小，另一方面也是为了尽量减少堆内构件在冷却剂中的腐蚀。

3. 压力壳及其他受压部件

反应堆压力壳包围着整个堆芯，是一回路最重要的压力容器。压力壳壁离堆芯最近，受中子辐照。压力壳采用的都是成分大体相近的低合金结构钢，并通过水淬进行调质处理。目前主要采用的钢种有 22NiMoCr37 和 20MnMoNi55。压水堆机组的蒸汽发生器在材料上和压力壳大体相似。其特点是以大量 U 形管作为一回路与二回路之间的传热面。

这些 U 形管的材料基本上有两种。在美国反应堆采用的是因科镍‑600，在德国反应堆采用镍铬钢因科洛依‑800。表 14‑1 是压水堆一回路各部件及其采用的金属材料。

表 14‑1　　　　　　　　　　　　　　典型压水堆的结构材料

设备		材料
反应堆压力壳	压力容器	低合金钢①，304 型不锈钢覆面
	仪表和控制棒驱动接管	因科镍‑600 合金

设备		材料
反应堆压力壳	燃料元件包壳和导向环	Zr-4 合金
	控制棒驱动机构	17-4PH，410 型不锈钢
	主管道	304L 型不锈钢
	波动管和喷雾管	316 型不锈钢
蒸汽发生器	壳体	低合金钢[①]
	下封头衬里	堆焊 304 型不锈钢
	管板覆面（一回路侧）	堆焊因科镍-600 合金
	换热管	因科镍-600 或因科洛依-800 合金
	隔板	410 型不锈钢
主泵	泵壳	低合金钢[①]，堆焊不锈钢
	叶轮	17-4PH 型不锈钢
稳压器	箱体	低合金钢[①]，304 型不锈钢或因科镍-600 合金衬里
	电加热器	因科镍-600 合金

① 指特种低合金钢（低碳锰钼铌钢），国内牌号为 S-271、S-272，美国类似材料的牌号为 508-2、508-3，德国用 22NiMoCr37。

第二节 锆合金的腐蚀与控制

一、锆的性质

1. 锆的物理化学性质

锆的原子量为 91.22，电阻率为 $41\mu\Omega \cdot cm$（20℃），沸点为 3580～3700℃，密度（20℃时）为 6.50 g/cm³，锆具有良好的导热能力，其导热系数与不锈钢接近。

锆的原料为海绵状，十分活泼。锆粉末的化学活性极高，粒度越细，活性就越高，极易与气体、水发生反应，极易着火。锆易与氧反应，锆可溶解 29%（摩尔分数）氧而形成固溶体。锆与氮的反应速度比与氧的反应速度低，当锆中的氮超过 20%（摩尔分数）时，生成稳定的 ZrN 化合物。锆极易吸氢，温度高于 300℃时，锆便与氢气迅速发生反应。锆在 800℃时，与 CO_2、CO 反应生成 ZrO_2 和 ZrC；在 300℃时，锆与水蒸气起反应，当氢和氧分别超过其溶解度时就在表面生成 ZrO_2。此外，致密锆在温度为 200～400℃时，易与氟、氯、溴、碘等元素发生反应，分别生成 $ZrCl_4$、ZrF_4、$ZrBr_4$ 和 ZrI_4，在一定条件下也可以生成低价化合物。

锆在酸碱等介质中具有良好的耐蚀性能，对各种碱溶液的稳定性比不锈钢和钛好，只有氢氟酸、浓硫酸、磷酸才能与之反应。

尽管锆为活性金属，但在常温下金属锆表面会生成一层保护性氧化膜，因而在空气中很稳定，氧化膜与空气中的氧、氮几乎不发生反应，致密锆能长期保持其金属光泽。

2. 锆的核性能

锆的热中子吸收截面很小，为 $1.85\times10^{-29}m^2$，比镍、铜、钛等金属小得多。这是选择锆合金作为反应堆材料的主要原因。锆的同位素有 ^{90}Zr、^{91}Zr、^{92}Zr、^{94}Zr、^{96}Zr。

将锆置于反应堆辐照后，只有较低的放射性。^{90}Zr 和 ^{91}Zr 形成相应的稳定同位素 ^{91}Zr 和 ^{92}Zr。

3. 锆合金

锆具有良好的机械性能和核性能，但由于它对氮、氧有很强的亲和能力，在中子辐照下易发生脆裂，故不宜作为燃料棒的包壳材料。添加少量合金元素能大大改善锆的性能。在水冷反应堆中，锆锡合金和锆铌合金得到了广泛应用。

除纯锆外，在 ASTM（国际材料试验协会）标准中，规定应用于水冷反应堆中的锆合金有 Zr-2、Zr-4、Zr-1Nb 和 Zr-2.5Nb 合金。

（1）锆-锡合金。由于锡能消除氮的有害影响，在锆中加入锡，制成 Zr-2（组成％为 1.5Sn、0.12Fe、0.10Cr、0.05Ni、0.1％～0.14％氧）合金，它具有良好的耐高温水和蒸汽腐蚀性能。Zr-2 一直是沸水堆大量应用的合金，由于 Zr-2 合金中的镍吸氢作用很强，易发生氢脆，后来制成 Zr-4（组成％为 1.5Sn、0.20Fe、0.10Cr、Ni<0.007）合金。在 360℃高温高压水中，Zr-4 的吸氢量明显减少，仅为 Zr-2 合金的 $1/3$～$1/2$。因此，Zr-4 广泛用于压水堆和加压重水堆的元件包壳以及沸水堆的元件盒及堆芯结构材料。

随着反应堆燃耗的提高，燃料包壳的水侧腐蚀成为重要的限制因素，为了提高锆合金的耐蚀性能，将常规 Zr-4 合金中的锡含量降至 1.2％～1.5％，将 Fe+Cr 调整为常规 Zr-4 的上限，Fe/Cr 控制为 2∶1，而且对工艺进行了调整制成低锡 Zr-4 合金，称为改进型 Zr-4 合金。在高燃耗下，改进型 Zr-4 合金的氧化膜厚度比 Zr-4 合金氧化膜厚度降低约 50％，明显提高了合金的耐蚀性能。

（2）锆-铌合金。Zr-Nb 合金是俄罗斯用作压水堆燃料包壳材料。铌的热中子吸收截面小，能消除氮、碳、铝、钛等杂质对合金耐蚀性能的不利影响，减少锆合金的吸氢量，铌也是锆合金的有效强化元素。Zr-2.5Nb 合金的强度和塑性与 Zr-2 合金相当，耐蚀性能好，但吸氢性能比 Zr-2 合金低，强度和抗蠕变性能优于包壳材料，使用寿命达 30 年。此外，还有 Zr-Nb-Cu 合金，耐 CO_2 腐蚀，用作重水堆压力管隔离材料。

二、锆及锆合金在水蒸气中的腐蚀

锆是活泼金属，但是因锆表面的氧化膜具有很好的保护性，所以具有良好的抗腐蚀性能。若保护膜遭到破坏，锆就会在短时间内受到腐蚀破坏。据资料报道，在 288～360℃的高压纯水中对 Zr-2 和 Zr-4 合金进行腐蚀试验，时间长达 2000h。由试验结果推断，在上述条件下锆合金即使使用 15 年，生成的氧化膜厚度也只有 0.01mm。锆合金在高温水或蒸汽中生成氧化膜的反应为

$$Zr+2H_2O \longrightarrow ZrO_2+2H_2 \tag{14-1}$$

图 14-5 所示为 Zr-4 合金在高温水（或蒸汽）中的腐蚀变化趋势，开始时反应非常缓慢，当氧化膜增加到一定厚度时，腐蚀速度突然增加，而后腐蚀速度又逐渐减缓并趋于恒定。

腐蚀突然加快的一点称为转折点。在该点以前，氧化膜呈平滑连续状紧贴在金属表面，具有黑色光泽，是组成为 ZrO_{2-n}（$n<0.05$）的单斜晶体。转折点后，氧化膜呈灰色或白色，组成为 ZrO_2，疏松地附着在金属表面，无保护性。此时，ZrO_2 的摩尔体积相当于金属锆的摩尔体积的 1.56 倍，氧化膜因而受到很大的应力。

一般认为，锆合金在转折点前的腐蚀速度（膜的增长速度）是由氧离子（O^{2-}）的扩散

速度所控制，即由 O^{2-} 从氧化膜的外表面穿过氧化膜晶格中的空穴扩散到金属-氧化膜界面的速度所控制，同时电子从基体金属表面穿过氧化膜扩散到外表面以达到电荷平衡。转折点后腐蚀速度增加是因氧化膜破裂。随着腐蚀过程的继续进行，直到残余保护膜的厚度大体保持不变，腐蚀速度才趋于恒定。当氧化引起膜的增重达 $1000mg/dm^2$ 时，氧化膜开始剥落。

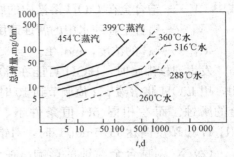

图 14-5　Zr-4 合金在高温水中的腐蚀

——试验数据；－－－外推值

三、影响锆合金腐蚀的因素

1. 温度

由图 14-5 可知，冷却剂温度越高，到达转折点的时间就越短，腐蚀速度就越快。在压水堆燃料元件表面温度（343℃）下，锆合金达到转折点的时间为 190 天，而燃料在堆内辐照时间一般为 1000 天左右，也就是说，堆内锆合金包壳大部分时间处于转折点以后的状态，了解掌握转折点以后的锆合金的腐蚀行为十分重要。

2. 冷却剂流速

当冷却剂流速为 0～10m/s 时，对锆合金的腐蚀没有什么影响。

3. 中子通量

锆合金在水或蒸汽中的腐蚀，受中子通量和含氧量的影响较大，而且二者相互促进。在中子辐照下，冷却剂或蒸汽中的氧能显著增加腐蚀速度。同样，在含氧的冷却剂中，提高中子通量也会加剧锆合金的腐蚀。腐蚀实验表明，Zr-2 合金在 280℃水中和 $1\times10^{14}/cm^2\cdot s$ 的快中子通量下，当水中初始溶解氧浓度较高时，腐蚀速度较快，此后虽然降低了氧的浓度（小于 0.05mg/L），但因锆合金腐蚀具有"记忆"效应，腐蚀速度仍保持不变。鉴于压水堆冷却剂中的溶解氧允许浓度很低，中子辐照对锆合金的腐蚀速度不会有显著影响。

4. 热通量

反应堆运行时，裂变产生的热量经过包壳管向冷却剂传递，若包壳管表面氧化膜增厚，则金属-氧化物界面的温度会随之上升，使包壳管的氧化速度增加。图 14-6 表明热通量 $[BTO/(ft^2\cdot h)]$ 对 Zr-4 包壳管的腐蚀增重和吸氢量的影响。

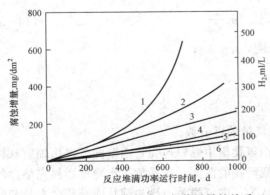

图 14-6　Zr-4 包壳管腐蚀与热通量的关系

1、2、3—热通量分别为 1×10^6、5×10^5、0（360℃）；

4、5、6—热通量分别为 1×10^6、5×10^5、0（332℃）

5. 冷却剂水质

（1）碱性溶液对锆合金腐蚀的影响。碱对锆合金腐蚀影响较大，LiOH 较 KOH 更为明显。碱浓度越高，锆合金腐蚀速度就越大。例如，在 360℃ 的除氧水中，当 LiOH 浓度为 $2\times10^{-3}mol/L$ 时（相当于室温下 pH=11.3），对锆合金腐蚀没有显著影响；当浓度增至 $10^{-2}mol/L$ 时（pH=12），对腐蚀速度的影响较明显；当 LiOH 浓度增至 35mg/L 时，腐蚀速度显著提高。

溶液中 Li^+ 对锆合金腐蚀影响可表示为

$$V/V_0 = 1 + 13\ C_{Li} \qquad (14-2)$$

式中　V——锆合金在 LiOH 溶液中的腐蚀速度；

　　　V_0——锆合金在纯水中的腐蚀速度；

　　　C_{Li}——Li^+ 的浓度，mol/L。

发生泡核沸腾时，LiOH 可能在堆内设备缝隙处浓缩，造成锆合金局部腐蚀。经验表明，用 LiOH 将溶液 pH 值调节到 10 时，因泡核沸腾引起 LiOH 在缝隙处浓缩会加速锆合金的腐蚀。而在相同 pH 值条件下，NH_3H_2O 的影响要小得多，如在 360℃ 的水中，NH_3H_2O 浓度高达 11.5mol/L 时，对锆合金的腐蚀无太大影响。

（2）X^- 对锆合金腐蚀的影响。在卤素元素中，F^- 对锆合金的腐蚀作用很明显，而 Cl^-、I^- 则不明显。在 360℃，pH＝10.5 的水中，Cl^-（或 I^-）的浓度为 0.01mol/L 时，Zr-4 合金的腐蚀性能没有变化。而当 F^-＝10mg/L 时，能显著增加锆合金的初始腐蚀速度和吸氢量。反应堆冷却剂中有时会含有微量 F^-，可能来自某些密封材料（如聚四氟乙烯），也可能因燃料元件制造厂对包壳表面进行 HF 酸处理后漂洗不净所致。

另外，在冷却剂中硼浓度所允许的范围内，硼酸对锆合金的腐蚀无影响。水中溶解有少量 H_2，对锆合金的腐蚀没什么影响。

四、锆合金的应力腐蚀和氢脆

1. 锆合金的应力腐蚀

在高功率下运行的燃料包壳管的破损，多数是由于应力腐蚀的结果。锆合金受应力腐蚀破裂的敏感温度为 240～500℃，以 400℃ 最为敏感。锆合金的冷加工方式、燃料组件和结构形式、中子辐照引起的锆合金脆化、甚至裂变产生的碘和铯，都对锆合金受应力腐蚀的敏感性有影响。当温度低于 240℃ 和高于 500℃ 时，锆合金很少发生应力腐蚀。

2. 锆合金的氢脆

（1）锆合金的氢脆。锆合金与水反应生成的氢，一部分能够穿过氧化膜扩散到金属中被吸收。被金属吸收的氢通过热扩散在金属中的低温处（燃料包壳外表面）聚积，若局部聚积量超过氢在锆中的溶解度时，就会在晶界或晶面上析出氢化锆 $ZrH_{1.5}$，使锆的脆性增加。$ZrH_{1.5}$ 的形成会改变锆的机械性能，使锆的腐蚀速度增加。实验表明，Zr-2 合金的吸氢量比 Zr-4 合金的吸氢量大得多，所以，压水堆中都用 Zr-4 合金作为燃料元件包壳管。

锆合金的吸氢量是腐蚀量的函数，氢在基体金属腐蚀表面的平均浓度 C_H 为

$$C_H = 1.25 \times 10^{-2} a \frac{\Delta m}{d\rho} \qquad (14-3)$$

式中　C_H——氢在基体金属腐蚀表面的平均浓度，mg/kg；

　　　Δm——腐蚀增重，mg/dm^2；

　　　d——壁厚，cm；

　　　ρ——锆合金密度，g/cm^3；

　　　a——吸收份额，相当于腐蚀产生的总氢量的百分数。

（2）锆合金燃料包壳的内氢脆。内氢脆是指氢化锆由燃料包壳管内壁向外表呈辐射状析出，使包壳管产生裂缝，甚至贯穿管壁造成裂变产物的泄漏，这是危害水冷堆燃料完整性的最严重问题。内氢脆常在运行初期发生，一般认为，内氢脆是由燃料锭片内部残余水分造成的。在反应堆初次提升功率后，水分与锆包壳管内表面作用生成氧化膜并放出氢。若氧化膜完好，则可阻止氢向金属内部渗透。但随着锆水反应的继续，氧被消耗，氢在积聚，逐渐形

成一种缺氧状态，因而没有足够的氧继续形成和修复氧化膜，最终氧化膜开始出现缺陷点（击穿点），氢通过缺陷点扩散进入金属内部，为氢脆打开缺口。当氢的分压超过 1.013×10Pa 时，只要氧化膜有一小点（10^{-4} cm^2）缺陷，金属的吸氢率就能超过氢在金属中的扩散率。氢逐渐积累形成的 δ 相氢化物密度为 5.48g/cm，比锆合金密度（6.55g/cm^3）小。因此，氢化物的生成过程伴有相变的体积变化，形成疏松结构，在内表面上鼓胀起来。氢化物在包壳管截面温度梯度中由包壳管内壁向外表呈辐射状迁移扩散，形成许多微小的贯穿性裂缝。此时若有急剧的功率波动，则应力的作用就会造成包壳管破裂。

由此可见，内氢脆的危害极大。为了防止包壳管的氢脆破损，必须尽量减少和消除燃料包壳内部的氢。经验表明，造成一个辐射状缺陷的最小氢量约为 0.2mg。燃料中微量水分往往是氢的主要来源，故需严格控制。但因涉及因素较多，应视具体情况而定。有人提出冷燃料的含水量不应高于 2mg/cm^3。美国通用电气公司提出将燃料芯块含水量降低到包壳管破损所需最小水量的 1/10。F$^-$ 和铯有助于内氢脆，尤其是 F$^-$ 会削弱氧化膜对氢穿透的防护作用，F$^-$ 和水汽共同作用会加速辐射状缺陷的形成，故应严格控制燃料芯块中的 F$^-$ 含量。

3. 锆合金在压水堆中的应用

最初全部采用锆合金包壳管的压水堆是奥布利希海姆（Obrigheim）核电厂。后来，西方国家所有压水堆都普遍采用指形控制棒和 Zr-4 合金包壳管。

运行经验表明，锆合金燃料组件包壳管的完整性与冷却剂水质有关，尤其是水中的溶解氧对锆合金的腐蚀非常显著。例如，在 Obrigheim 反应堆第一批燃料运行期间，因冷却剂含氧量偏高，锆包壳管的腐蚀增重比在标准水质下运行以后的几批燃料的腐蚀增重高 5～10 倍。图 14-7 所示为锆合金包壳管的腐蚀情况。在包壳管发生腐蚀的情况下，包壳管破损率仍在 0.2% 以下，吸氢量也无明显增加。

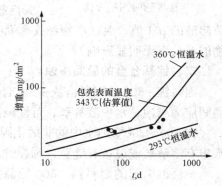

图 14-7 锆合金包壳的腐蚀
●—无破损的燃料包壳；
○—破损燃料包壳

在腐蚀较严重的 Obrigheim 核电厂，第一批燃料组件包壳的氢含量在 200mg/kg 以下，包壳中的氢化物沿切线方向析出，分布均匀，定位格架处的氢浓度和氢化物取向均属正常，未发现定位格架的弹簧片和支撑点在包壳上磨蚀或擦伤的痕迹。

第三节　镍基合金的腐蚀与控制

通常把 Ni 含量≥30%、（Ni+Fe）含量≥50% 的合金称为铁镍基合金，把 Ni 含量≥50% 的合金称为镍基合金，二者均称为高镍合金。镍基合金主要有 Ni-Cr 系、Ni-Cu 系、Ni-Mo 系等。核电厂为解决蒸汽发生器中不锈钢管的 Cl$^-$ 应力腐蚀问题，蒸汽发生器采用 Ni-Cr 合金。因科镍（Inconel）是这类合金中有代表性的合金。后来，采用因科洛依-800（Incoloy-800）合金做管材，为 Cr20%、Ni32% 的铁镍基合金。二者都具有良好的冷、热加工性能，低温机械性能，抗氧化性能和抗高温腐蚀性能，特别是抗 Cl$^-$ 应力腐蚀性能优良。但在高温、应力和苛性碱共同作用下，有发生苛性应力腐蚀的可能性。

　　因科洛依的机械强度比因科镍稍差，但它与碳钢在系统中综合使用时的磨损率却低于因科镍-碳钢。当 NaOH 浓度小于 10％时，因科洛依-800 的抗苛性腐蚀性能优于因科镍-600；但是，当 NaOH 浓度更高时则相反。此外，因科洛依合金含镍量较少，由 ^{58}Ni 活化生成的 ^{58}Co 也相应减少，所以用因科洛依作为蒸汽发生器管材的反应堆，停堆时一回路的辐照强度比因科镍的辐照强度约低 26％。

一、镍基合金的耐腐蚀性能

　　在高温水中，镍基合金的耐腐蚀性能与不锈钢相似，金属表面生成保护性尖晶石型氧化

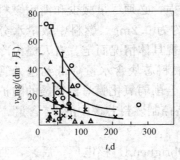

图 14-8　因科镍-600 的腐蚀
速度随时间的变化

物 M_3O_4，腐蚀速度很低。在类似压水堆的水质、温度和水流速度（3～10m/s）的条件下，因科镍-600 腐蚀速度和腐蚀产物释放率随时间的变化如图 14-8 和图 14-9 所示。

　　由图 14-8 可知，因科镍-600 的腐蚀速度随时间减小，在 200 天后达到定值。粗糙或带有冷加工残屑的表面腐蚀较快。向硼酸溶液中添加少量碱可以减小粗糙表面的腐蚀速度；降低金属表面的粗糙度，有利于提高抗腐蚀能力。溶液中硼酸对因科镍的腐蚀影响不大。

　　图 14-9 表明，腐蚀产物释放率随时间增加减少、在 200 天后趋向定值。从 3 区看出，60℃时用 LiOH 和 NH$_4$OH 调节溶液的 pH 值，腐蚀产物释放率无明显区别。温度上升，释放率稍有增加。硼酸对腐蚀产物的释放率无明显影响。

二、镍基合金的晶间腐蚀

　　因科镍-600 或因科洛依-800 合金对 Cl$^-$ 应力腐蚀不敏感，但在一定条件下仍然会发生晶间应力腐蚀。水中溶解氧、苛性碱甚至温度都对镍基合金的晶间应力腐蚀有显著影响。

　　在 300～350℃纯水中的非敏化因科镍-600，当长期受到应力作用时，会出现裂纹，若水中有溶解氧或设备有缝隙，则裂纹出现的时间会提前。

　　苛性碱引起的因科镍-600 的晶间应力腐蚀破裂与氧关系较大。经低温热处理或处于蒸汽发生器运行条件下的因科镍-600 合金，对碱腐蚀较敏感，而高温热处理可以形成粗晶粒边界沉淀，有助于抗苛性应力腐蚀。

三、镍基合金在压水堆中的应用

　　为了防止不锈钢发生 Cl$^-$ 应力腐蚀，在美国反应堆压力壳内表面和压水堆机组的蒸汽发生器均使用因科镍-600 合金，在德国则多用因科洛依-800 合金。

　　因科镍合金具有抗 Cl$^-$ 应力腐蚀的

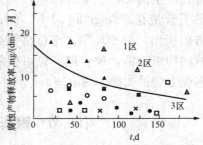

图 14-9　因科镍-600 的腐蚀
产物释放率随时间的变化

1 区—合金表面经金刚砂磨光，溶液为硼酸溶液或碱-硼酸溶液；
2 区—合金表面经磨光，溶液为碱-硼酸溶液或碱溶液；
3 区—合金表面经光亮氢退火或酸洗，
溶液为碱-硼酸溶液或碱溶液

特性，但不能防止苛性碱的晶间应力腐蚀。蒸汽发生器管常因局部腐蚀而变薄直至出现渗漏。与火力发电机组相同，为了防止设备腐蚀，蒸汽发生器二回路侧炉水的 pH 值一般维持

在碱性范围内，pH≈10。为此，需往水中添加磷酸盐或联氨进行处理。由于应力和游离碱的作用，蒸汽发生器中因科镍合金也曾发生腐蚀破裂，其原因主要在二回路侧。用磷酸盐进行水处理时，管子破损原因如下所述。

（1）磷酸盐对蒸汽发生器管有直接侵蚀作用。该作用是指在运行温度下，循环蒸发过程中磷酸盐的浓缩会使因科镍-600的钝化膜破坏，在死角和汽水两相交界处尤为严重。因科洛依-800具有再钝化的能力，能较好地抵抗此种侵蚀。

（2）磷酸盐的浓缩。在蒸汽发生器运行过程中，由于管段的干湿交替变化，可使磷酸盐浓缩 10^3 倍以上，有时可达 10^5 倍。在这种盐分高度浓缩的区域，腐蚀是一种物理化学过程。Na_3PO_4 在水中溶解度随水温升高而增加，但超过 200℃ 后，溶解度下降，达到 350℃ 时，溶解度几乎为零，如图 14-10 所示。不同 R（Na^+/PO_4^{3-}）的磷酸盐溶液，当其浓缩程度超过其溶解度时，固体按图 14-11 曲线所示的比例析出。温度为 300℃ 时，固相的 R 与液相 R 相同，$R=2.85$。（图中箭头所示方向表示从溶液中析出固体时，其组成的变动）可见，若液相中 $R<2.85$，则固相中的 R 将小于液相中 R 值，于是液相中会产生游离 $NaOH$。因此，为防止产生游离碱，一般以 $R=2.6$ 作为炉水控制的上限，下限 $R\geqslant 2.3$，否则在析出固体时，水的 pH 值降低，甚至呈酸性，加速金属的腐蚀。

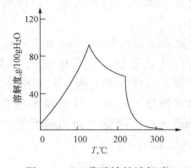 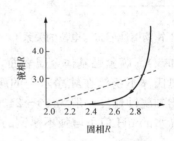

图 14-10　磷酸钠的溶解度　　　　　　图 14-11　磷酸钠平衡体系

（3）化学反应。磷酸盐与金属或金属氧化物发生化学反应，结果加速腐蚀。实验结果和蒸汽发生器运行经验都表明，当二回路凝汽器发生泄漏时，磷酸钠可与沉积的酸式碳酸盐反应，即

$$3Ca(HCO_3)_2+2Na_3PO_4 \Longrightarrow 6NaOH+Ca_3(PO_4)_2\downarrow +6CO_2$$

而且还与沉积的 Fe_3O_4 发生反应

$$3Fe_3O_4+8Na_3PO_4+12H_2O \Longrightarrow Fe_3(PO_4)_2+6FePO_4+24NaOH$$

所生成的碱会导致碱脆。此外，凝汽器泄漏引入的 Cl^- 发生局部浓缩往往会促进腐蚀。

第四节　不锈钢的腐蚀与控制

一、不锈钢的耐蚀性

把在空气中耐蚀的钢称为不锈钢，在各种侵蚀性较强的介质中耐蚀的钢称为耐酸钢。通常把不锈钢和耐酸钢统称为不锈耐酸钢，简称不锈钢。

不锈钢的"不锈"和耐蚀是相对的。在有些介质条件下它是不锈的、耐蚀的，但在另一

些条件下可能遭到腐蚀，因此没有绝对耐蚀的不锈钢。

若将不锈钢放到中等浓度的热硫酸中，其腐蚀电位处于阳极极化曲线的活性溶解电位区，钢将受到强烈的全面腐蚀，如图 14 - 12 所示。把它放在浓硝酸中，其腐蚀电位进入过钝化区（图中 E_{tp}），钝态受到破坏，钢也受到强烈的全面腐蚀。当存在晶界贫铬区时，在一定的介质中，不锈钢可发生晶间腐蚀。在拉伸应力作用下，在特定的介质中，不锈钢可发生应力腐蚀断裂。发生应力腐蚀断裂的电位一般处于活化 - 钝化或钝化 - 过钝化的过渡区。普通不锈钢在海水中，当腐蚀电位达到点蚀电位 E_b，钝化膜局部破坏，将引起不锈钢点蚀。可见，不锈钢并不是在任何情况下都耐蚀。所以要根据使用条件正确选材，而且要对普通不锈钢进行特殊的合金化，或控制环境，使其在相应条件下的腐蚀电位进入稳定的钝化区，提高钢的耐蚀性能。

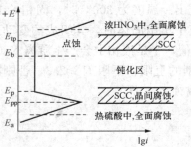

图 14 - 12　不锈钢腐蚀形态与电位的关系

不锈钢的耐蚀性是因为合金中含铬，铬的浓度超过 11% 时，就能抵抗大气腐蚀，随着铬含量增加，耐腐蚀性能提高。当不锈钢暴露在高温高压的除氧水中时，虽然最初几百小时的腐蚀速度较大，但以后会逐渐降低最后达到一个恒定值。对于暴露在压水堆冷却剂中的 300 号不锈钢，达到恒定值的时间约为 200h。

腐蚀速度降低的原因，是由于不锈钢表面生成一层尖晶石型氧化膜，化学组成通式为 M_3O_4（M 代表铁、铬和镍）。膜紧贴基体金属表面，稳固坚实，耐腐蚀和磨损，具有很好的保护作用。各种牌号的奥氏体不锈钢在纯净水中的腐蚀受水的温度、流速以及金属本身表面状态的影响，初始的均匀腐蚀速度一般为 $60 \sim 240 mg/$（$dm^2 \cdot a$）。降低表面粗糙度能改善不锈钢的耐蚀性，提高水的 pH 值可增强不锈钢的稳定性，见表 14 - 2。

表 14 - 2　　　　　　　不锈钢 （1Cr18Ni9Ti） 的腐蚀速率与溶液 pH 值的关系

温度（℃）	介质	pH	时间（h）	腐蚀速度 ［mg/（$m^2 \cdot a$）］
350	0.1M HNO$_3$	1. 07	300	1800
	0.001M HNO$_3$	3. 01	300	432
	蒸馏水	6. 80	100	180
	0.001M NaOH	11. 13	300	172.8

在高温水中，溶解氧使不锈钢表面生成的氧化膜（α-Fe_2O_3）比较疏松，易受水力冲刷等影响而剥落，失去保护作用，因此，水中溶解氧浓度高时将使腐蚀加剧。辐照对不锈钢的腐蚀没有太大的影响，但长时期中子辐照将使不锈钢机械性能发生变化。

不锈钢的均匀腐蚀速度很低，对机械性能和设备完整性影响不大。但是，由于一回路冷却剂浸润面积非常大，所以腐蚀产物的总量是相当可观的。因此，尽可能降低材料腐蚀速度，以减少回路中腐蚀产物的积累和活化，从而降低停堆检修的辐射剂量是十分重要的。

二、不锈钢的应力腐蚀

应力腐蚀对不锈钢设备危害最大。不锈钢应力腐蚀造成的破坏均系脆性断裂，即使是高塑性奥氏体不锈钢，在应力腐蚀破裂时也不产生明显的塑性变形。应力腐蚀的裂纹为穿晶型或晶间型或混合型。通常奥氏体不锈钢在含有 Cl^- 的高温水中的应力腐蚀破裂呈穿晶型，而在含氧高温水中则为晶间型。在高浓度 Cl^- 溶液中，降低铬含量可以提高不锈钢抗应力腐蚀破裂的能力；而在含微量 Cl^- 的高温水中，铬对抗 Cl^- 应力腐蚀有利。影响不锈钢应力腐蚀破裂的因素如下：

（1）氯与氧。水中溶解氧和 Cl^- 的共同作用是不锈钢穿晶应力腐蚀破裂的重要原因。这种腐蚀曾造成蒸汽发生器等主要设备的严重损坏。

奥氏体不锈钢破坏的概率随 Cl^- 浓度增大而增加，在含氧量较高的水中尤为明显。试验表明，当 Cl^- 浓度为 100mg/L，氧浓度为 200mg/L，温度 280℃，时间 500h 的条件下，不锈钢试片表面有成块的棕色 M_2O_3 型腐蚀产物，试样最大应力处有丝状条纹产生，但尚未开裂。氧是奥氏体不锈钢 Cl^- 应力腐蚀破裂的促进剂。

可见，在压水堆中，为防止不锈钢 Cl^- 应力腐蚀，应严格控制冷却剂中溶解氧和 Cl^- 含量，通常在 $[Cl^-][O_2]<10mg/L$ 的条件下，含钼的铬镍钢可避免穿晶应力腐蚀破裂。

（2）氟离子。一般认为，F^- 会引起高温水甚至低温水中不锈钢的应力腐蚀破裂。除 F^- 和 Cl^- 外，未发现其他卤素离子对不锈钢应力腐蚀的影响。

（3）pH 值。提高溶液 pH 值能延缓腐蚀断裂过程，因为 pH 值的变化影响金属溶解的动力学和电极过程。用磷酸盐调节 pH 值对抑制应力腐蚀有利，但其浓度需适当，以免引起苛性应力腐蚀。

（4）应力。导致不锈钢应力腐蚀的主要因素是拉应力。当应力较大时，18-8 型不锈钢在受应力腐蚀破裂发生前的延续时间与拉应力大小无关；但当应力较低时，应力腐蚀破裂发生前的延续时间将随拉应力的增大而减少。如果保持良好的水质，应力对腐蚀的影响则很小。

（5）表面状态。金属表面加工方法和表面状态对应力腐蚀破裂有很大影响，表面粗糙或有划痕会加速金属破裂。机械抛光表面（受拉应力）较喷砂处理表面（受压应力）对应力腐蚀破裂更为敏感。

（6）温度。随着温度升高，不锈钢的 Cl^- 应力腐蚀破裂的敏感性增加，发生破裂时间缩短。200～300℃是不锈钢应力腐蚀的敏感温度。

此外，在压水堆冷却剂浓度范围内，硼酸和溶解氢对不锈钢应力腐蚀无不利影响。

三、不锈钢的晶间腐蚀

晶间腐蚀危害性很大，在发生晶间腐蚀时，金属外表往往没有明显变化，而金属的机械性能却急剧降低。

苛性碱能引起不锈钢晶间应力腐蚀破裂。在晶间腐蚀裂纹扩展的第一步，苛性碱能加速金属的溶解，对于 304 不锈钢可生成 $HFeO_2^-$，而对于镍基合金则生成 $HNiO_2^-$；在裂纹扩展的第二步，造成裂纹尖端破裂的应力必须是外加的。不锈钢的苛性晶间应力腐蚀与 Cl^- 应力腐蚀不同，前者不需要氧，而且不像后者那样容易发生。苛性碱对不锈钢表面无不良影响，但在加热的缝隙中，苛性碱的局部浓缩能使不锈钢断裂。

四、不锈钢在压水堆中的应用

轻水堆主要使用镍铬钢。运行经验表明，只要保证良好的水质，不锈钢的腐蚀速度很小，见表 14-3。分析表明，从不锈钢燃料包壳的基体金属到氧化膜表面，放射性的分布不是均匀的，而呈递减变化，这证明大部分氧化膜不是原生的，而是由回路中（包括堆芯外部分）的腐蚀产物沉积形成的。腐蚀产物在不锈钢表面的黏附性较其在锆合金表面的黏附性大。

表 14 - 3　　　　　　　　　　　　　　　　**不锈钢在水冷堆冷却剂中的腐蚀速度**

电厂	堆型	水质条件	运行时间（a）	腐蚀速度 $[mg/(dm^2 \cdot a)]$
杨基	压水堆	中性 含氧量小于 $10\mu g/L$ $H_2 \approx 25mL/kg$ 水	5	$28.8 \sim 38.4$
SM - 1	压水堆	中性 含氧量小于 $10\mu g/L$ $H_2 \approx 35mL/kg$ 水	1.55	39.6
希平港	压水堆	$LiOH \approx 10^{-4}mol/L$ 含氧量小于 $10\mu g/L$ $H_2 \approx 25mL/kg$ 水	5.5	$8.4 \sim 12.0$

正常条件下，一回路不锈钢极少发生应力腐蚀破裂，但当水质恶化或杂质局部浓缩时，即可导致此种现象发生。

压水堆中蒸汽发生器管破损事故是常见的，主要原因是蒸汽发生器二回路侧炉水中的 Cl^- 或游离碱的含量过高。裂缝常出现在胀管区管板之上几个厘米处的不锈钢管外壁、缝隙区、汽-液共存的干湿交替区、U 形管段及焊缝附近。Cl^- 在这些地方，特别是缝隙处的浓缩常常是发生破裂的原因。为了避免不锈钢的 Cl^- 应力腐蚀。不少压水堆采用抗 Cl^- 应力腐蚀能力较强的镍基合金作为蒸汽发生器管材。

第五节　钛及钛合金的腐蚀与控制

由于核电厂在安全上的特殊要求，必须保证二回路的水汽质量高度纯净，以防止蒸汽发生器腐蚀。与火电厂一样，蒸发受热面的腐蚀主要是由于凝汽器泄漏引起。核电厂使用海水作为凝汽器冷却水，要求凝汽器在长期使用过程中耐海水的侵蚀而不发生泄漏，所以对凝汽器管材要求很严格，较好的材料是钛。

钛是最耐腐蚀的金属材料。它具有优良的物理和化学性能，耐酸、碱、盐等各种介质的腐蚀。用作凝汽器管的是工业纯钛，无缝管或焊接轧制管均可使用。工业纯钛的牌号为 TA1、TA2 和 TA3。TA1 杂质含量低，强度较低，韧性好；TA2 和 TA3 杂质含量较高，但不影响其耐蚀性。

一、钛及钛合金的耐蚀性

钛的标准电极电位为 $-1.628V$，可见其化学活性较高。但是，由于钛易钝化，在许多介质中非常耐蚀。钛的电位-pH 图如图 14 - 13 所示，显然，在通常的介质电极电位和 pH 值范围内，钛都能处于钝化和免蚀状态。例如在 25℃ 的海水中，钛的自腐蚀电位约为 $+0.09V$（SCE）。由于钛表面很容易形成稳定的 TiO_2 膜，膜的钝化性能远高于铬、铁等的氧化膜，而且钛的钝化膜具有很好的自修复能力，钛在水溶液中的再钝化可在 0.1s 内完成。

因此，钛具有良好的耐蚀性能。钛的耐蚀性取决于介质条件。

在氧化性的含水介质中，钛能钝化，其阳极极化曲线如图 14-14 所示。可见，钛的钝化有三个特点：

（1）致钝电位低。钛易钝化，在弱氧化性的介质中就可钝化，如只靠 H^+ 的阴极反应就可使钛钝化。

（2）稳定钝态电位区宽。钛的钝态很稳定，不易过钝化。如钛在 H_2SO_4 溶液中直到 +2.5V，其钝态还是稳定的，而这是由于表面上生成了 TiO_2 钝化膜，而且 TiO_2 钝化膜有较高的氧过电位。

（3）在 Cl^- 存在时钝态不被破坏。锆在 10% HCl 溶液中，在电位 +0.1V 附近发生过钝化，而钛在同样条件下不发生过钝化。说明钛具有耐 Cl^- 腐蚀的电化学特性。

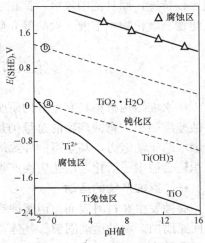

图 14-13　Ti - H_2O 体系的电位 - pH 图（25℃）

钛可在任何浓度的 Cl^- 溶液中保持钝态，因此钛及其合金在中性和弱酸性 Cl^- 溶液中有良好的耐蚀性。例如，钛在 100℃ 的 30% $FeCl_3$ 溶液中和任何浓度的 NaCl 溶液中都稳定。钛在海水中和含有 Cl^- 溶液中还耐点蚀。这些耐蚀性都超过了不锈钢和铜合金。

钛能否钝化取决于介质中有无氧化剂。钛在非氧化性酸（HCl、HF、稀 H_2SO_4 等）中不耐蚀。但是，如果 HCl 或稀 H_2SO_4 中含有少量氧化剂（如铬酸、Fe^{3+}、Cu^{2+} 等）或贵金属离子（如 Pt^{4+}、Pd^{2+} 等）或使具有低析氢过电位的金属 Pt、Pd 等与钛接触，都可完全抑制钛的腐蚀。这是由于它们促进了钛的阳极钝化。

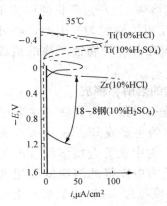

图 14-14　钛、锆和不锈钢的阳极极化曲线

二、钛及钛合金的腐蚀

工业纯钛和钛合金虽是耐蚀性良好的金属材料，但在一定条件下仍会发生腐蚀，主要有氢脆、应力腐蚀破裂等。

1. 氢脆

钛易发生氢脆。因为钛及其合金极易吸收氢、氧、氮，特别是氢，H 原子的扩散速度较大，容易被钛吸收而使材料变脆。钛因吸氢使其延伸率和冲击韧性大大下降。所以，一般规定钛中氢含量应小于 150mg/kg。即使如此，钛在使用中也常发生氢脆，氢的来源如下：

（1）金属钛所处介质中含有分子氢，在这种气氛中钛很容易吸氢而脆裂。钛中的杂质铁甚至表面附着的 Fe、Pd、Pt 等对吸氢有很大的促进作用。

（2）在钛腐蚀过程中产生的原子氢易被钛吸收，会引起氢脆。

为防止氢脆发生，根据氢的来源应采取不同措施。可选用杂质少，特别是含铁量少的钛材，或采用高温氧化、阳极钝化使钛表面生成氧化膜。在介质中加入氧化剂或重金属离子等可防止钛氢脆。

2. 应力腐蚀破裂

应力腐蚀破裂是钛及钛合金的另一种重要破坏形式。钛及钛合金发生应力腐蚀破裂的环境比较特殊，而且范围较窄。钛在水溶液中一般不发生应力腐蚀破裂，而钛在 N_2O_4、高温氯化物、氯化物水溶液、盐酸等介质中都曾发生过应力腐蚀破裂。

第六节　腐蚀产物的转移和沉积

压水堆结构材料具有良好的耐腐蚀性能，但由于冷却剂对材料的浸润表面非常大，即使腐蚀速度很小，腐蚀产物的总量仍是相当可观的。这些腐蚀产物长期积累会降低传热效率，增加堆芯流动阻力，甚至可能导致局部阻塞，引起严重事故。腐蚀产物经过堆芯，或在堆芯沉积还会被中子活化，活化腐蚀产物是反应堆系统维护和检修的主要辐射威胁。

一、腐蚀产物的运动

腐蚀发生在材料表面，但腐蚀产物在金属表面并非静止不动，图 14-15 所示为反应堆一回路腐蚀产物的运动图解。基体金属腐蚀产物大部分构成了表面的氧化层或沉积层，仅有少量溶解或悬浮在水中。当冷却剂中腐蚀产物浓度还未达到平衡溶解度时，它将不断溶解，并随冷却剂流到堆芯及回路各部位。一旦温度或溶液的 pH 值发生变化，使腐蚀产物浓度超过平衡值，它会很快转变成悬浮粒子，或沉积在金属表面，或继续随冷却剂流动。而沉积的腐蚀产物又会溶解或剥落，重新进入冷却剂。这种连续的溶解 - 沉积过程将使堆芯和回路的腐蚀产物互相传输混匀。因此，经过一定时间后，沉积在各处的腐蚀产物的组成几乎相同。

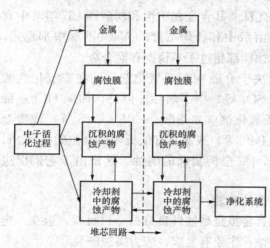

图 14-15　腐蚀产物运动图解

二、腐蚀产物的溶解和释放

铁、镍、锰是一回路结构材料的主要成分，也是腐蚀产物的主要成分。图 14-16 所示为温度与腐蚀产物中铁等金属溶解度的关系，可见，腐蚀产物中铁等的溶解度随温度上升而降低，但温度超过 300℃ 以后溶解度又增大。显然，当温度由 300℃ 降至室温时，溶解度可增加上千倍。所以，当反应堆降温或停堆换料时，会有相当一部分腐蚀产物从器壁溶解下来，使水中腐蚀产物浓度大大增加。此时，可将回路腐蚀产物去除。

腐蚀产物向冷却剂的释放速度并不等于腐蚀速度，但当金属表面氧化物达到相当厚度时，两者趋于一致。一个 1000MW 的压水堆，在第一年运行期间一回路腐蚀产物的累积释放量为 50～70kg，以后每年增加 30～50kg，电厂 40 年寿命期内，腐蚀产物释放总量可达 2000kg，所以不可忽视。

释放入冷却剂的腐蚀产物，除少量溶解外，大部分悬浮在水中，它们极易沉积在设备和管道表面，特别是死角、缝隙和流速较低处。在正常情况下，一回路冷却剂中溶解与悬

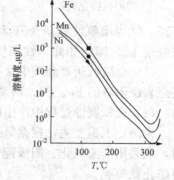

图 14-16　铁、锰、镍的溶解度
（溶液组成：H_3BO_3 1550mg/L B，
LiOH 0.7mg/L Li）

浮的腐蚀产物浓度非常低，通常在 1mg/L 以下，但当水流发生扰动（如泵的启动）或沉积物剥落时，可在瞬间增加上千倍。压水堆一回路的净化装置可去除水中腐蚀产物。

第七节　核电设备腐蚀的控制

一、冷却剂的质量标准

水作为冷却剂在一回路的高温高压和强辐射场中以很快的速度循环。它除具有传热和慢化中子等功能外，还发生其他反应。例如，水和杂质或添加物的中子活化反应，水的辐射分解，水对材料的腐蚀以及腐蚀产物的活化、转移和沉积。裂变产物由燃料元件包壳的破损处释出进入冷却剂。这些过程引起水质恶化、结构材料损坏、回路放射性增高等后果，其中腐蚀带来的问题尤为重要。腐蚀引起结构材料破坏、燃料包壳破损，同时也是裂变产物释放以及腐蚀产物活化、转移和沉积的根源，而裂变产物和腐蚀活化产物则是冷却剂放射性增高的主要因素。水自身的辐射分解对冷却剂的影响并不大，但辐解氧化产物会加剧腐蚀，水和其中杂质的活化影响更小。为此，一方面应选用耐腐蚀的材料作为冷却剂浸润表面，另一方面应该严格控制冷却剂水质。一旦材料选定，反应堆投入运行，水质控制是防腐蚀的主要手段。冷却剂质量标准的制定是以防止材料腐蚀为目的。

本节讨论冷却剂的化学指标。在压水堆一回路冷却剂中，应严格限制氧、氯、氟等有害杂质浓度，同时对 pH 值和 pH 值添加剂、总固体量以及放射性强度提出控制指标。核电厂二回路侧水质指标与火电厂很相似。

1. 氧

水中的氧是造成金属材料腐蚀的重要原因。在无氧的高温水中，不锈钢表面生成 Fe_3O_4 和 γ - Fe_2O_3 氧化物膜致密牢固，这层膜能够阻止金属基体与水接触，保护金属不被进一步氧化。如果水中含氧则会生成 α - Fe_2O_3，这种氧化物结构疏松，很易受水力冲刷等而从基体金属上剥落，不具备保护作用。α - Fe_2O_3 的不断生成和剥落会加剧不锈钢腐蚀。此外，当含氧量达 0.2mg/L 以上时，可引起晶间应力腐蚀。氧的最大危害是它和 Cl^- 或 F^- 的共同作用造成不锈钢应力腐蚀破裂。当冷却剂中氧的浓度低于 0.1mg/L 时，可避免卤素离子引起的应力腐蚀。因此，规定冷却剂中氧含量应低于 0.1mg/L。蒸汽发生器二回路侧炉水，因其含盐量较高，碱性较强，更易引起应力腐蚀，故对氧含量的控制要求更为严格，一般应小于 0.02mg/L。

2. 氢

在辐射作用下，水发生分解生成 H_2、O_2、H_2O_2 以及各种自由基。当无外界氧时，辐射分解氧化产物就成为材料腐蚀所需氧的来源。如果水中含有 H_2，则由于它和辐解氧化产物之间的辐射合成作用，能够抑制水的辐射分解，抑制了氧或氧化性自由基的产生，从而抑制了金属腐蚀。当冷却剂中 H_2 含量达 14mL/L 时，才能有效地抑制水的辐射分解。在运行中还应考虑氢泄漏及氢在回路中可能分布不均匀等情况，通常冷却剂中含 H_2 量应控制为 $25\sim40$mL/L（标准状态）。

氢不但能抑制水的分解，同时还能通过辐射合成 NH_3 而除去水中的 N_2。尽管 N_2 不直接引起腐蚀，但在有氧时能辐射合成硝酸，即

$$2N_2 + 5O_2 + 2H_2O \longrightarrow 4HNO_3$$

引起 pH 值下降，加速腐蚀。所以，除了用 NH_3 作为 pH 值添加剂的反应堆外，都应尽可能除去水中的 N_2。

3. 氯离子

不锈钢应力腐蚀破裂的概率与 Cl^- 浓度和游离氧含量的乘积成正比。当氧含量较高时，即使 Cl^- 浓度低于 1mg/L，也会发生应力腐蚀破裂。特别是在泡核沸腾条件下，Cl^- 可能在传热表面或缝隙处浓缩，增加应力腐蚀的概率。为防止应力腐蚀，除严格限制氧含量外，Cl^- 浓度应控制为 0.1~0.15mg/L。在蒸汽发生器二回路，由于杂质因蒸发而浓缩，用不锈钢作管材的蒸汽发生器的补给水中 Cl^- 含量应控制在 0.1mg/L 以下，采用镍基合金时，水中 Cl^- 含量可达 75mg/L，因镍基合金对 Cl^- 引起的应力腐蚀不敏感。

4. 氟离子

水中微量 F^-（约 10mg/L）既能加速锆合金的腐蚀和吸氢，又能与氧共同作用引起不锈钢的应力腐蚀。在不发生泡核沸腾的情况下，水中 F^- 含量小于 2mg/L 时，对锆合金无危害。由于堆芯可能发生局部沸腾浓缩，将压水堆冷却剂中 F^- 含量控制在 0.1mg/L 以下。F^- 可能由补给水，泵、阀的密封填料及化学添加剂进入冷却剂。

5. pH 值

对于现行压水堆选定的材料，水质偏碱性时比较稳定，以 pH=9.5~10.5 为最佳。较高的 pH 值能减轻腐蚀，防止腐蚀产物向堆芯转移，从而减少腐蚀产物的活化及由此引起的辐射危害。常用的 pH 值控制剂有 LiOH 和 NH_4OH。LiOH 对锆合金的腐蚀使其应用受到限制，必须将其浓度控制在 2×10^{-3}mol/L 以下，才能保证对锆合金无不利影响。氢氧化锂有局部浓缩且可能生成溶解度较低的 $LiBO_2$。为避免这两种情况的发生，大多数压水堆将冷却剂中 LiOH 浓度控制在 2mg/L 左右。这样，即使 LiOH 在堆芯特定部位浓缩 $10^2\sim10^3$ 倍，也不会造成锆合金的腐蚀或 $LiBO_2$ 析出。

NH_4OH 作为 pH 值控制剂时，欲达到最佳 pH=10.0，NH_3 的浓度需在 10mg/L 以上。氨对锆合金没有腐蚀作用，但会分解生成 N_2 和 H_2。若浓度过高，会使冷却剂中 N_2、H_2 含量增大，这可能引起主泵的空泡腐蚀。N_2、H_2 可能聚积在控制棒驱动机构套管中，将套管中的水挤出，使控制棒在套管中的上下运动因无水的润滑而失灵。一般冷却剂中的氨浓度维持在 $x\times10$mg/L。用氨作为 pH 值控制剂时，无须另加氢。含有 11mg/L 氨和 1500mg/L 硼的冷却剂，在反应堆运行温度下的 pH=6.0 左右。

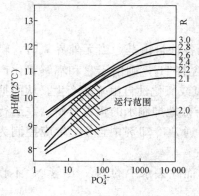

图 14 - 17　pH 值与 PO_4^- 的关系

一般地，二回路蒸汽发生器炉水 pH=10.0 左右。控制方法有磷酸盐处理和挥发性水处理。磷酸盐能有效地控制炉水 pH 值，并使炉水中的钙、镁生成松软的渣，经排污排出，从而有效地防止结垢。但磷酸盐在运行过程中可能产生游离碱，加速材料腐蚀。为防止这种现象发生，将 Na^+/PO_4^{3-} 比值维持在 2.6 以下，图 14 - 17 所示为美国西屋公司推荐的协调磷酸盐处理的运行范围，但不能完全避免蒸汽发生器破损。

挥发性处理是采用 NH_3 控制炉水的 pH 值，这种方法要求补给水中的杂质含量越少越好。因此，挥发性处理要求水中硬度为 0，对凝结水进行 100% 处理，以有效地防止蒸汽发生器结垢。常将磷酸盐处理与挥发性处理配合使用，具体方法与火力发电机组相同。

6. 总固体量

冷却剂中总固体含量由悬浮固体颗粒和溶解盐类两部分组成。总固体量的数值常以一定体积的水沸腾蒸干后得到的干渣量表示。总固体量过多会加剧材料的腐蚀和磨损，一般冷却剂中的总固体量低于 1mg/L。对含硼酸或 pH 值控制剂的冷却剂，总固体量的测量无意义。

7. 放射性

冷却剂的放射性来自水及其中杂质的活化、裂变产物的释放、腐蚀产物的活化及化学添加剂的活化。

水活化产物中最重要的是 ^{16}N $[^{16}$O $(n, p)^{16}$N$]$，其 γ 射线很强，是决定一回路系统二次屏蔽的主要因素。但 ^{16}N 半衰期极短，当冷却进入辅助系统或当反应堆停闭时，它很快就衰变掉了，一般不必列入冷却剂总放射性内，水中其他杂质的活化也是微不足道的。通常冷却剂的放射性绝大部分来自裂变产物，少部分来自腐蚀活化产物。一般对冷却剂放射性不规定指标，因为它完全由燃料包壳破损率和冷却剂净化系统的效率决定，而这两个参数则是给定的。但少数国家对此也作出了规定。例如，日本压水堆冷却剂总放射性的推荐值小于 $5.5\mu Ci/mL$，俄罗斯压水堆冷却剂总放射性规定小于 $2\times10^{-5} Ci/L$。

表 14-4 是某些国家推荐的压水堆一回路冷却剂质量标准。

表 14-4　　　　　　　　　　　**压水堆一回路冷却剂质量标准推荐值**

项　目	美国			日本	德国
	巴布科克·威尔科克斯公司	燃烧工程公司	西屋公司		
电导率 (25℃, μS/cm)	取决于添加物浓度	取决于添加物浓度	取决于添加物浓度	1~40	2~3（最大为 30）
总固体 (mg/L)	1	<0.5	1.0		
pH (25℃)	4.8~8.5	4.5~10.2	4.2~10.5	4.5~10.5	4.5~9.5
H_3BO_3 [mg/L (B)]	<2200	<2500	0~4000	0~4000	0~682
LiOH [mg/L (Li)]	0.5~0.2	<0.5	0.22~2.2		0.2~2
溶解氧 (mg/L)	≈0	<0.10	<0.10	<0.10	<0.05
溶解氢 [mL/L 水 (标准状态)]	15~40	10~50	25~35	25~35	<3
氨 (mg/L)		<0.5			
Cl^- (mg/L)	<0.10	<0.15	<0.15	<0.15	<0.20
F^- (mg/L)	<0.10	<0.10	<0.15	<0.15	
联氨 (mg/L)	0.1~1.0				<20

二、冷却剂的除气

冷却剂除气的任务之一是保证冷却剂含氧量不超过规定值。反应堆运行之前，回路的初装水是未经除气的。为防止高温下氧的腐蚀作用，在反应堆达到功率运行的温度之前，必须对冷却剂进行除氧。反应堆运行时，一方面通过加氢来抑制氧的产生，另一方面必须保证补给水的含氧量符合规定值。

冷却剂除气的任务之二是除去和收集放射性裂变气体，并将其送往废气系统进行处理。裂变气体在冷却剂放射性组成中比例最大，收集处理这些气体对反应堆的安全运行和环境保护是很重要的，化学和容积控制系统的容积控制箱内装有雾化除气喷嘴，用来除去冷却剂净化流中的部分裂变气体，而硼回收系统的脱气塔则能完全除去堆排水中的所有气体。

裂变气体在冷却剂中的化学含量极微，在最大允许燃料元件破损率的情况下，总量（包括 Kr、Xe 放射性及稳定核素）仅为 10^{-8} mol/L 左右。在使用 NH_4OH 作为 pH 值控制剂的反应堆中，除气的目的还在于除去 NH_3 分解产生的过量 H_2 和 N_2，以防止泵的空泡腐蚀或控制棒驱动机构的事故。

除气方法有化学法和物理法两种。化学法主要是除氧，物理法主要是除去惰性气体及 H_2、N_2 等混合气体。

1. 化学除氧

一回路的初装水都用联氨除氧，在反应堆冷却过程中也常用联氨来抑制氧。二回路也用联氨除氧。当水量不大，水质清洁时，还可采用离子交换树脂除氧。

联氨除氧原理见第九章。同时联氨又是钝化剂，在金属表面生成的 Fe_3O_4 对金属基体有很好的保护作用。将冷却剂 pH 值调节到 10 左右时，加入较大量联氨（大于 50mg/L），在高于 120℃的温度下循环一定时间，直至系统内表面生成一层致密的 Fe_3O_4 保护膜为止。核电厂二回路金属表面的钝化处理，可借鉴火电厂的成熟经验。

联氨作为除氧剂的优点：①不向堆水中引入固体物质；②由于金属表面的吸附催化作用，联氨与氧在金属表面的反应很迅速，因此能有效地防止氧对金属表面的侵蚀；③在较高的温度下具有钝化作用；④联氨及其分解产物带有弱碱性，对抑制腐蚀有利。因此，联氨成为压水堆一回路初装水普遍使用的除氧剂和钝化剂。

影响联氨除氧的因素有温度、pH 值、联氨浓度、催化剂。运行经验表明，在 90℃时，除氧过程可在 1h 左右完成；pH=10.5 时，联氨与氧的反应最快。如果加联氨的目的只是为了除氧，则其加入量以不超过化学计量比的 3 倍为宜，如果温度较高，还应考虑 Fe_3O_4 还原反应消耗联氨的量；压水堆一回路初装水在多数情况下是未经除气的。为防止高温下材料的腐蚀和钝化冷却剂浸润表面，在提升功率之前必须进行联氨处理。只有当温度超过 80～90℃时，联氨与氧反应的速度才比较快，但是随着温度的升高，联氨的分解也加剧。因此，从 80～200℃之间的温度都适合除氧的要求。联氨添加量不宜超过 3 倍理论量，以免系统升温后冷却剂中联氨的分解，气体含量过多。同时防止分解的 NH_3 被净化系统的离子交换树脂吸附，增加系统的复杂性；联氨的浓度也不宜低于 1.5 倍理论量，以保持较快的反应速度和适当的除氧剂余量。

如果联氨处理的目的是钝化金属表面，则应选取较高的温度（大于 120℃），因为联氨对 Fe_2O_3 的还原作用只有在较高的温度下才能快速发生，因联氨会热分解，联氨浓度应大于 50mg/L。

2. 热力除气

冷却剂中的放射性 Kr、Xe 以及 H_2 等气体难以用化学方法除去，可采用物理方法。在极限条件下，冷却剂中裂变气体的比放射性可达 10^{-1} Ci/L。冷却剂中裂变气体的浓度至少应降低 4～5 个数量级以上，这样的要求是相当高的。在压水堆一回路系统中需要除气的冷却剂的量却不大，其方法与火电厂热力除氧相同。

三、pH 值的控制

（一）控制 pH 值的作用

理论研究和运行经验证明，冷却剂 pH 值稍偏碱性对提高结构材料的耐蚀性是有利的，这不仅能降低不锈钢和镍基合金的腐蚀速度，而且可减少金属表面腐蚀产物向冷却剂的释放量。

1. 碱性水质对腐蚀的抑制作用

不锈钢或镍基合金在高温水或蒸汽长期作用下，表面生成一层具有良好保护作用的尖晶石型氧化膜，提高冷却剂 pH 值可以促使这层膜迅速生成。OH^- 吸附在金属表面，OH^- 浓度越高，吸附量就越大，当 pH 值高达一定数值时，吸附的 OH^- 就能阻止其他物质与金属发生作用。

2. pH 值对腐蚀产物运动的控制作用

pH 值对腐蚀产物的运动有一定影响。新型压水堆大多采用 Zr-4 合金作为燃料元件包壳管，其腐蚀产物释放速度比不锈钢小得多。如果能减少回路中腐蚀产物向堆芯转移，使其免于活化，则不仅可大大降低停堆后一回路的辐射水平，便于检修，而且能减少腐蚀产物在燃料元件表面的沉积，维持堆芯良好的传热状态。提高冷却剂 pH 值，将有助于达到上述目的。图 14-18 所示为在含 H_2 的溶液中 Fe^{2+} 浓度、pH 值和温度的关系。由图可知，在酸性和弱碱性溶液中，Fe^{2+} 在 77 ℃ 浓度最大，而后随温度上升其浓度降低。这说明酸性和弱碱性溶液中，腐蚀产物中铁会从冷表面（蒸汽发生器换热管壁）上溶解，沉积在热表面（燃料元件包壳）；相反，在碱性介质中，Fe^{2+} 的浓度在某一温度下有一最小值，pH 值越高，相应的最小浓度就越低。此后，Fe^{2+} 的浓度随温度升高迅速增加。这表明，在碱性溶液中，腐蚀产物从系统较热表面溶解并转移到较冷表面沉积。也就是说，维持冷却剂的高 pH 值，不仅能防止回路腐蚀产物向堆芯转移，而且还使堆芯沉积的腐蚀产物迁移出去。

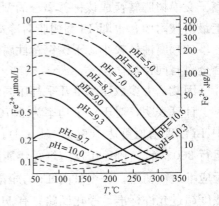

图 14-18　温度和 pH 值对 Fe^{2+} 浓度的影响

显然，碱性水质不仅能减轻材料腐蚀，而且能够减少腐蚀产物向堆芯的转移以及腐蚀产物的活化。但是，在反应堆实际运行中，冷却剂碱性不宜太高，否则会危及锆合金。如非挥发性强碱 LiOH 的浓度超过 10^{-2} mol/L，相应水溶液的 pH=12.0 时，会影响锆合金的耐蚀性能。另外，还会引起不锈钢或镍基合金苛性腐蚀，特别是在泡核沸腾情况下，非挥发性强碱易在堆芯缝隙处浓缩。一般冷却剂中，非挥发性强碱浓度不宜超过 $3×10^{-4}$ mol/L，控制相应水溶液的 pH<10.5。

（二）冷却剂 pH 值的控制

为控制冷却剂 pH 值，需向水中加入一定量碱性物质作为 pH 值控制剂。可以通过注入法或离子交换法来实现。注入法即定量地向冷却剂加入 pH 值控制剂。而离子交换法则是通过将冷却剂净化回路中混合离子交换器的阳树脂转换成 pH 值控制剂的形式来实现。如用 LiOH 作为 pH 值控制剂，就需将阳树脂转换成 Li 型（即以 Li^+ 作为树脂交换基团）。

（三）pH 值控制剂的选择

pH 值控制剂应具备下列条件：有效的 pH 值控制能力；良好的核性能，即不产生或很少产生感生放射性，对冷却剂的物理特性无不利影响；物理化学稳定性好，不与材料或冷却剂中其他成分发生不利作用。

1. LiOH

天然锂的氢氧化物不宜作为 pH 值控制剂，这是因为在天然锂中含有 7.52% 的 ^6Li 和 92.48% 的 ^7Li，^6Li 与 ^4He 反应生成大量氚，氚是 β 辐射体，氚在冷却剂中主要以氚水的形式存在，难以分离和除去，影响堆的运行、维护。因此，需用高纯度 ^7Li 的氢氧化物作为 pH 值控制剂。^7Li 作为 pH 值控制剂主要优点如下：

（1）H_3BO_3 作为可溶性中子吸收剂的反应堆中，由于 ^{10}B 的反应，^7Li 必然要在冷却剂中产生，LiOH 的添加，恰与堆内产生的 ^7Li 相适应，并不引入额外的核素，而且 pH 值控制能力强。

（2）利于冷却剂净化。使用任一种碱作为 pH 值控制剂，都必须将冷却剂净化回路的阳离子交换树脂转换成该种碱离子的型式。在碱型树脂中，冷却剂中各种金属离子在锂型树脂上最易被阻留，也即 ^7Li 型树脂对冷却剂的净化效果最好。

（3）腐蚀性较小。不锈钢苛性腐蚀断裂的几率顺序为：NaOH＞KOH＞LiOH，对于锆合金也有同样规律。

因此，大多数压水堆几乎都用高纯 ^7Li 的氢氧化物作为 pH 值控制剂。

计算表明，对于一个功率为 2570MW 的反应堆，冷却剂中硼浓度为 1080mg/L 时，其中 ^7Li 浓度增值可达 106μg/（L·d）。按冷却剂容积 250t 计，则每天将产生 25g ^7Li，以一年运行 300 天计，则一个反应堆每年能产生 3.75kg ^7Li，几乎相当于 ^7Li 总消耗量的 1/4～1/3。反应堆运行初期，一个月内 ^7Li 的净浓度增值即能达到 Li 的允许浓度。为防止冷却剂中 ^7Li 浓度超过允许标准，净化回路备有 H^+ 型阳床，必要时除去多余的 ^7Li。

采用非挥发性强碱 LiOH 的不足是当冷却剂泡核沸腾时，局部浓缩造成材料苛性腐蚀。实验证明，冷却剂 pH=10.0 时，LiOH 在燃料组件缝隙处的浓缩就可能加速 Zr-2 合金的腐蚀。

2. NH_4OH

俄罗斯等国家的压水堆大多采用 NH_4OH 作为 pH 值控制剂。NH_4OH 作为 pH 值控制剂也存在一些问题，其碱性较弱，所需的添加量较多；在辐射作用下，NH_4OH 会发生分解，生成 N_2 和 H_2，故需不断添加氨水以弥补其损失；同时，要求不断对冷却剂除气，以使气体含量不超过允许值。因此，其运行比较复杂。

作为一种挥发性碱，一般不会在堆芯缝隙处浓缩而造成金属材料的苛性腐蚀。实验证明，在 360℃ 水中，NH_4OH 浓度即使达到 11.5mol/L，对 Zr-2 合金也无不利影响。NH_4OH 对金属的腐蚀很缓慢。NH_4OH 辐射分解产生的氢能够抑止水的分解，降低冷却剂中氧的浓度。

思 考 题 与 习 题

1. 为什么防止压水堆一回路金属材料的腐蚀控制是很重要的?
2. 哪些因素影响锆合金的腐蚀?
3. 压水堆一回路冷却剂质量指标有哪些?
4. 为何要对冷却剂进行除气? 其方法有哪些?
5. 如何控制冷却剂的 pH 值?

参 考 文 献

[1] 谢学军. 热力设备的腐蚀与防护. 北京：中国电力出版社，2012.

[2] 杨道武. 电化学与电力设备的腐蚀与防护. 北京：中国电力出版社，2004.

[3] 孙跃. 金属腐蚀与控制. 哈尔滨：哈尔滨工业大学出版社，2003.

[4] 龚敏. 金属腐蚀理论及腐蚀控制. 北京：化学工业出版社，2009.

[5] 林玉珍. 腐蚀和腐蚀控制原理. 北京：中国石化出版社，2007.

[6] 刘永辉，张佩芬. 金属腐蚀学原理. 北京：航空工业出版社，1993.

[7] 窦照英. 电力工业的腐蚀与防护. 北京：化学工业出版社，1999.

[8] 李宇春. 材料腐蚀与防护技术. 北京：中国电力出版社，2004.

[9] 钱达中. 核电站水质工程. 北京：中国电力出版社，2008.

[10] 刘建章. 核结构材料. 北京：化学工业出版社，2007.

[11] 臧希年. 核电厂系统及设备. 北京：清华大学出版社，2003.

[12] H. H. 尤里克. 腐蚀与腐蚀控制. 翁永基，译. 北京：石油工业出版社，1994.

[13] 杨文治. 电化学基础. 北京：北京大学出版社，1982.

[14] H. Keasche. Metallic Corrosion. National Association of Corrosion Engineers，Houston：1985.

[15] StuartA. Shiels. Corrosion Failure Analysis and Metallography，American Society for Metals，Metals Park，OH，1985.

[16] F. Mansfeld. CorrosionMechanisms. Marcel Dekker，1987.

[17] 张承忠. 金属的腐蚀与保护. 北京：冶金工业出版社，1985.

[18] 曹楚南. 腐蚀电化学原理. 北京：化学工业出版社，2008.

[19] 黄永昌. 金属腐蚀与防护原理. 上海交通大学出版社，1989.

[20] 张绮霞. 压水反应堆的化学化工问题. 北京：原子能出版社，1984.

[21] 翟金坤. 金属高温腐蚀. 北京：北京航空航天出版社，1994.

[22] 陈鸿海. 金属腐蚀学. 北京：北京理工大学出版社，1995.

[23] 小若正伦. 金属的腐蚀破坏与防蚀技术. 袁宝林，等译. 北京：化学工业出版社，1988.

[24] 王增晶. 腐蚀与防护工程. 北京：高等教育出版社，1990.

[25] 杨熙珍. 金属腐蚀电化学热力学. 北京：化学工业出版社，1991.

[26] 王杏卿. 热力设备的腐蚀与防护. 北京：水利电力出版社，1988.

[27] 陈旭俊. 金属腐蚀与保护基本教程. 北京：机械工业出版社，1988.

[28] Ⅱ. A. 阿科利津. 热能动力设备金属的腐蚀与保护. 沈祖灿，译. 北京：水利电力出版社，1988.

[29] 李金桂. 腐蚀与腐蚀控制手册. 北京：国防工业出版社，1988.